U0387690

教育部高等学校电子信息类专业教学指导委员会规划教材

高等学校电子信息类专业系列教材·新形态教材

MySQL数据库
原理、设计与开发

微课视频版

秦飞舟 李贯峰 宋丽亚 编著

清华大学出版社

北京

内 容 简 介

本书以关系数据库 MySQL 8.0 的 DBMS 为主线，系统论述数据库原理、设计与开发。

全书共 8 章。第 1、2、6 章介绍了关系数据库的基本理论及完整性、安全性及备份与恢复的操作；第 3、4 章以图形化及命令行方式介绍了 MySQL 数据库及其对象的基本操作；第 5 章介绍了 MySQL 编程语言；第 7 章介绍了应用系统数据库的完整流程；第 8 章讲解了在线考试系统的数据库设计的完整过程，并在 MySQL 中实现了在线考试数据库。

本书配有教学课件和视频教程，适合作为广大高校计算机专业数据库原理及应用课程教材，也可以作为数据库技术开发者的自学参考用书。

图书在版编目（CIP）数据

MySQL 数据库原理、设计与开发：微课视频版 / 秦飞舟，李贯峰，宋丽亚编著. -- 北京：清华大学出版社，2025. 3. --（高等学校电子信息类专业系列教材）. -- ISBN 978-7-302-67937-0

Ⅰ. TP311.132.3

中国国家版本馆 CIP 数据核字第 2025U4F280 号

责任编辑：曾 珊 薛 阳
封面设计：李召霞
责任校对：申晓焕
责任印制：杨 艳

出版发行：清华大学出版社
　　　　　网　　址：https://www.tup.com.cn，https://www.wqxuetang.com
　　　　　地　　址：北京清华大学学研大厦 A 座　　　邮　　编：100084
　　　　　社 总 机：010-83470000　　　　　　　　　邮　　购：010-62786544
　　　　　投稿与读者服务：010-62776969，c-service@tup.tsinghua.edu.cn
　　　　　质量反馈：010-62772015，zhiliang@tup.tsinghua.edu.cn
　　　　　课件下载：https://www.tup.com.cn，010-83470236
印 装 者：三河市铭诚印务有限公司
经　　销：全国新华书店
开　　本：185mm×260mm　　印　张：21.75　　　　字　　数：529 千字
版　　次：2025 年 4 月第 1 版　　　　　　　　　　印　　次：2025 年 4 月第 1 次印刷
印　　数：1～1500
定　　价：69.00 元

产品编号：084999-01

前 言
PREFACE

数据库技术从 20 世纪 60 年代末产生到现在,已经形成了完整的理论体系。人们也已经研发出许多成熟的 DBMS,如关系数据库的 Oracle、DB2、SQL Server、MySQL 等。因此,数据库课程不仅是计算机类专业、信息管理专业的专业必修课程,也成为许多电子信息、通信工程等非计算机专业的选修课程。

本书从教学实际需求出发,结合学生的认知规律,深入浅出地讲解了数据库原理,以 MySQL 8.0 数据库软件和数据库对象的基本操作为主线,将数据库理论内容嵌入实际操作中进行讲解,能够让学生在操作过程中掌握数据库原理,提高数据处理能力。

全书操作性强,以大量的例题对数据库原理的各知识点进行了应用,所有例题通过调试。本书共分为 8 章,具体内容如下。

第 1 章数据库系统概论,介绍了数据库相关概念、数据模型、数据库系统的结构、数据库管理系统及数据库系统的组成。

第 2 章关系数据库,介绍了关系数据库的概念及结构、关系的完整性、关系的操作、关系代数及关系数据库的使用方式。

第 3 章 MySQL 关系数据库系统,介绍了 MySQL 数据库的基本特性、MySQL 的下载、安装与维护。

第 4 章 MySQL 数据库的应用与管理,介绍了 MySQL 数据库的基本操作,数据类型,数据表的基本操作,MySQL 的函数,查询数据,插入、更新与删除数据及索引的操作。

第 5 章 MySQL 编程语言,介绍了 MySQL 的运算符、流程控制语句、存储过程和存储函数及触发器的使用。

第 6 章数据库的安全性与数据备份,介绍了数据库安全性、MySQL 的权限系统、MySQL 的视图及 MySQL 的数据库备份与恢复。

第 7 章数据库设计,介绍了数据库设计概述、需求分析、概念结构设计、逻辑结构设计、物理结构设计及数据库的实施和维护。

第 8 章在线考试系统应用开发,讲解了在线考试系统的数据库设计,并使用 MySQL 实现了在线考试数据库。

为便于读者高效学习,快速掌握数据库设计及开发,本书精心制作了完整的教学课件和丰富的视频教程(106 个视频微课,总时长超过 690min)等内容。

本书第 1、2、6 章由宋丽亚编写及制作视频,第 4、5 章由李贯峰编写,第 3、7、8 章由秦飞舟编写,全书的统稿、例题调试及第 3、4、5、7、8 章的视频制作由秦飞舟完成。

在本书的编写过程中,天津师范大学的王百舸在文字录入、课件制作、视频录音及文字校对上做了大量的工作;宁夏大学信息工程学院的米茹钰、毛羽茹、马文凯、燕娇娇、赵福叶、冯硕、陈鹏宇、陈子缘等参与了课件及视频的制作。在此表示衷心的感谢!

感谢教育部-阿里云产学合作协同项目"面向新工科电子信息类专业数据库课程教学的改革与实现"(项目编号202101001010),特别是阿里云数据库对于本书出版的支持;同时本书也得到了国家自然科学基金项目"不确定RDF知识图谱数据查询关键技术研究"(项目编号62066038)的部分支持。

因编者水平有限,书中不足之处在所难免,敬请读者批评指正。诚挚地希望得到读者朋友们使用本书的宝贵意见与建议。

编　者

2024 年 10 月

学习建议
LEARNING SUGGESTIONS

数据库原理是计算机科学与技术、软件工程、计算机应用等相关专业的专业必修课，同时也是电子、信息、通信工程类专业的选修课，本课程以目前流行的、应用广泛的、跨平台的关系数据库 MySQL 为例，学习数据库中的高级结构化查询语言（SQL）和数据库管理与开发知识。参考学时为 64 学时，包括课程理论教学环节 48 学时和实验教学环节 16 学时。

通过本课程的学习，学生将初步掌握中小型数据库的基本操作，了解中小型数据库的管理方法，熟练掌握 MySQL 数据库系统下如何利用数据库进行程序设计以实现数据检索、数据修改等基本操作，如何保证数据的精确性、安全性、完整性和一致性，能够解决现实世界的数据库应用问题。

课程理论教学环节主要包括课堂讲授和演示教学。理论教学以课堂讲授为主，部分内容学生可以通过自学加以理解和掌握。实验教学以 Windows 平台的 MySQL 8.0 Community Server（社区版）的 DBMS 为操作环境在机房完成，也可以依托"头歌"实验教学平台线上部署。使用线上实验平台，学生可以充分利用自己的时间进行实验，扩展了实验时间；而教师可以使用课堂实验的 16 学时，集中解答学生在实验过程中出现的问题，在教学中可根据实际情况灵活安排。

本课程理论教学的主要知识点、重点、难点及课时分配如表 0-1 所示。

表 0-1　理论教学的重点、难点及建议学时分配表

序号	教学内容	教学重点	教学难点	学时
第 1 章	数据库系统概论	1.1　数据库相关概念 1.4　数据库管理系统 1.5　数据库系统的组成	1.2　数据模型 1.3　数据库系统的结构	4
第 2 章	关系数据库	2.1　关系数据库的概念及结构 2.3　关系的操作 2.5　关系数据库的使用方式	2.2　关系的完整性 2.4　关系代数	6
第 3 章	MySQL 关系数据库系统	3.1　走近 MySQL	3.2　MySQL 的下载、安装与维护	4
第 4 章	MySQL 数据库的应用与管理	4.1　数据库的基本操作 4.2　MySQL 的数据类型 4.4　MySQL 的函数 4.6　插入、更新与删除数据 4.7　索引	4.3　数据表的基本操作 4.5　查询数据	10

序号	教学内容	教学重点		教学难点		学时
第 5 章	MySQL 编程语言	5.1 5.2	运算符 流程控制语句	5.3 5.4	存储过程和存储函数 MySQL 触发器	8
第 6 章	数据库的安全性与数据备份	6.1 6.4	数据库安全性 MySQL 的数据库备份与恢复	6.2 6.3	MySQL 的权限系统 MySQL 的视图	4
第 7 章	数据库设计	7.1 7.5 7.6	数据库设计概述 物理结构设计 数据库的实施和维护	7.2 7.3 7.4	需求分析 概念结构设计 逻辑结构设计	6
第 8 章	在线考试系统应用开发	8.1	在线考试系统的数据库设计	8.2	在线考试系统数据库的实现	6
	总计					48

本课程实验教学的主要知识点、重点、难点及课时分配如表 0-2 所示。

表 0-2　实验教学的重点与难点及建议学时分配表

序号	实验项目	教 学 要 求	教 学 内 容	教学重点与难点	学时
1	数据定义语言	创建数据库、表和索引等数据库对象,并能对这些对象进行修改、删除等管理操作	(1) 创建数据库和查看数据库属性。 (2) 创建表、确定表的主键和各属性。 (3) 查看和修改表结构。 (4) 创建、删除索引,查看索引信息	**教学重点**:使用 SQL 语句创建和修改表结构。 **教学难点**:创建或修改表结构的语法规则较复杂,需要重复练习	2
2	数据查询语言 1	掌握单表的基本查询、条件查询、统计查询和分组查询	实现单表基本查询、条件查询、统计查询和分组查询	**教学重点**:条件查询 **教学难点**:分组查询	2
3	数据查询语言 2	掌握多表连接查询与嵌套查询	(1) 进行多表连接查询。 (2) 使用嵌套查询	**教学重点**:嵌套查询 **教学难点**:相关子查询	2
4	数据更新与视图	掌握数据更新及视图的创建与使用	(1) 使用 SQL 语句实现数据插入、修改和删除。 (2) 视图的创建、查询以及更新操作	**教学重点**:数据更新 **教学难点**:带嵌套查询的数据更新	2
5	数据库安全性	掌握创建数据库用户、用户权限分配和回收权限的方法; 正确使用数据库角色的分类、作用和使用方法	(1) 创建具有不同数据库权限的若干用户。 (2) 为以上用户授予不同权限并进行权限验证。 (3) 回收其中某些用户的某些或全部权限。 (4) 创建角色,利用角色完成对多个用户的授权,并进行验证	**教学重点**:创建数据库用户,用户权限分配和回收权限。 **教学难点**:用户权限分配	2

续表

序号	实验项目	教学要求	教学内容	教学重点与难点	学时
6	数据完整性	掌握实体完整性、参照完整性和用户定义完整性的特点和定义方式;掌握触发器原理与使用方法	(1) 设置表的主键、唯一键。 (2) 设置表间的参照完整性及违约规则。 (3) 设置属性或属性间的 check 约束。 (4) 定义、使用及管理触发器,并验证触发器的触发结果	**教学重点**:设置主键、外键及参照违约规则。 **教学难点**:触发器的创建和调用	2
7	数据库编程	了解选定 DBMS 的脚本语言;了解存储过程的特点,掌握存储过程的创建、修改、管理及调用方法	(1) 创建存储过程。 (2) 调用存储过程。 (3) 修改存储过程。 (4) 删除存储过程。 (5) 查看存储过程相关信息	**教学重点**:创建及调用存储过程。 **教学难点**:脚本语言较繁杂、功能丰富	2
8	数据库设计与应用(开发大作业)	对给定应用需求进行分析,并使用 E-R 方法构建概念模型设计;将概念模型转换为逻辑模型和物理模型,并应用规范化理论进行优化;根据需求进行安全性、完整性设计;通过代码编写生成基于某个数据库管理系统的实用对应数据库	(1) E-R 图的实现。 (2) 逻辑模型或物理模型的实现。 (3) 通过代码编写(或图形化工具)实现完成数据库的创建。 (4) 编写安全性和完整性的代码	**教学重点**: E-R 图的实现; 逻辑模型或物理模型的实现; 编写安全性和完整性的代码。 **教学难点**: 由需求分析获取 E-R 模型	课内2学时,其他课后完成
	总计				16

本课程共制作了 8 章 106 个教学微课视频,微课视频清单如表 0-3 所示。

表 0-3 微课视频清单

序号	视频名称	时长	位置
第 1 章 数据库系统概论(10 个)			
1	1.1.1 基本概念	9min55s	1.1.1 节节首
2	1.1.2-1 人工管理阶段	5min43s	1.1.2 节节首
3	1.1.2-2 文件系统阶段	6min14s	1.1.2 节节中"2.文件系统阶段"
4	1.1.2-3 数据库系统阶段	6min56s	1.1.2 节节中"3.数据库系统阶段"
5	1.2.1 两类数据模型	8min28s	1.2 节节首
6	1.2.2-1 基本概念	8min40s	1.2.2 节节首
7	1.2.2-2 联系	9min46s	1.2.2 节节中"2.联系的类型"
8	1.2.2-3 E-R 图	5min17s	1.2.2 节节中"3.实体-联系"

续表

序号	视 频 名 称	时　　长	位　　　置
9	1.2.4 常用数据模型	7min39s	1.2.4 节节首
10	1.3.1 数据库系统模式结构	9min15s	1.3.1 节节首
第 2 章 关系数据库(6 个)			
11	2.2 关系的完整性	15min28s	2.2 节节首
12	2.4.1 传统的集合运算	9min1s	2.4 节节首
13	2.4.2 专门的关系运算 1	5min52s	2.4.2 节节首
14	2.4.2 专门的关系运算 2	7min4s	2.4.2 节节中"1.选择"
15	2.4.2 专门的关系运算 3	14min5s	2.4.2 节节中"3.连接"
16	2.4.2 专门的关系运算 4	9min54s	2.4.2 节节中"4.除"
第 3 章 MySQL 关系数据库系统(8 个)			
17	3-1 MySQL 的下载	2min59s	3.2.1 节节首
18	3-2 MySQL 安装的组成	3min48s	3.2.2 节节首
19	3-3 MySQL 的安装	6min50s	3.2.3 节节首
20	3-4 MySQL 卸载	4min29s	3.2.4 节节首
21	3-5 MySQL 的组件管理	5min41s	3.2.5 节节首
22	3-6 启动服务并登录 MySQL 数据库	4min57s	3.2.6 节节首
23	3-7 无法查看服务错误的处理	4min5s	3.2.7 节节首
24	3-8 同台机器部署不同版本的 MySQL	4min49s	第 3 章习题节节首
第 4 章 MySQL 数据库的应用与管理(39 个)			
25	4-1 创建删除数据库	3min48s	4.1.1 节节首
26	4-2 数据库存储引擎	6min59s	4.1.3 节节首
27	4-3 数字类型	6min59s	4.2 节节首
28	4-4 文本字符串类型 1	2min49s	4.2.2 节节首
29	4-5 文本字符串类型 2	2min41s	4.2.2 节节中3)ENUM 类型"
30	4-6 二进制字符串类型	3min54s	4.2.2 节节中"2.二进制字符串类型"
31	4-7 日期和时间型 year	2min58s	4.2.3 节节首
32	4-8 time 类型	3min44s	4.2.3 节节中"2.TIME 类型"
33	4-9 date 类型	3min1s	4.2.3 节节中"3.DATE 类型"
34	4-10 datetime 类型	4min3s	4.2.3 节节中"4.DATETIME 类型"
35	4-11 timestamp 类型	2min4s	4.2.3 节节中"5.TIMESTAMP 类型"
36	4-12 创建表	4min59s	4.3 节节首
37	4-13 外键	4min28s	4.3.1 节节中"2.FOREIGN KEY"
38	4-14 唯一性约束	4min	4.3.1 节节中"4.UNIQUE"
39	4-15 查看数据表结构	1min48s	4.3.2 节节首
40	4-16 修改数据表	7min9s	4.3.3 节节首
41	4-17 删除数据表	2min30s	4.3.4 节节首
42	4-18 数学函数	4min20s	4.4 节节首
43	4-19 字符串函数	3min28s	4.4.2 节节首

续表

序号	视 频 名 称	时 长	位 置
44	4-20 日期和时间函数	6min21s	4.4.3 节节首
45	4-21 条件判断函数	4min1s	4.4.4 节节首
46	4-22 系统信息、加解密函数	3min34s	4.4.5 节节首
47	4-23 其他函数	7min39s	4.4.7 节节首
48	4-24 基本查询语句	4min14s	4.5 节节首
49	4-25 单表查询1	8min41s	4.5.2 节节首
50	4-26 单表查询2	3min34s	4.5.2 节节中"3.多条件查询"
51	4-27 聚合函数查询	11min32s	4.5.3 节节首
52	4-28 连接查询	9min59s	4.5.4 节节首
53	4-29 子查询	6min25s	4.5.5 节节首
54	4-30 合并查询结果	4min45s	4.5.6 节节首
55	4-31 使用正规表达式查询	9min30s	4.5.8 节节首
56	4-32 综合实例——数据表的查询	3min7s	4.5.9 节节首
57	4-33 插入数据	9min29s	4.6 节节首
58	4-34 更新数据	1min55s	4.6.2 节节首
59	4-35 删除数据	1min24s	4.6.3 节节首
60	4-36 综合实例——记录操作	2min56s	4.6.4 节节首
61	4-37 MySQL 中的索引	11min6s	4.7 节节首
62	4-38 创建索引	11min19s	4.7.2 节节首
63	4-39 删除索引	2min2s	4.7.3 节节首
\multicolumn{4}{第 5 章 MySQL 编程语言（13 个）}			
64	5.1.1 算术运算符	4min23s	5.1 节节首
65	5.1.2 比较运算符	20min5s	5.1.2 节节首
66	5.1.3 逻辑运算符	4min40s	5.1.3 节节首
67	5.1.4-5 位运算符及优先级	6min55s	5.1.4 节节首
68	5.1.6 MySQL 中的变量	7min6s	5.1.6 节节首
69	5.2 流程控制语句	7min37s	5.2 节节首
70	5.3.1-1 存储过程	9min2s	5.3 节节首
71	5.3.1-2 存储函数	8min24s	5.3.1 节节中"2.存储函数"
72	5.3.2～5.3.5 调用存储过程和存储函数	6min36s	5.3.2 节节首
73	5.4 MySQL 触发器	2min54s	5.4 节节首
74	5.4.1 创建触发器	3min42s	5.4.1 节节首
75	5.4.2 查看触发器	3min43s	5.4.2 节节首
76	5.4.3-4 使用及删除触发器	4min12s	5.4.3 节节首
\multicolumn{4}{第 6 章 数据库的安全性与数据备份（9 个）}			
77	6.2.1-1 权限表	16min37s	6.2 节节首
78	6.2.1-2 访问控制	3min44s	6.2.1 节节中"2.MySQL 的访问控制"
79	6.2.2 账户管理	9min19s	6.2.2 节节首

序号	视 频 名 称	时　　长	位　　　　置
80	6.2.3-1GRANT 授权	11min22s	6.2.3 节节首
81	6.2.3-2 权限表授权	4min50s	6.2.3 节节中"2. 授权"
82	6.2.3-3 撤销权限	9min46s	6.2.3 节节中"3. 撤销权限"
83	6.3 视图	16min24s	6.3 节节首
84	6.4.1 数据库备份	18min4s	6.4.1 节节首
85	6.4.2 数据库恢复	4min44s	6.4.2 节节首
第 7 章 数据库设计(17 个)			
86	7.1.1 数据库设计的特点	8min26s	7.1 节节首
87	7.1.2 数据库设计方法	2min8s	7.1.2 节节首
88	7.1.3 数据库设计的基本步骤	6min47s	7.1.3 节节首
89	7.2.1 需求分析的任务	2min42s	7.2 节节首
90	7.2.2 需求分析的方法	3min57s	7.2.2 节节首
91	7.2.3 数据字典	7min47s	7.2.3 节节首
92	7.3.1 概念结构设计基本方法	6min22s	7.3 节节首
93	7.3.2-1 概念结构设计	8min8s	7.3.2 节节首
94	7.3.2-2 概念结构设计	12min58s	7.3.2 节节中"4.视图集成"
95	7.4.1 E-R 图向关系模型的转换	7min38s	7.4 节节首
96	7.4.2 数据模型的优化	5min36s	7.4.2 节节首
97	7.4.3 设计用户子模式	3min5s	7.4.3 节节首
98	7.5.1 数据库物理设计的内容和方法	3min53s	7.5 节节首
99	7.5.2 关系模式访问方法选择	7min14s	7.5.2 节节首
100	7.5.3-4 确定数据库存储结构	4min54s	7.5.3 节节首
101	7.6.1-2 数据库的实施和维护	6min22s	7.6 节节首
102	7.6.3 数据库的运行和维护	6min42s	7.6.3 节节首
第 8 章 在线考试系统应用开发(4 个)			
103	8.1.1 需求分析	10min21s	8.1 节节首
104	8.1.2-1 数据字典的开发	12min23s	8.1.2 节节首
105	8.1.2-2 数据字典的开发	8min9s	8.1.2 节节中"4.处理过程"
106	8.1.3-5 设计数据库的概念模型	6min7s	8.1.3 节节首
全书总计	视频个数: 106 个	总时长: 11 时 35 分 16 秒	

目录
CONTENTS

数据库系统概论

本章首先介绍数据库的几个基本概念和数据库管理技术的发展历史,其次介绍数据模型、数据库系统的结构,最后介绍数据库管理系统与数据库系统的组成。本章在全书中起到提纲挈领的作用,有一些很抽象的概念,如数据模型、数据库系统的三级模式等,初学时可能会有些懵懂,不知所云。但是,没关系,不要着急,把本书后面的内容全部学完之后,回过头来再看这一章,会有通窍之感。本章的主要内容如下。

- 数据库管理技术的发展历史。
- 数据模型。
- 数据库系统的结构。
- 数据库管理系统的组成与功能。
- 数据库系统的构成。

1.1　数据库相关概念

1.1.1　数据库的几个基本概念

1. 数据

数据(Data),对数据库而言,**是数据库中存储的基本对象**,保存在计算机的外存上。

数据用以描述事物的特征。例如,在一个人事管理系统中,需要记录的一个人的特征包括身高、体重、最后学历、学习经历、一寸照片、验证声音(用于此用户使用声音登录系统时进行验证)等。那么,在这个人事管理系统中的数据库中记录某个人的特征的数据就有身高、体重、最后学历、学习经历、一寸照片、验证声音等。

或许你能注意到,**数据可以以各种形式存在**,如文本、图形、图像、音频、视频等。在这个人事管理系统中,记录身高、体重、最后学历、学习经历的数据是文本形式的(包括数值),如身高"1.75m",体重"80kg",最后学历"本科",而记录照片的数据可以是图像形式,记录验证声音的数据可以是音频形式。

数据有一个重要的特点:**数据与其语义不可分割**。单单一个数据93,如果不与语义结合,它没有任何意义,而只有与语义结合才有应用意义。例如,93如果与语义"体重"结合,则代表某个人的体重是93kg;与语义"银行存款余额"结合,则代表某个人的银行存款是93元;等等。

2. 数据库

数据库(DataBase,DB),顾名思义是存放数据的仓库。想象一下,如果你是一个仓库管理员,会怎么组织仓库中的货品呢?对一般仓库而言,主要考虑取用效率,所以存放货品时不能随便摆放,通常都有为适应使用要求的存放规则。例如,首先按照取用率存放,取用率较高的放在容易取用的区域;其次按照类别、日期、体积等存放。如果不制定存放规则,而是随意摆放,天长日久,随着物品数量的不断增长,取用效率会愈来愈低。与此类似,存放数据的仓库对数据的存储也必须是有规则、有组织的。

数据库的定义:**数据库是长期存储在计算机内、有组织的、可共享的大量数据的集合**,它具有如下 5 个特征。

(1) 数据按一定的数据模型组织、描述和存储。数据库管理软件通常都符合一种(或几种)数据模型,其支持的数据库也符合这种(或几种)数据模型的特征。数据模型将在 1.2 节讲述,此处暂不细讲。

(2) 数据库可由各种用户共享。在网络环境中,一个应用软件通常是由许多用户共享使用的,那么这个软件所使用的数据库也是由多个用户共享使用的。

(3) 数据冗余度较小。数据冗余指的是重复数据。在数据库环境下,数据是按照数据模型进行有组织的存储。相较于手工记录或使用文件系统的方式,数据库中的数据冗余度较小。

(4) 数据独立性较高。数据独立性指应用程序和数据库的数据结构之间的独立程度。数据独立性分成物理数据独立性和逻辑数据独立性两个级别。数据库体系结构中的三级模式和两层映像保证了数据库中的数据具有较高的独立性。这部分内容将在 1.3 节中详述,此处不提。

(5) 数据易扩展。如果当前数据库需要扩充数据内容,可以很方便地进行扩展,在数据库结构设计合理的情况下,修改软件的某些功能甚至不需要修改程序。

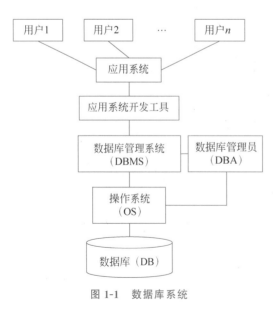

图 1-1 数据库系统

3. 数据库管理系统

数据库管理系统(DataBase Management System,DBMS)是位于用户与操作系统之间的复杂的数据管理软件,如当前流行的 Oracle、SQL Server、MySQL 等。它的作用是科学地组织和存储数据,高效地获取和维护数据。DBMS 的功能、组成和工作过程将在 1.4 节介绍,此处不提。

4. 数据库系统

数据库系统(DataBase System,DBS)指的是引入数据库的计算机系统,由硬件、软件和人员组成。一般包括数据库、数据库管理系统(及其应用开发工具)、应用系统、数据库管理员(DataBase Administer,DBA)和用户,数据库系统如图 1-1 所示。

1.1.2　数据管理技术的产生与发展

对数据的处理涉及多个过程,包括对各种数据进行采集、转换、编码、组织、存储、检索、加工和传播等一系列活动。其中,对数据的编码、组织、存储、检索和维护属于数据管理的内容。数据库技术就是为了适应数据管理这个任务而产生和不断发展起来的。

同 IT 其他技术的发展类似,数据管理技术的发展也基于三个内动力,即硬件基础、软件条件和应用需求。到目前为止,它的发展已经经历了人工管理、文件系统和数据库系统三个阶段,并进入大数据系统阶段。以下对各个阶段的特点略做说明。

1. 人工管理阶段

20 世纪 50 年代以前,可以认为是计算机的古代,想想那时候的计算机(如 ENIAC,世界上第一台计算机)是什么样子? ENIAC 如图 1-2 所示。

那时候的计算机主要应用在科学计算方面(ENIAC 的诞生就是为了满足曼哈顿计划中的大量弹道计算任务)。在硬件方面,外部存储器只有磁带、卡片和纸带等,还没有磁盘等随机存取存储设备,数据不需要保存在计算机内;在软件方面,基本没有软件,更别提用于数据管理的软件。虽然后来有些软件可以将数据与程序写在一起,如早期的汇编语言和 BASIC 语言,但使用某个程序处理的数据只能用于这个程序,数据的组织方式也是由程序员自己设计的,并且只能是较少量的数据。应用程序和数据是密不可分的一个整体,它们之间的关系如图 1-3 所示。

图 1-2　通用电子计算机 ENIAC

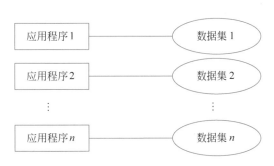

图 1-3　人工管理阶段数据与应用程序之间的关系

在人工管理阶段,对数据的管理存在以下特点。

(1) 数据一般不保存。

由于那个时代的计算机没有用于直接存储的外存设备,应用程序对数据集的处理基本上都是一次性的,所以用于处理的数据集及结果集一般不保存。

(2) 没有专用软件对数据进行统一管理。

数据和程序紧密对应,只有程序(Program)的概念,没有文件(File)的概念。程序员不仅要规定数据的逻辑结构,而且要设计特定的物理结构。

(3) 数据无法共享。

数据集与程序一一对应,这会导致不同应用之间的数据无法相互利用和参照,进而产生数据冗余。想象一下这种情况:如果有多个程序需要使用相同(或部分相同)的数据,因为数据与程序是一一对应的,那就必须在多个程序中重复建立相同的数据。重复数据,就是数据冗余,是造成数据不一致的主要因素。

(4) 数据不具有独立性。

由于数据完全依赖于程序,当数据的逻辑结构或物理结构发生变化后必须对应用程序做相应修改,从而加重了程序员的负担。

2. 文件系统阶段

20 世纪 50 年代后期到 20 世纪 60 年代中期,计算机技术有了很大的发展,应用方面也从科学计算扩展到了文档、工程管理等领域。硬件方面,有了大容量的磁盘、磁鼓等外存设备;软件方面,有了操作系统、高级编程语言等。而其中的文件系统可以用于间接地进行数据管理;在处理方式上同时有批处理和联机处理。

在文件系统阶段,对数据的管理主要有以下特点。

1) 数据可以长期保存

由于有了磁盘、磁鼓等大容量外存设备,数据可以长期存储在外存上,从而能够对需要的数据反复地进行查询、增加、修改和删除等操作。

2) 数据可以由文件系统管理

文件系统,是对文件进行管理的软件系统。文件系统把数据组织成相互独立的数据文件,以文件的方式进行管理控制。应用程序可以使用文件系统提供的访问控制接口对文件中的数据进行存取。

想想 C 语言中学过的文件操作,是不是既可以实现将数据写入文件中,也可以从文件中读取数据呢? 而这些操作的底层其实是通过操作系统提供的文件管理功能提供的。这种方式的好处在于程序员可以集中精力考虑软件功能的实现,而不需要考虑文件的物理结构及其相应操作。

需要注意,文件系统中的数据仅实现了记录内的结构性,利用"按文件名访问,按记录存取"的技术,提供的也仅是对文件的打开、关闭、以记录读写等存取方式。文件系统阶段的数据和应用程序之间的关系如图 1-4 所示,数据从整体上来说是无结构的,文件系统的管理方式简单粗暴、粒度大。

图 1-4　文件系统阶段的数据和应用程序之间的关系

3) 数据共享性差,冗余大

在文件系统中,文件依然是面向应用的,一个数据文件基本上对应于一个应用程序。当有多个程序需要使用相同数据(或部分相同数据)时,仍然需在各自的数据文件中写入相同数据,数据冗余度大,很容易造成数据不一致的现象。

数据冗余为什么会造成数据不一致呢? 举个简单的例子。如图 1-4 所示,有关一个学生的数据,如学号和姓名两个数据项,既存在于学生信息数据文件中,也存在于学生成绩数据文件中。如果出现了修改这个学生的姓名或学号的应用要求,那么所有涉及这两个数据项的数据文件都要修改,只要有一处没有修改或者修改错误,那么这个学生的数据就是不一致的。如果情况更复杂一些,可以想象,正确修改、保证数据一致性的难度会很大。

4)数据独立性差

由于文件依然面向应用,一旦文件的逻辑结构改变,应用程序也必须修改。反之,修改应用程序也可能会导致文件的逻辑结构改变。因此,数据和应用程序之间的独立性依然较差。

3. 数据库系统阶段

20 世纪 60 年代后期以来,计算机的广泛应用促进了数据管理的需求,数据的规模和复杂性日益增长。这时,在硬件方面有了大容量的硬盘和磁盘阵列;在处理数据的方式上进行实时联机处理的需求更多,并开始考虑分布式处理。在这样的应用背景下,以文件系统作为管理数据的方式已不能适应新的数据应用需求,于是为了解决多用户、多应用共享数据的需求,使数据为尽可能多的应用服务,便促生了数据库技术,出现了专门用于管理数据的软件系统,即数据库管理系统。

在数据库系统阶段,对数据的管理有以下特点。

1)数据结构化

数据库系统实现的是整体数据的结构化,这是数据库的主要特征之一,也是数据库系统与文件系统的根本区别。

在文件系统阶段,某个应用程序只需要考虑自己需要的数据文件的组织,以及文件内部各个数据项之间的联系,各数据文件之间没有联系。例如,在图 1-4 中的学生信息数据文件、学生成绩数据文件以及课程信息数据文件包括的记录内容如图 1-5 所示,这三个数据文件的记录是有内在联系的。在学生成绩数据文件中的数据项"学号"和"姓名"必须在学生信息数据文件中存在,"课程编号"和"课程名称"必须在课程信息数据文件中存在。而由于文件之间的无关性,文件系统无法保证这三个数据文件之间的数据一致性,只能由程序员编写程序实现,这也加重了程序员的负担。

学生信息数据文件:

学号	姓名	班级	专业	户口所在地	联系电话

学生成绩数据文件:

学号	姓名	课程编号	课程名称	成绩

课程信息数据文件:

课程编号	课程名称	学分

图 1-5 使用文件系统方式的三个数据文件内部的记录内容

而在数据库系统中,数据是按照数据模型来组织和存储的,数据模型中的完整性要求就可以保证上面三类数据之间的数据一致性要求。也就是说,各数据之间的联系可以由数据库管理系统自动控制,而不必通过程序来实现。在数据库系统阶段,数据与应用之间的关系如图 1-6 所示。

此外,在数据库系统中,不仅要考虑某个应用的数据结构,还要考虑整个组织中其他应用的数据结构,是面向整体的数据结构。所以,数据不再是面向应用而是面向系统的。对不

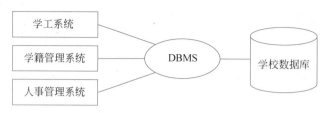

图1-6 数据库系统阶段数据与应用之间的关系

同的应用要求,可以选取整体模型的各种合理子集加以实现。

2) 数据的共享性高,冗余度低

由于数据库系统是从整体和全局角度看待和描述数据,数据不再是面向某个应用而是面向整个系统,因此数据可以被多个用户、多个应用所共享,极大地减少了数据冗余度,既节约了存储空间,又可以避免数据之间的不一致性。

需要说明的是,从理论上来说,数据库中的数据应该是无冗余的。但在实际应用中,有时为了提高对某些数据的查询效率,会在某种程度上保留一些冗余数据,这称为可控冗余,数据库系统可以对这些冗余数据进行检查和维护。

3) 数据独立性高

在数据库系统中,数据独立性包括两方面:数据的逻辑独立性和数据的物理独立性。

数据的逻辑独立性是指应用程序与数据的逻辑结构是相互独立的。即当数据的逻辑结构改变时,应用程序可以不变。

数据的物理独立性是指应用程序与数据的物理存储结构是相互独立的。即当数据的物理结构改变时,应用程序可以不变。

数据的独立性是通过数据库系统的三层模式和两级映像实现的,具体原理将在1.3.1节介绍。

4) 数据由数据库管理系统统一管理和控制

在文件系统中,虽然数据由文件系统统一管理,但只是在文件这个粗粒度级别的管理,而且没有安全性、完整性等控制。在数据库系统中,由DBMS集中控制和管理数据,DBMS还提供如下数据控制功能。

(1) 数据的安全性(Security)保护。

数据的安全性是指保护数据以防止不合法地使用而造成数据泄密和破坏。DBMS通常采用用户标识与鉴别和存取控制措施实现安全保护。用户标识与鉴别是每次用户要求进入系统时,系统会进行检查和校验,只有合法用户才有使用权。存取控制是为了确保只有授权资格的用户才能存取数据。如果不同用户的权限不同,那么他们访问到的数据也不同,从而对数据起到了安全保护的作用。

(2) 数据的完整性(Integrity)保护。

数据的完整性是指将数据控制在有效范围内,或使数据之间满足一定的约束关系。完整性的目的是保证数据的正确性、有效性和相容性,防止数据库中存在不合理、不一致的数据。例如,每个学生的学号一定是唯一的,不允许有重复的学号;性别只能是"男"或"女",不能出现其他值;学生成绩表中的学号一定是学生信息表中存在的一个学号,这表明某个成绩一定是属于某个存在的学生。如果学生成绩表中有某个学号,而学生信息表中没有这个学号,那一定是出了什么问题,需要进一步确认。而通常DBMS的数据完整性控制可以避免这样的问题发生。

（3）并发控制（Concurrency Control）。

在网络环境下,当多用户的并发进程同时对数据库中的数据进行存取时,可能会发生相互干扰而得到错误的结果,从而破坏数据完整性和一致性。

想象一下这样的场景:你家的存折上有余额 3000 元,你妈妈要使用存折存 2000 元,而你在学校旁边的 ATM 上要用银行卡取 1000 元。按照正常的计算,所有操作完成之后,你家存折上应该有余额 3000＋2000－1000＝4000 元。但不巧的是,你和你妈妈同时进行存取,你们读出的余额都是 3000 元,可是由于并发操作的不完善处理,你进行的取钱操作（3000－1000＝2000 元）覆盖了你妈妈的存钱操作（3000＋2000＝5000 元）,于是你家存折上的余额变成了 2000 元。如果发生这样的情况,银行会偷着乐,而你和你妈妈一定会很恼火。

因此,对多用户环境下的并发操作必须加以控制和协调。

（4）数据库恢复（Recovery）。

"人无远虑,必有近忧"。对重要的事情,都应该对可能产生的恶劣后果提前筹划和应对。计算机系统是非常复杂的系统,随时都有可能发生硬件故障、软件故障,以及用户有意或无意的破坏,这些情况可能会影响数据库中数据的正确性,甚至造成数据库中部分或全部数据的丢失。一个完整的 DBMS 应该具有数据库的恢复功能,即将数据库从错误状态恢复到某一已知的正确状态。

4. 大数据系统阶段

大数据指从客观存在的全量超大规模、多源异构、实时变化的微观数据中,利用自然语言处理、信息检索、机器学习、数据挖掘、模式识别等技术抽取知识并转化为智慧的方法学。其主要特点如下。

1）数据量巨大,数据的价值密度较小

著名咨询机构互联网数据中心（Internet Data Center,IDC）估测,人类社会产生的数据在以每年 50％的速度增长,也就是说,每两年就会增加一倍多,这被称为"大数据摩尔定律"。这意味着,人类在近两年产生的数据相当于之前产生的全部数据量的总和。

相比于传统关系数据库中的数据,在大数据时代,很多有价值的信息是分散于海量数据中的。为了能够获得这些价值,需要花费很多代价。例如各种监控数据,大部分数据都是闲置的,只有在异常发生时,才会有某些数据被关注。

2）数据多样化,数据库系统多元化

大数据的数据来源众多,各行各业每天都在源源不断地产生各种各样的数据,如消费大数据、金融大数据、医疗大数据、工业大数据、媒体大数据等,数据类型繁多。数据结构总体分为三种:结构化数据（存储在关系数据库中,占比 10％～20％）、非结构化数据和半结构化数据（如音频、视频、位置信息、系统日志、各种模型数据等,占比 80％～90％）。

传统的关系数据库擅长处理结构化数据,但是对半结构化和非结构化数据的处理难以应对。为了适应对半结构化和非结构化数据的处理需求,出现了许多非关系数据库,如文档型数据库、键值型数据库、内存数据库等,如图 1-7 所示列出了常见的非关系数据库和关系数据库产品。

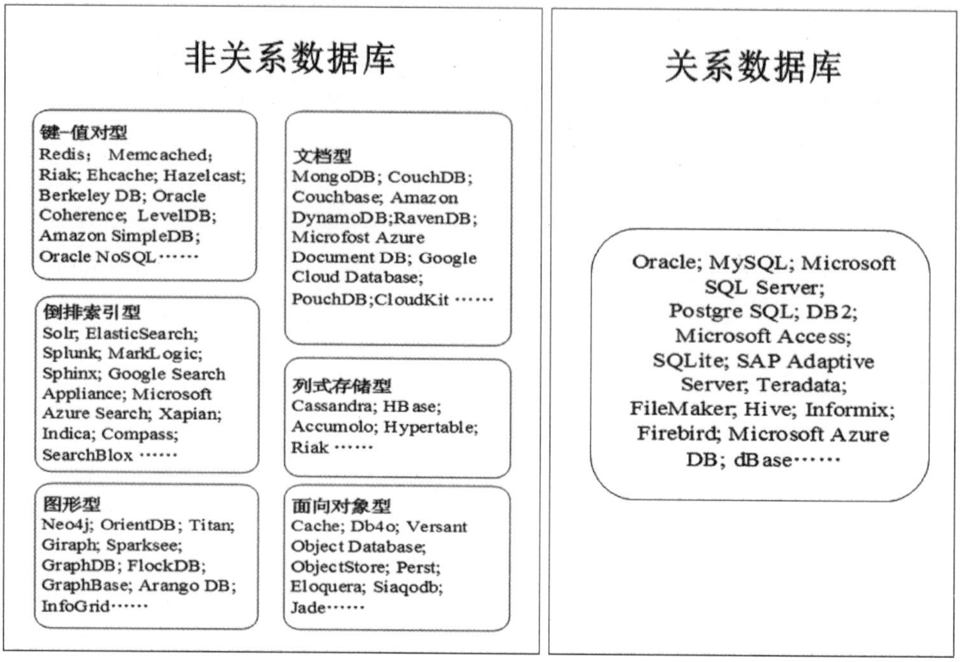

图 1-7　常见的非关系数据库和关系数据库产品

3）数据产生和处理速度快

大数据时代的数据产生速度非常快。在 Web 2.0 应用领域,在 1min 内,新浪可以产生 2 万条微博,Twitter 可以产生 10 万条推文,苹果可以下载 4.7 万次应用,"淘宝网"可以卖出 6 万件商品,百度可以产生 90 万次搜索查询,Facebook 可以产生 600 万次浏览量。对数据的要求也刺激了数据海量存储和处理高响应能力的发展。

1.2　数据模型

数据库技术的发展是以数据模型为核心和基础不断向前推进。各种各样的模型,在人们的日常生活中随处可见,如沙盘、雕塑、地图、管线图、物理公式等。模型是对现实系统的简化或模拟,是对现实系统本质特征的一种简化、直观、类比和抽象的描述。例如,从代售楼盘的沙盘模型,可以了解该楼盘的地理位置、小区规划和周围环境等;从某片区域的管线图,可以了解线缆所经路径、连接设备、管材和管径等信息。对复杂事物,借助建模可以简化事物或系统内容,方便项目相关人员之间的理解和交流,推动解决方案的形成,以及加快系统工程的开发进度。如图 1-8 所示,图 1-8(a)是某大学新校区的规划模型,图 1-8(b)是某厂室外管线图(部分)。

因为计算机不能直接处理现实世界中的事务,所以在用计算机解决问题时,采用分步解决法,即把现实中的具体事物逐步转换成计算机能够处理的数据。一般分为两步:①首先要数字化,把现实世界涉及的人、物、概念、活动等抽象为信息世界的模型表达;②把信息世界的逻辑再转换成机器世界能够处理的内容。这两步转换形成的结果就是下面要讲的两种数据模型,其抽象过程如图 1-9 所示。

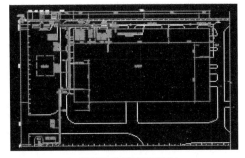

(a) 某大学新校区的规划模型　　　　　(b) 某厂室外管线图(部分)

图 1-8　沙盘与管线图举例

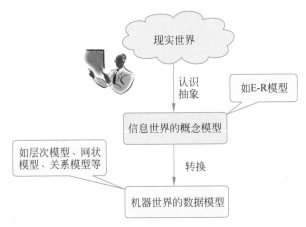

图 1-9　现实世界到计算机世界的抽象过程

1.2.1　数据模型的概念

数据模型要满足三个条件：一是能够比较真实地模拟现实世界；二是容易被人们理解；三是便于在计算机上实现。

在数据库系统中，以上两个不同的数据抽象阶段使用不同的数据模型，因而将数据模型分为以下两大类。

第一类是**概念模型**，也称为信息模型，是从用户的角度来对数据和信息建模，主要用于数据库的设计。因为是从用户的角度出发，所以这种模型不依赖于具体的计算机系统，不考虑软硬件，属于概念级别的模型，简称概念模型。概念模型由数据库设计人员构建，但是最终必须要得到用户的理解和认可。

第二类是**逻辑模型和物理模型**。逻辑模型主要包括层次模型、网状模型、关系模型、面向对象模型等。它们是从计算机的角度对数据建模，主要用于 DBMS 的设计和实现。物理模型是对数据底层的抽象，描述数据在系统内部的表示方式和存取方法，或在磁盘、磁带上的存储方式和存取方法，是面向计算机世界的表达。物理模型的实现是 DBMS 要操心的内容，数据库设计人员和 DBA 由于工作需要了解和选择物理模型，其他用户除了特殊情况不需要考虑物理存储级别。这两种模型一般为区别于概念模型，统称为**数据模型**。

数据模型是对现实世界数据特征的抽象,用来描述、组织数据,并对数据进行操作。现有的 DBMS 都是基于某种或几种混合数据模型建立的,如 Access 和 SQLite 基于关系模型,Cassandra 基于列式存储模型,Oracle、SQL Server 和 MySQL 则结合了关系模型其他数据模型。数据模型是数据库系统的核心和基础,了解数据模型有助于人们更好地理解数据库系统。

1.2.2　概念模型

由图 1-9 可知,概念模型是数据从真实的现实世界到底层机器世界进行抽象的第一个层次。它是数据库设计人员进行数据库设计的工具,也是数据库设计人员和未来的系统用户之间进行交流的工具。概念模型的最终形成必须得到数据库设计人员和系统用户双方的一致认可,它必须是简单、清晰、易于理解的。

1. 概念模型涉及的几个基本概念

1) 实体

客观存在、可以相互区别的事物称为实体(Entity)。实体可以是具体的人、事、物,也可以是抽象的概念或联系,如一本书、一位教师、一门课程、一次考试、一场球赛、一次货物订购等,都可以作为实体。

2) 属性

实体具有的某一特征称为属性。一个实体通常需要若干个属性来表征。例如,在学籍管理系统中的一个学生实体,需要用学号、姓名、性别、出生日期、籍贯等属性来描述。而一个属性值的组合(201700131,王晓明,男,1999 年 7 月 7 日,宁夏银川)就表述了一个叫王晓明的男学生所具有的特征。

需要说明的是,一个实体通常会有多个属性,但在一个应用系统中通常只关注它的部分属性。例如,一个学生实体,可能有学号、姓名、性别、班级、专业、联系电话、籍贯、特长、学习经历、奖惩情况、宿舍号、各学科成绩等诸多属性,但是不可能也没必要关注所有属性。在某个应用系统中只需要关注必须记录的属性即可。例如,在学生宿舍管理系统中需要关注的是学号、姓名、性别、班级、专业、联系电话、宿舍号;而学工管理系统关注的是学号、姓名、班级、专业、特长、奖惩情况等。也就是说,一个同样的实体在不同的应用系统中需要描述的属性集在很大概率上是不同的。

3) 码

唯一标识实体的属性或属性集称为码。

上例中,学生实体的码是"学号",因为每个学生都有一个唯一的学号,也就是说,"学号"这个属性能够区分不同的学生,所以"学号"是学生实体的码。假如在这个实体中再加一个属性"身份证号",因为每个人的身份证号都是唯一的,也可以区分不同的学生,那么"身份证号"这个属性也是码。

再举一个多属性作为码的例子。有一个"列车运营"实体,包含的属性有车次、日期、实际发车时间、实际抵达时间、情况摘要等。该实体的码是什么呢? 答案是"车次+日期"。如果读者还想不明白,好好琢磨一下码的定义吧。

4) 实体型

用实体名及其属性集合来抽象和刻画具有相同属性特征的同类实体,称为**实体型**。例如,学籍管理系统中用来描述同一类学生实体的实体型:学生(学号、姓名、性别、出生日期、籍贯)。

5)实体集

同一类实体的集合称为实体集。例如,在学籍管理系统中,2018年宁夏大学全部在校学生就是一个学生实体集。这个实体集是不固定的,因为每年都有毕业的学生,也有新入学的学生,还有退学的学生,等等。

6)联系

在现实世界中,实体通常都不是孤立存在的,都会与其他实体有某种或某几种联系。例如,学生和课程之间存在选课联系,教师和课程之间存在授课联系。实体间的联系有时候错综复杂。所以,在信息世界中,不仅要关注每一类实体及其属性,还要关注这些联系。

联系在概念模型中被转换为实体(型或集)内部的联系和实体(型或集)之间的联系。实体内部的联系通常是指实体的属性之间具有某种联系,实体之间的联系是指不同实体集所具有的联系。

根据参与联系的实体集的数目不同,可以把联系分为一元联系、二元联系和多元联系。下面将详细讲述有关联系的内容。

2. 联系的类型

1)二元联系

二元联系是只有两个实体集参与的联系,二元联系有以下三种类型。

(1)一对一联系。

设有实体集 A 和实体集 B,如图 1-10 所示,如果对于实体集 A 中的每一个实体,实体集 B 中至多有一个(也可以没有)实体与之联系,反之亦然,则称实体集 A 与实体集 B 具有一对一联系,记为 $1:1$。

例如,对一所大学而言,每个学院只有一位正院长,而每位正院长只在一个学院任职,某个学院也可能暂时没有正院长,则"学院"与"院长"之间的联系就是一对一联系。

(2)一对多联系。

设有实体集 A 和实体集 B,如图 1-11 所示,如果对于实体集 A 中的每一个实体,实体集 B 中有 n 个实体($n \geqslant 0$)与之联系,反之,对于实体集 B 中的每一个实体,实体集 A 中至多只有一个实体与之联系,则称实体集 A 与实体集 B 有一对多联系,记为 $1:n$。

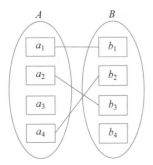

图 1-10 二元联系中的一对一联系

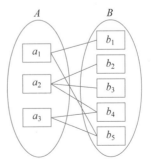

图 1-11 二元联系中的一对多联系

例如,实体集"班级"与实体集"学生"之间的联系。一个班里有多个学生,但是每个学生只能属于一个班级。

(3) 多对多联系。

设有实体集 A 和实体集 B,如图 1-12 所示,如果对于实体集 A 中的每一个实体,实体集 B 中有 n 个实体($n \geqslant 0$)与之联系,反之,对于实体集 B 中的每一个实体,实体集 A 中也有 m 个实体($m \geqslant 0$)与之联系,则称实体集 A 与实体 B 具有多对多联系,记为 $m:n$。

例如,实体集"学生"和实体集"课程"之间具有"选课"联系,每个学生可以选修多门课程,每门课程可以被多个学生选修,那么"选课"联系就是多对多联系。可以用图 1-13 表示以上三种二元联系。

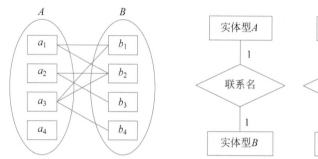

图 1-12 二元联系中的多对多联系   图 1-13 三种二元联系

2) 多元联系

当发生联系的实体集个数 $\geqslant 3$ 时,称为多元联系。与二元联系类似,多元联系也可以分为一对一、一对多和多对多三种。

例如,"导师""研究生""学位论文"这三个实体集之间存在"指导"联系。语义如下。

(1) 一位导师指导多名研究生和多篇论文。

(2) 每位研究生只被一位导师指导。

(3) 每篇学位论文只被一位导师指导撰写。

那么这三个实体集之间是一对多的联系。

又如,"交警""驾驶员""车辆"这三个实体集之间具有"开罚单"联系。语义如下。

(1) 每位交警可以为多位驾驶员、多辆车开罚单。

(2) 每位驾驶员可以被多位交警及多辆车开罚单。

(3) 每辆车可被多位交警及驾驶员开罚单。

那么这三个实体集之间是多对多联系。

以上两个例子如图 1-14 所示。

3) 一元联系

一元联系是发生在一个实体集内部两个实体之间的联系。联系的种类也分为三类:一对一、一对多和多对多。

例如,一个公司的所有员工组成的实体集"员工"内部具有领导与被领导的联系,即某一员工(经理)领导若干个员工,而一个员工仅被另外一个员工(经理)直接领导,因此这是一对多的联系,如图 1-15 所示。

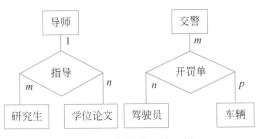

图 1-14　多元联系的示例　　　　　　　图 1-15　单个实体集内部的 1∶n 联系

3. 实体-联系（E-R）模型

概念模型的表示方法有很多种,其中最有名、使用最广泛的是 P. P. S. Chen(陈品山)于
1976 年提出的实体-联系(Entity-Relationship,E-R)模型。E-R 模型是直接从现实世界中
抽象出实体类型以及实体之间的联系,是对现实世界中事物及其联系间的一种抽象。它的
主要构成体是实体(型)、属性和联系。E-R 模型的图形表示称为 E-R 图,通用的表示方式
如下。

(1) 实体型用矩形表示,矩形框内写实体型名。

(2) 属性用椭圆形表示,椭圆形框内写属性名,并用无向边将其与所属实体型连接
起来。

例如,实体型"学生"具有学号、姓名、性别、出生日期、籍贯、电话等属性,用 E-R 图表示
如图 1-16 所示。

(3) 联系用菱形表示,菱形框内书写联系名,并用无向边把产生该联系的实体型连接起
来,并在无向边上标示出联系的类型(1∶1,1∶n,m∶n)。

例如,"学生"实体型和"课程"实体型之间的"选修"联系是多对多,则 E-R 图如图 1-17
所示。

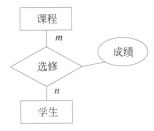

图 1-16　学生实体型及其属性　　　　　　图 1-17　学生、课程实体型及其联系

需要注意的是,如果实体型之间因为发生联系而具备了属性,也要把该属性用无向边与
联系连接起来。如图 1-17 中,实体型"学生"和实体型"课程"由于发生了"选修"联系而产生
出了属性"成绩",那么属性"成绩"也应该标示出来并连接到"选修"联系上,意味着这个属性
是因为实体之间有了联系才会产生。

又如,当某图书借阅系统的应用需求中描述"读者可以借阅图书"时,实体型"读者"和实
体型"图书"之间会产生"借阅"联系。那么当读者"借阅"图书时,系统需要怎样描述"借阅"这
个行为呢? 如果系统需求说明"当读者借阅图书时,按照不同的读者类型,需要记录借阅日期
和应还(书)日期",那对于"借阅"联系就应该有"借书日期"和"应还日期"这两个特征来描述,
所以最终在"借阅"联系上要有"借书日期"和"应还日期"这两个属性相关联,如图 1-18 所示。

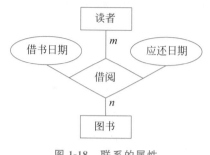

图 1-18　联系的属性

【例 1.1】　有一个高校教材信息管理系统,包含教师、学生、专业、课程、教材 5 个实体,各实体及其属性如下。

- 教师:属性有工号、姓名、电话。
- 学生:属性有学号、姓名、班级、电话。
- 专业:属性有专业号、专业名、学院号。
- 课程:属性有课程号、课程名、学分。
- 教材:属性有 ISBN 号、书名、作者、单价、出版社。

实体之间的联系如下。

(1) 一名教师属于一个专业,一个专业有多名教师。

(2) 一个专业开设若干门课程,一门课程可以在若干个专业开设。

(3) 一个学生属于一个专业,一个专业有多名学生。

(4) 每个学生可以选修若干门课程,每门课程可以由多个学生选修,选修的课程需要记录考试成绩。

(5) 一位教师可以讲授多门课程,每门课程也可以由多位教师讲授。

(6) 一门课程可以使用一种教材,每种教材也可以由多门课程使用。

(7) 一个学生可以订购多种教材,每种教材可以被多个学生订购,每种教材可以订购多本。

该信息管理系统的 E-R 模型如图 1-19 所示。

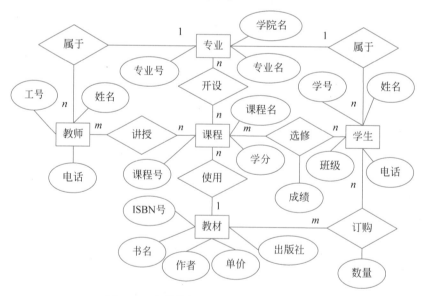

图 1-19　高校教材信息管理系统 E-R 模型

1.2.3　数据模型的组成要素

关系数据库之父 E. F. Codd 认为,一个数据模型是一组向用户提供的规则,这些规则规定数据的数据结构如何组织,允许数据进行哪些操作,以及如何确保数据的正确性。通常,数据模型应包含数据结构、数据操作和数据完整性约束三个要素。

1. 数据结构

数据结构是对实体及实体间联系的表达和实现。数据结构规定了如何描述数据的类型、内容、性质和数据之间的相互关系。它是数据模型最基本的组成部分,规定了数据模型的静态特性。在数据库系统中,通常按照数据结构的类型来命名数据模型,例如,采用层次数据结构的层次模型、采用网状数据结构的网状模型等。

2. 数据操作

数据操作是指对数据库中各种对象实例允许执行的操作的集合,包括操作及有关的操作规则。数据操作规定了数据模型的动态特性。

数据库主要有查询和更新(包括插入、删除和修改)两大类操作。数据模型必须定义这些操作的确切含义、操作符号、操作规则以及操作使用的语言。

3. 数据完整性约束

数据完整性约束是一组完整性规则,是为了保证系统中数据的正确、有效和相容而制定的数据及其联系所具有的约束和依赖规则。

数据模型应该提供定义完整性约束的机制,能够对完整性约束进行检查,并对违反完整性约束的事件提供违约处理。

1.2.4　常用数据模型

1. 传统数据模型

传统数据模型分为两大类:非关系模型和关系模型。

1) 非关系模型

又称格式化模型,包括层次模型和网状模型。这两种模型的 DBMS 产品在 20 世纪70~80 年代初占市场主导地位。层次模型的典型代表是 IBM 于 1968 年推出的大型商用数据库管理系统 IMS,网状模型的典型代表是 DBTG 系统。层次数据库和网状数据库在使用和实现上都要涉及数据库物理层的复杂结构,后来很快被关系模型的数据库系统取代。但在美国及欧洲的一些国家还有少数系统仍在使用。

2) 关系模型

关系模型是目前为止最重要、应用最广泛的数据模型。关系数据库系统采用关系模型作为数据的组织方式。

1970 年,美国 IBM 公司 San Jose 研究室的研究员 E. F. Codd 首次提出了关系模型,开创了数据库关系方法和关系数据理论的研究,为关系数据库奠定了坚实的理论基础。由于E. F. Codd 在数据库技术方面的杰出贡献,他于 1981 年获得了 ACM 图灵奖。

关系数据库是本书的研究重点,后面将详细讲述关系数据库的特点,下面略做介绍。

(1) 关系模型的数据结构。

关系模型由一组关系构成。每个关系的数据结构是一张规范化的二维表。下面以如表 1-1 所示学生信息表为例,介绍关系模型中的一些术语。

- 关系(Relation):一个关系对应一张二维表格,如表 1-1 所示。
- 元组(Tuple):表中的一行是一个元组。
- 属性(Attribute):表中的一列是一个属性。每个属性有属性名,如表 1-1 中有 6 列,则有 6 个属性(学号,姓名,性别,出生日期,专业,籍贯)。

表 1-1 学生信息表

学　　号	姓　　名	性　　别	出 生 日 期	专　　业	籍　　贯
2018161101	张晓萍	女	2000-2-22	计算机科学	宁夏固原市
2018161105	宁　浩	男	2000-8-15	计算机科学	安徽省蚌埠市
2018163102	杨鹏飞	男	1999-11-22	网络工程	山东省烟台市
…	…	…	…	…	…

- 码(Key)：也称为键。如果表中的某个属性或属性组可以唯一确定一个元组,则该属性或属性组是关系的码。如表 1-1 所示的关系中,学号可以唯一确定一个学生,则学号就是关系的码。
- 域(Domain)：域是一组具有相同数据类型的值的集合,代表属性的取值范围。如表 1-1 所示的关系中,性别的域是(男,女),专业的域是这个学校所有开设的专业。
- 分量：元组中的一个属性值。
- 关系模式：对关系的描述,一般用关系名(属性名 1,属性名 2,…,属性名 n)来表示。例如,如表 1-1 所示的关系可以表示为

学生(学号,姓名,性别,出生日期,专业,籍贯)

(2) 关系模型的数据操作和完整性约束。

关系模型的数据操作主要包括对数据的增、删、改、查。数据操作的对象和结果都是关系,这些操作必须满足关系的完整性约束。有关完整性约束的内容将在后续章节中介绍。

2. 其他数据模型

虽然传统的关系数据库系统在管理结构化信息方面具有很大优势,在网络迅速普及的今天,半结构化信息和非结构化信息所占的比重正在逐步增大,它们已经逐渐成为重要的信息组织方式,传统的关系数据库系统已然不适用于这些新型数据的管理。而随着大数据和 Web 2.0、移动计算、物联网技术的广泛应用,随着"互联网＋"战略的逐步深化,也出现很多新型的非关系数据库。目前的非关系数据模型主要有以下几种。

1) 面向对象模型

吸收了面向对象程序设计方法学的核心概念和基本思想。

2) 键-值对模型

由一个特定的键和一个指针指向特定数据组成,目的是在 Key 和 Value 之间建立映射关系,如 Redis 数据库。

3) 文档模型

反传统的数据库范式设计理论,把相关的对象都记录到一个文档里,每个文档内的列名可以自由定义,如 MongoDB 数据库就是文档型数据库。

4) 列式存储模型

将同一个数据列的各个值存放在一起。插入某个数据行时,该行的各个数据列的值也会存放到不同的地方。列式存储提高了对大数据量查询的效率。每次读取某个数据行时,需要分别从不同的地方读取各个数据列的值,然后合并在一起形成数据行,如 Cassandra 数据库就是采用列式存储模型。

5) 倒排索引模型

一部分用于表示文档的索引项,另一部分则由多个位置表组成,每个位置表和索引中的

某个索引项对应,并记录所有出现过该索引项的文档及其在文档中的具体位置。

3. NoSQL 数据库

NoSQL 数据库泛指非关系数据库。Web 2.0 网站的兴起,使传统关系数据库在应对超大规模和高并发的 SNS(社交网络服务)类型的 Web 2.0 纯动态网站时力不从心,暴露了很多难以克服的问题,而非关系数据库则由于其本身的特点得到了非常迅速的发展。全球知名的数据库流行度排行榜网站 DB-Engines(https://db-engines.com)每个月会对各种数据库系统使用情况公布排行榜,如图 1-20 所示是从 2022 年 11 月份的数据库管理系统排名榜单中截取的前 15 位排名。

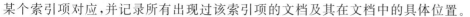

Rank			DBMS	Database Model	Score		
Nov 2022	Oct 2022	Nov 2021			Nov 2022	Oct 2022	Nov 2021
1.	1.	1.	Oracle	Relational, Multi-model	1241.69	+5.32	-31.04
2.	2.	2.	MySQL	Relational, Multi-model	1205.54	+0.17	-5.98
3.	3.	3.	Microsoft SQL Server	Relational, Multi-model	912.51	-12.17	-41.78
4.	4.	4.	PostgreSQL	Relational, Multi-model	623.16	+0.44	+25.88
5.	5.	5.	MongoDB	Document, Multi-model	477.90	-8.33	-9.45
6.	6.	6.	Redis	Key-value, Multi-model	182.05	-1.33	+10.55
7.	7.	↑8.	Elasticsearch	Search engine, Multi-model	150.32	-0.74	-8.76
8.	8.	↓7.	IBM Db2	Relational, Multi-model	149.56	-0.10	-17.96
9.	9.	↑11.	Microsoft Access	Relational	135.03	-3.14	+15.79
10.	10.	↓9.	SQLite	Relational	134.63	-3.17	+4.83
11.	11.	↓10.	Cassandra	Wide column	118.12	+0.18	-2.76
12.	↑13.	↑18.	Snowflake	Relational	110.15	+3.43	+45.97
13.	↓12.	↓12.	MariaDB	Relational, Multi-model	104.91	-4.40	+2.72
14.	14.	↓13.	Splunk	Search engine	94.23	-0.43	+1.92
15.	15.	↑16.	Amazon DynamoDB	Multi-model	85.40	-2.95	+8.41

397 systems in ranking, November 2022

图 1-20 DB-Engines 公布的数据库管理系统前 15 位排名

可以看到,DB-Engines 对总共 397 种数据库系统进行了排名。在前 15 名中,关系数据库有 10 个,非关系数据库有 5 个。但是排名前 4 的关系数据库已经不仅支持关系模型,还支持其他模型,是多模数据库系统。排名第 5 的 MongoDB 是文档型和多模数据库系统,排名第 6 的 Redis 是键值型和多模数据库系统,排名第 7 的是搜索引擎型和多模数据库系统。

此外,DB-Engines 还公布了这些数据库产品的数据模型占比情况,图 1-21(a)~图 1-21(c)分别显示了 2019 年 9 月、2021 年 3 月和 2022 年 3 月的占比率。

如图 1-21 所示,可以看出,目前关系数据库的数目仍然是最多的,但是呈现出不断缩减的趋势。与此相对应,非关系数据库正在以微弱步伐不断前进。

NoSQL 数据库具有如下优点。

- 易扩展:NoSQL 数据库种类繁多,但有一个共同点就是数据结构简单,去掉了关系数据库的关系型特性,数据之间没有关系。这样系统中的数据就很容易扩展,同时也使得系统在架构层面具有了可扩展性。

- 大数据量及高性能:NoSQL 数据库具有很好的读写性能,在大数据量下同样表现优秀,这得益于数据之间的无关系性。

- 灵活的数据模型:NoSQL 无须事先为要存储的数据建立字段,随时可存储自定义的数据格式。而在关系数据库里,增删字段是比较麻烦的事情。如果是数据量很大的表,增加字段的工作量可能会非常耗时耗力。

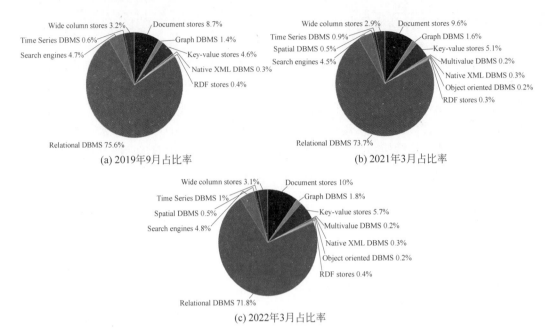

(a) 2019年9月占比率   (b) 2021年3月占比率

(c) 2022年3月占比率

图 1-21　DB-Engines 公布的各种数据模型占比率

- 高可用性：NoSQL 在不太影响性能的情况，就可以方便地实现高可用的架构。如 Cassandra、HBase 模型，通过复制模型就能将一个应用架构复制到另一个应用中。

但是相比于关系数据库，NoSQL 数据库也存在天生的不足，主要表现在以下几方面。

- 只提供简单查询：绝大多数 NoSQL 数据库只能提供简单查询，无法进行多表联合查询等复杂的查询操作，并且各种数据库产品都有各自的查询语言，不能像关系数据库一样提供标准化的查询语言。
- 功能相对简单：NoSQL 数据库提供的功能相对简单，在一些要求事务一致性、业务逻辑比较复杂或需要复杂分析查询的环境中，NoSQL 的功力就不够了。

4. NewSQL 数据库

由于关系数据库和 NoSQL 数据库都有各自的缺陷，NewSQL 数据库的目标是把这两者的优点结合起来。NewSQL 是对各种新的可扩展/高性能数据库的简称，这类数据库不仅具有 NoSQL 对海量数据的存储管理能力，还保持了传统关系数据库支持的事务的 ACID 和统一的 SQL 等特性。已经出现了如 Vitess、TiDB、ClustrixDB、VoltDB、NuoDB、MemSQL 等数据库系统。

NewSQL 会取代 NoSQL 吗？也许，它们会走向融合，或是彻底地分离。感兴趣的读者请自行学习，此处不再赘述。

1.3　数据库系统的结构 ◆

1.3.1　数据库系统的模式结构

在文件系统中，用户程序员对于其所使用的物理组织、存储细节等都要自己处理，很不方便，程序员的任务也很重。数据库系统的一个目标就是解决这个问题，把一切琐碎的系统

事务交给 DBMS 处理,程序员只需要关注业务方面的问题。为了实现这个目标,数据库技术采用了分层处理的方法,把数据库系统分成几个层次,每个层次完成一定的功能。美国 ANSI/X3/SPARC 数据库管理系统研究组在 1975 年公布的研究报告中把数据库系统分为三级即用户级、概念级和物理级,并获得了全世界的认可。

1. 数据库系统的三级模式结构

数据库系统的三级模式结构由外模式(用户级)、模式(概念级)和内模式(物理级)组成,它们之间的关系如图 1-22 所示。

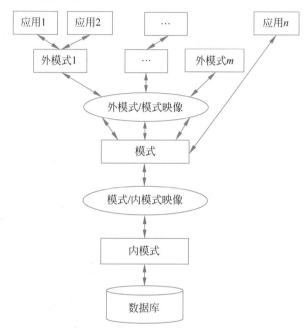

图 1-22 数据库系统的三级模式

1)外模式

外模式也称为子模式或用户模式,它是数据库用户能够看见和使用的局部数据的逻辑结构和特征描述,是与数据库用户和应用有关的数据的逻辑表示。

外模式是模式的子集。一个数据库可以有多个外模式。这是因为一个数据库系统有多个用户、多种应用,不同的用户和应用在看待数据、数据的保密程度等方面有所不同,因此他们看到的数据就是不同的,则其外模式不同。即使是模式中的同一数据,在外模式中的结构、类型、长度、保密级别等都可以不同。此外,同一外模式也可以为某一个用户的多个应用所使用,但是一个应用只能使用一个外模式。例如,对应一个学校的管理信息系统,人事处用户只能看到部门记录和职工记录,教务处用户只能看到教师开课、学生选课及成绩等记录,学生处只能看到学生的信息记录等,而实际上数据库中存放的是这些信息记录的总集合。

外模式是保证数据库安全性的一个有力措施。每个用户只能看见和访问应用所对应模式中的数据,数据库中的其他数据是不可见的。

2)模式

模式也称为逻辑模式,是对数据库中全体数据逻辑结构和特征的描述,也是对现实世界中的实体及其联系的描述,是所有用户的公共数据视图。

模式是数据库中的数据在逻辑级别的视图。一个数据库只有一个模式。数据库模式以一种数据模型为基础,统一综合地考虑了所有用户的需求,并将这些需求有机地结合成一个逻辑整体。定义模式时不仅要定义数据的逻辑结构,例如,数据由哪些数据项构成,每个数据项的名字、类型、取值范围等,还要定义数据之间的联系,以及与数据有关的安全性、完整性要求。

3) 内模式

内模式中也称为存储模式,一个模式只有一个内模式。它是数据物理结构和存储方式的描述,是数据在数据库内部的组织方式。例如,记录的存储方式是顺序存储结构还是 B 树存储结构;索引的方式是 B^+ 树索引还是 Hash 索引;数据是否是压缩存储;数据是否是加密存储;等等。

2. 数据库系统的二级映像

数据库的三级模式是对数据的三层抽象级别,它把数据的具体组织留给 DBMS 管理,使用户不必关心数据在计算机内的具体表示方法和存储方式。但是,这三种模式不可能各自独立,它们之间应该存在某种映射机制才能够彼此联系和对应,如同网络结构中的上下层之间是通过协议进行沟通的。为了能够在系统内部实现这三个层次的联系和转换,DBMS在这三级模式之间提供了两层映像:外模式/模式映像和模式/内模式映像。

1) 外模式/模式映像

对于每个外模式,数据库系统都有一个外模式/模式映像,它定义了该外模式与模式之间的对应关系。这些映像定义通常包含在各自外模式的描述中。如果模式改变时(如增加新关系、新属性、改变属性类型等),由 DBA 对各个外模式/模式的映像做相应修改,可以使外模式保持不变。而应用程序是依据外模式编写的,从而可以使应用程序不用修改,保证了数据与程序的逻辑独立性,简称数据的逻辑独立性。

2) 模式/内模式映像

由于数据库中只有一个模式、一个内模式,所以模式/内模式映像是唯一的。它定义了数据的全局逻辑结构与存储结构之间的对应关系。当数据的存储结构改变时(如选用了另一种存储结构),可以由 DBA 针对模式/内模式映像做相应修改,可以使模式保持不变,从而应用程序也不需要修改。这保证了数据与程序的物理独立性,简称数据的物理独立性。

数据库系统采用三级模式结构和二级映像具有如下优点。

(1)将外模式和模式分开,保证了数据的逻辑独立性;将内模式和模式分开,保证了数据的物理独立性。数据库的二级映像保证了数据库外模式的稳定性,从而从底层保证了应用程序的稳定性。除非应用需求本身发生变化,否则应用程序一般不需要修改。

(2)在不同的外模式下可以有多个用户共享系统中的数据,减少了数据冗余。

(3)应用程序是依据外模式编写的,程序员不需要了解数据库内部的存储结构,减少了程序员的工作量,提高了程序开发效率。

(4)应用程序是在外模式下根据要求进行操作,不能够对无权限的、有限定的数据进行操作,这保证了数据的安全。

1.3.2 数据库应用系统的体系结构

目前,根据数据库系统的应用和发展,数据库应用系统的体系结构主要包括以下几类。

1. 单用户结构

单用户结构是指在 PC 上使用单用户数据库系统,即整个数据库系统(包括应用程序、DBMS、数据库)都装在一台机器上,为一个用户独占使用,不同机器之间不能共享数据。如 Microsoft Access 和 Visual FoxPro 就适用于这种单用户结构。

2. 集中式结构

集中式结构是一种采用大型主机和终端结合的系统,这种结构将数据系统(包括应用程序、DBMS、数据库)集中存放在大型主机端,所有的处理任务由主机完成,用户通过终端向主机提出应用请求,主机处理之后将处理结果返回给终端。系统中的所有用户共享主机资源和数据资源。

在这种机构中,由于所有的处理都由主机完成,因此对主机的性能要求很高,但优点在于易于管理和维护。不足之处在于如果终端数目增长到一定程度,主机的处理任务将会非常繁重,造成系统性能大大下降。此外,系统过分依赖于主机,一旦主机发生故障,会导致整个系统陷于瘫痪状态。

3. 分布式结构

在分布式结构中,数据库中的数据在逻辑上是一个整体,但在物理上分布于网络的不同节点。每个节点不仅可以独立执行局部应用、处理本地数据库中的数据,也可以执行全局应用,同时存储和处理多个异地数据库中的数据。

分布式结构能够适应地理上分散的组织对于数据库应用的需求,但是数据的分布式存放也给数据的处理、管理与维护带来了困难。如果用户需要经常访问远程数据,系统效率受网络传输速度的限制。

4. 客户机/服务器结构

客户机/服务器(Client/Server,C/S)结构,通常采取二层结构,如图 1-23 所示,服务器负责数据的管理,客户机负责完成与用户的交互任务。客户机通过局域网与服务器相连,接受用户的请求,并通过网络向服务器提出请求,对数据库进行操作。服务器接受客户机的请求,将数据提交给客户机,客户机将数据进行计算并将结果呈现给用户。服务器还要提供完善安全保护及对数据完整性的处理等操作,并允许多个客户机同时访问服务器,这就对服务器的硬件处理数据能力提出了很高的要求。

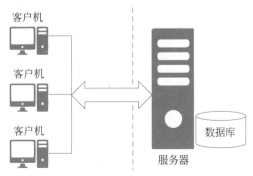

图 1-23 二层 C/S 结构图

在 C/S 结构中,应用程序分为两部分:服务器部分和客户机部分。服务器部分是多个用户共享的信息与功能,执行后台服务,如控制共享数据库的操作等。客户机部分为用户所专有,负责执行前台功能,在出错提示、在线帮助等方面都有强大的功能,并且可以在子程序间自由切换。

C/S 结构在技术上已经很成熟,它的主要特点是交互性强,具有安全的存取模式,响应速度快,利于处理大量数据。但是 C/S 结构缺少通用性,系统维护、升级需要重新设计和开发,增加了维护和管理的难度,进一步的数据拓展困难较多,所以 C/S 结构只限于小型的局域网。

基于二层结构的不足,三层结构伴随着中间件技术的成熟而兴起。其核心概念是利用中间件将应用分为表示层、业务逻辑层和数据层三个不同的处理层次,如图 1-24 所示。

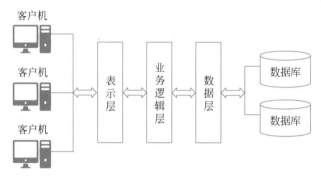

图 1-24 三层 C/S 结构图

三层结构比二层结构具有一定的优越性,如具有良好的开放性;减少整个系统的成本,维护升级更方便;系统具有良好的可扩充性;系统管理较简单;支持异种数据库等。

5. 浏览器/服务器结构

浏览器/服务器(Browser/Server,B/S)结构是从 C/S 结构改进而来,可以说是三层 C/S 结构,主要是利用了不断成熟的 WWW 浏览器技术,用通用浏览器实现了原来需要复杂专用软件才能实现的强大功能,极大地节约了开发成本。B/S 虽然来自于 C/S,但后来随着Web 技术的飞速发展以及人们对网络的依赖程度加深,B/S 便一举成为当今最流行的应用系统结构,如图 1-25 所示。

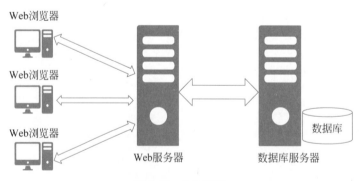

图 1-25 B/S 结构

B/S 结构中的三层分别如下。

(1) 浏览器层。

浏览器层即客户机,只有简单的输入输出功能,处理极少部分的事务逻辑。由于客户不需要安装客户机,只要有浏览器就能上网浏览,所以它面向的是大范围的用户,所以界面设计得比较简单、通用。

（2）Web 服务器层。

Web 服务器层扮演着信息传送的角色。当用户想要访问数据库时,就会首先向 Web 服务器发送请求,Web 服务器统一请求后会向数据库服务器发送访问数据库的请求,这个请求是以 SQL 语句实现的。

（3）数据库服务器层。

当数据库服务器收到了 Web 服务器的请求后,会对 SQL 语句进行处理,并将返回的结果发送给 Web 服务器,接下来,Web 服务器将收到的数据结果转换为 HTML 文本形式发送给浏览器,也就是打开浏览器看到的界面。

B/S 和 C/S 两种结构各有优缺点,都是非常重要的应用系统结构。例如,在响应速度、用户界面、数据安全等方面,C/S 强于 B/S;但是在业务扩展和适用 WWW 条件下,B/S 明显胜过 C/S。可以这么说,B/S 的强项就是 C/S 的弱项,反之亦然。它们各有优缺点,相互无法取代。

1.4　数据库管理系统

DBMS 是位于用户和操作系统之间的一个数据管理软件,是数据库系统的核心组成部分。对数据库的一切操作,包括数据定义、查询、更新及各种管理和控制,都是通过 DBMS 进行的。前面说过,DBMS 都是基于某种数据模型在计算机上的具体实现。按照数据模型的不同,可以把 DBMS 分成层次型、网状型、关系型、面向对象型等类型。

下面首先介绍 DBMS 的功能和组成,然后介绍 DBMS 在数据库系统中的工作过程。

1.4.1　数据库管理系统的功能与组成

1. DBMS 的主要功能

DBMS 的主要功能包括以下几方面。

1）数据定义功能

DBMS 提供数据定义语言（Data Definition Language,DDL）,用户可以使用 DDL 对数据库中的数据对象的组成与结构进行定义。

2）数据组织、存储和管理功能

DBMS 要对各种数据进行分类组织、存储和管理,如数据字典、用户数据等,要确定采用什么结构和存取方式能够有效地组织这些数据,用什么方法实现数据之间的联系等。

3）数据操纵功能

DBMS 提供数据操纵语言（Data Manipulation Language,DML）,用户可以使用 DML 操纵数据,实现对数据的增、删、改、查等。

4）数据库的事务管理和运行管理

数据库在建立、运行和维护时由 DBMS 统一管理和控制,以保证事务的正确运行,涉及数据库的安全性、完整性、并发控制和系统恢复等功能。

5）数据库的建立和维护功能

这部分功能包括数据库基本数据的输入和转换、数据库的转储和恢复、数据库的重组织和性能监控与分析等。

6）其他功能

DBMS 的功能还包括其他方面，例如，DBMS 与网络中其他软件的通信功能，与其他不同 DBMS 的数据转换功能，异构数据库之间的互访和互操作功能，等等。

2. DBMS 的组成

DBMS 按功能划分，可分为以下几个主要部分。

（1）模式翻译：将 DDL 书写的命令翻译为内部表示。

（2）应用程序的编译：把包含嵌入式数据库访问语句的应用程序，编译成在 DBMS 支持下可运行的目标程序。

（3）交互式查询：提供易于使用的交互式查询语言，如 SQL。DBMS 负责执行查询命令，并返回查询结果。

（4）数据的组织与存取：提供数据在外存储设备上的物理组织与存取方法。

（5）事务运行管理：提供事务运行管理及日志管理、事务运行的安全性监控和数据完整性检查，以及事务的并发控制和系统恢复等功能。

（6）数据库维护：为 DBA 提供工具支持，包括数据库的安全控制、完整性保障、数据库备份、数据重组织及性能监控等。

1.4.2　数据库管理系统的工作过程

DBMS 和 OS 之间的关系及 DBMS 在数据库系统中的地位如图 1-26 所示，数据库管理系统的工作过程如下。

图 1-26　数据库管理系统的工作过程

（1）用户应用程序发出数据请求，DBMS 接收数据请求。

（2）DBMS 对用户的数据请求进行分析。

（3）由于 DBMS 不能直接进行文件操作，必须由操作系统完成，所以 DBMS 向 OS 发出操作请求。

（4）OS 对接收到的命令进行处理，将结果送到系统缓冲区，发出回答信号。

（5）DBMS 接到回答信号后，将缓冲区的数据经过模式映射，转换成用户的局部逻辑记录（外模式）送到用户工作区，同时将是否成功的标志返回给用户。

1.5　数据库系统的组成　◆

数据库系统一般由硬件平台、软件（包括数据库、DBMS 及其应用开发工具、应用程序）、人员（包括 DBA 和用户）等构成，下面分别介绍这几部分的内容。

1. 硬件平台及数据库

计算机硬件是数据库系统的物理基础,是存储数据库及运行 DBMS 的硬件资源,主要包括主机、存储设备、输入输出设备以及计算机网络环境。

由于数据库的数据一般都比较大,且 DBMS 本身规模也较大,因此整个数据库系统对硬件资源的要求比较高。例如,要有足够大的内存,用以存放操作系统、DBMS 核心模块、数据缓冲区和应用程序;要有足够大的外存设备如磁盘阵列等设备存放数据库、磁带等作数据备份设备;要有较高的系统通道能力,用以提高数据传输率等。

2. 软件

数据库系统的软件主要包括:

(1) 支持 DBMS、应用程序及其他软件运行的操作系统。

(2) DBMS。用以建立数据库、使用和维护数据库配置和管理。

(3) 具有与数据库接口的高级语言及其编译系统,用以开发应用程序。

(4) 以 DBMS 为核心的应用开发工具。这些开发工具能够为数据库系统的开发和应用提供良好的环境。

(5) 为特定应用而开发的数据库应用系统。

3. 人员

数据库系统涉及的人员主要包括 DBA、系统分析员、数据库设计人员、应用程序员和最终用户。不同人员涉及不同的数据抽象级别,关注不同的数据视图。这些人员涉及如下职责。

1) DBA

DBA(DataBase Administrator,数据库管理员)负责对数据库系统的全面控制和管理,有如下职责。

(1) 参与决定数据库中的信息内容和结构。DBA 必须参与数据库设计的全过程,一定要与用户、应用程序员和系统分析员进行密切合作、沟通协商。

(2) 决定数据库的存储结构和存取策略。DBA 要综合各种用户的应用要求,和数据库设计人员共同决定数据存储结构和存取策略,以获得较高的存取效率和存储空间利用率。

(3) 定义数据的安全性要求和完整性约束。DBA 负责确定各个用户对数据库的存取权限、数据的保密级别和完整性约束。

(4) 监控数据库的使用和运行,及时处理运行过程中的各种问题。

(5) 对数据库的改进、重组和重构。DBA 要负责监视系统的存储空间利用率、处理效率等性能指标。对运行情况进行记录、统计分析,根据实际应用情况不断改善数据库设计。此外,还需要定期对数据库进行重组织以改善系统性能,或进行数据库的重构。

2) 系统分析员和数据库设计人员

系统分析员负责应用系统的需求分析和规范说明,要与用户及 DBA 配合确定系统的软硬件配置,并参与数据库系统的概要设计。

数据库设计人员负责数据的确定及各级模式的设计。数据库设计人员必须参加用户需求调查和系统分析,然后进行数据库设计。

3) 应用程序员

应用程序员负责设计和编写应用系统的程序,并进行调试和安装。

4）最终用户

最终用户通过应用系统的用户接口使用数据库。不同应用层次的用户对数据有不同的使用要求,应用程序应该要适度考虑不同用户的要求。

本章主要讨论数据库系统的基本概念,介绍了数据管理技术的产生和发展的背景,同时讲解了数据库系统的优点。

数据模型是数据库系统的核心和基础,本章简要介绍了概念模型、组成数据模型的三要素和层次、网状、关系三种主要的数据模型。

本章还介绍了数据库管理系统的三级模式和两层映像的体系结构,这种结构保证了数据库系统能够具有较高的逻辑独立性和物理独立性。最后介绍了数据库系统的组成,数据库系统不仅是一个计算机系统,也是一个人机系统,人在数据库系统中的管理作用非常重要。

习题

一、单项选择题

1. 在数据管理技术的发展过程中,经历了人工管理阶段、文件系统阶段和数据库系统阶段。在这几个阶段中,数据独立性最高的是(　　)阶段。

 A. 数据库系统　　　　B. 文件系统　　　　C. 人工管理　　　　D. 数据项管理

2. 数据库系统的最大特点是(　　)。

 A. 数据的三级抽象和二级独立性　　　　B. 数据共享性

 C. 数据的结构化　　　　D. 数据独立性

3. 数据库的概念模型独立于(　　)。

 A. 具体的机器和 DBMS　　　　B. E-R 图

 C. 信息世界　　　　D. 现实世界

4. 在数据库中,下列(　　)说法是不正确的。

 A. 数据库避免了一切数据的重复

 B. 若系统是完全可以控制的,则系统可确保更新时的一致性

 C. 数据库中的数据可以共享

 D. 数据库减少了数据冗余

5. (　　)是存储在计算机内有结构的数据的集合。

 A. 数据库系统　　　　B. 数据库

 C. 数据库管理系统　　　　D. 数据结构

6. 在数据库中存储的是(　　)。

 A. 数据　　　　B. 数据模型

 C. 数据以及数据之间的联系　　　　D. 信息

7. 数据库中,数据的物理独立性是指(　　)。

　　A. 数据库与数据库管理系统的相互独立

　　B. 用户程序与DBMS的相互独立

　　C. 用户的应用程序与存储在磁盘上数据库中的数据是相互独立的

　　D. 应用程序与数据库中数据的逻辑结构相互独立

8. 数据库的特点之一是数据的共享,严格地讲,这里的数据共享是指(　　)。

　　A. 同一个应用中的多个程序共享一个数据集合

　　B. 多个用户、同一种语言共享数据

　　C. 多个用户共享一个数据文件

　　D. 多种应用、多种语言、多个用户相互覆盖地使用数据集合

9. 数据库系统的核心是(　　)。

　　A. 数据库　　　　　　　　　　　　　B. 数据库管理系统

　　C. 数据模型　　　　　　　　　　　　D. 软件工具

10. 下述关于数据库系统的正确叙述是(　　)。

　　A. 数据库系统减少了数据冗余

　　B. 数据库系统避免了一切冗余

　　C. 数据库系统中数据的一致性是指数据与其类型一致

　　D. 数据库系统比文件系统能管理更多的数据

二、填空题

1. 经过处理和加工提炼而用于决策或其他应用活动的数据称为_____。

2. 数据库系统一般是由硬件系统、_____、_____、_____和用户组成。

3. 数据库是长期存储在计算机内、有_____的、可_____的数据集合。

4. DBMS是指_____,它是位于_____和_____之间的一层管理软件。

5. 数据库管理系统的主要功能有_____、_____、数据库的运行管理和数据库的建立以及维护4方面。

三、简答题

1. 什么是数据库?

2. 什么是数据冗余?数据库系统与文件系统相比怎样减少冗余?

3. 使用数据库系统有什么好处?

4. 什么是数据库的数据独立性?

5. 数据库管理系统有哪些功能?

6. DBA的职责是什么?

第 2 章

CHAPTER 2

关系数据库

关系数据库系统是支持关系数据模型的数据库系统。由于它是以数学方法为基础来管理和处理数据库中的数据,所以关系数据库与其他类型的数据库产品相比具有比较突出的优点。自 20 世纪 80 年代以来,市场上流行的 DBMS 以关系数据库为主,即便是新生的非关系数据库产品也大都添加了关系接口。关系数据库的出现、迅速发展和大范围普及,促进了数据库应用领域的扩大和深入。因此关系数据库的理论、技术和应用十分重要,是本书的重点内容之一。

关系数据库是由关系数据结构、关系操作集合和关系完整性约束三要素组成。本章首先介绍关系数据库的基本概念及数据结构,然后介绍关系的三类完整性和关系的操作,重点介绍关系代数运算,最后简单介绍关系数据库的使用接口。本章的主要内容如下。

- 关系数据结构。
- 关系的完整性。
- 关系代数运算。

2.1 关系数据库的概念及结构

2.1.1 关系数据结构

关系模型的数据结构只包含单一的数据结构——关系。关系的逻辑结构是一张二维表。这个数据结构虽然简单,但是它能表达丰富的语义,不仅能够描述现实世界的实体,也能够表达实体间的各种联系。

关系模型以集合代数为基础,下面从集合论角度逐步引出关系数据结构的形式化定义。

1. 域

定义 2.1 域是一组具有相同数据类型的值的集合。

例如,0～100 的整数,字符集合{'男','女'},长度为 10、首位数不能是 0 的数字组成的数字串集合等,都可以是域。

2. 笛卡儿积

笛卡儿积是域上的一种集合运算。

定义 2.2 给定一组域 $D_1, D_2, \cdots, D_n$,其中某些域可以相同,则 $D_1, D_2, \cdots, D_n$ 的笛卡儿积是 $D_1 \times D_2 \times \cdots \times D_n = \{(d_1, d_2, \cdots, d_n) \mid d_i \in D_i, i = 1, 2, \cdots, n\}$。

可以看出,笛卡儿积是所有域的所有取值的一个组合,且其值不能重复。其中:

- 每一个元素$(d_1, d_2, \cdots, d_n)$称为一个 **n 元组**,或简称**元组**。
- 元组中的每个值d_i称为一个**分量**。
- 一个域所能允许的所有不同取值个数称为这个域的**基数**。
- 若$D_i(i=1,2,\cdots,n)$为有限集,其基数为$m_i(i=1,2,\cdots,n)$,则$D_1 \times D_2 \times \cdots \times D_n$的基数$M$为

$$M = \prod_{i=1}^{n} m_i$$

- 笛卡儿积可以表示为一张二维表。表中的每行对应一个元组,每列的取值来自于同一个域。

【例 2.1】 求出如下三个域的笛卡儿积。

D_1＝教师集合,Teacher＝{杜小芳,李峰,张鹏}

D_2＝专业集合,Specialty＝{计算机,通信工程}

D_3＝课程集合,Course＝{操作系统,电路原理}

解:D_1、D_2、D_3的笛卡儿积为

$D_1 \times D_2 \times D_3 =$ {(杜小芳,计算机,操作系统),(杜小芳,计算机,电路原理),

(李峰,计算机,操作系统),(李峰,计算机,电路原理),

(张鹏,计算机,操作系统),(张鹏,计算机,电路原理),

(杜小芳,通信工程,操作系统),(杜小芳,通信工程,电路原理),

(李峰,通信工程,操作系统),(李峰,通信工程,电路原理),

(张鹏,通信工程,操作系统),(张鹏,通信工程,电路原理)}

其中,每一对圆括号内的数据是一个元组,元组内的每个值是一个分量。该笛卡儿积的基数是$3 \times 2 \times 2 = 12$,也就是,$D_1 \times D_2 \times D_3$共有 12 个元组,这 12 个元组可以表示成下面的二维表,如表 2-1 所示。

表 2-1　$D_1 \times D_2 \times D_3$ 的二维表方式

Teacher	Specialty	Course
杜小芳	计算机	操作系统
杜小芳	计算机	电路原理
李峰	计算机	操作系统
李峰	计算机	电路原理
张鹏	计算机	操作系统
张鹏	计算机	电路原理
杜小芳	通信工程	操作系统
杜小芳	通信工程	电路原理
李峰	通信工程	操作系统
李峰	通信工程	电路原理
张鹏	通信工程	操作系统
张鹏	通信工程	电路原理

3. 关系

定义 2.3 $D_1 \times D_2 \times \cdots \times D_n$ 的子集称为在域 $D_1, D_2, \cdots, D_n$ 上的关系,表示为

$$R(D_1, D_2, \cdots, D_n)$$

这里 R 表示关系的名称,n 是关系的目。

因为关系是笛卡儿积的有限子集,所以关系也是一张二维表。表中每行对应一个元组,每列对应一个域(不同列可以取自相同域)。

由于不同列来自的域可以相同,为了进行区分,给每列一个名称,称为**属性**,则 n 目关系必有 n 个属性,但不一定有 n 个域。在关系中:

(1) 若某一属性组的值能唯一地标识一个元组,则称该属性组为**候选码**。若一个关系有多个候选码,则选定其中的一个,称为**主码**。

最简单的情况,候选码只有一个属性。例如:

学生(学号,姓名,出生日期,身份证号,籍贯)

在这个学生关系中,属性"学号"和"身份证号"都可以唯一标识不同的学生,所以"学号"和"身份证号"都是候选码,可以选定其中的一个候选码如"学号"作为主码,当然选择"身份证号"作为主码也可以。

在最极端的情况下,需要关系的所有属性联合作为候选码,这称为**全码**。

(2) 候选码中的属性称为**主属性**。不包含在任何候选码中的属性称为**非主属性**。

如上例学生关系中,"学号"和"身份证号"是主属性,其余属性"姓名""出生日期"和"籍贯"都是非主属性。

一般情况下,$D_1, D_2, \cdots, D_n$ 的笛卡儿积是没有实际意义的,只有它的真子集才有实际含义。例如,在现实环境中,一个专业教师不可能讲授所有专业开设的所有课程,真实的情况可能如表 2-2 的授课关系所示。

表 2-2　授课关系

Teacher	Specialty	Course
杜小芳	计算机	操作系统
李峰	通信工程	电路原理
张鹏	计算机	操作系统

4. 基本关系的 6 条性质

关系的结构是一张二维表,但不是任意一张二维表结构就可以是一个关系,基本关系具有如下 6 条性质。

(1) 列是同质的。即每一列中的分量类型相同,来自同一个域。

(2) 不同的列可以出自同一个域,每一列称为一个属性,每个属性有不同的属性名。

(3) 列的顺序无所谓,即列的次序可以任意交换。

(4) 任意两个元组的候选码上的值不能相同。

(5) 行的顺序无所谓,即行的次序可以任意交换。

(6) 分量必须取原子值,即每个分量都是不可分的数据项。也就是不允许表中套表。如表 2-3 所示的学生成绩表。

表 2-3 学生成绩表

学 号	姓 名	成 绩		
		英 语	高 数	C 语言
12017001021	安桦	88	90	95
12017001023	谢敏行	79	96	82
12017001024	边晓晓	80	82	88
12017001026	许媛媛	68	78	70
…	…	…	…	…

依照性质(6),上面的"学生成绩表"就不能称为关系。

需要注意的是,关系模型要求关系必须是规范化的,即要求关系必须满足一定的规范条件。这些规范条件中最基本的一条就是如上所述的性质(6)。规范化的关系简称为范式。有关范式的内容本书没有讲述,如有需要,请参考其他资料。此外,实用的关系数据库软件中的基本表不一定完全遵守以上 6 条性质,例如,区分属性顺序或元组顺序。

5. 关系的类型

关系的类型有以下三种。

(1) 基本关系:通常又称为基本表或基表。基本表是实际存在的表,是实际存储数据的逻辑表示。

(2) 查询表:是对数据库中的数据进行查询得到的结果对应的表。

(3) 视图表:是由基本表或其他视图表导出的表,是虚表,不是真实存在的存储数据的表。在 RDBMS 中,视图表被称为视图,对应于数据库系统三级模式中的外模式。

2.1.2 关系模式和关系数据库

1. 关系模式

在关系数据库中,关系模式是型(Type),而关系是值(Value)。关于"型"和"值",可以想想 C 语言中的 int 类型和 int 类型的值,关系模式和关系与此类似。关系模式是对所有同一类型的关系的描述,而关系是某个时刻的值。关系模式必须指出这些关系(元组集合)的结构,包括由哪些属性组成、这些属性来自哪些域,以及属性与域之间的对应关系等。

定义 2.4 对关系的描述称为**关系模式**。

一个关系模式严格来说是一个五元组,可以表示为

$$R(U, D, \text{DOM}, F)$$

其中,R 是关系名称,U 是关系的属性名集合,D 是属性所属的域,DOM 是属性与域的对应关系,F 是属性间的数据依赖集。

由于 D 和 DOM 通常定义为属性的类型、长度等,而 F 由应用需求的语义决定。若不考虑 F,关系模式通常简记为 $R(U)$ 或 $R(A_1, A_2, \cdots, A_n)$。

其中,R 是关系名,$A_1, A_2, \cdots, A_n$ 为属性名。域、属性与域的对应关系常常说明为属性的类型和长度。

【例 2.2】 已知图书信息表,如表 2-4 所示,写出其对应的关系模式。

表 2-4 图书信息表

ISBN	书名	作者	出版社	价格	复本量	库存量
9322100	一条通天的路	李明	明天出版社	23.5	5	3
8400124	日上西山	王路	明天出版社	25.9	3	2
8400125	花如火	镜子	忙碌出版社	20.7	2	0
8511004	共剪西窗烛	锦鲤	水镜出版社	35.0	7	1
...	...	...	...	...	...	...

如表 2-4 所示的图书信息表的关系模式可以描述为

图书(ISBN,书名,作者,出版社,价格,复本量,库存量)

关系是关系模式在某一时刻的状态或内容。也就是说,关系模式是型,是静态的、稳定的;关系是值,是动态的、随时间不断变化的,因为在不同时刻关系中的数据可能是不一样的。比如上例中,随着图书的借阅、归还、入库、出库等操作,表 2-4 中的数据会一直在变化。不过在实际中,常把关系模式和关系统称为关系。

2. 关系数据库

在一个给定的应用中,所有关系的集合构成一个关系数据库。

关系数据库也有型和值之分。关系数据库的型也称为**关系数据库模式**,是对关系数据库的描述。关系数据库模式包括若干域的定义,以及在这些域上定义的若干关系模式。

关系数据库的值就是这些关系模式在某一时刻对应的关系集合,通常称为**关系数据库**。

2.1.3 关系模型的存储结构

在关系数据库的物理组织中,不同 RDBMS(关系数据库管理系统)采取的存储策略是不一样的。有的 RDBMS 一个关系表对应于一个操作系统文件,将物理数据组织交由操作系统负责,如早期的 dBase 或 FoxBASE;有的 RDBMS 向操作系统申请若干大文件,自己来划分文件空间、组织表、索引等存储结构,并独立进行存储管理。

2.2 关系的完整性

关系数据模型的完整性规则是对关系的某种约束,是一组完整性规则的集合。它定义了数据模型必须遵守的语义约束,也规定了根据数据模型所构建的数据库中数据内部及其数据相互间联系所必须满足的语义约束。

简单来说,完整性约束的目的是防止不符合规范的数据进入数据库。在用户对数据进行插入、修改、删除等操作时,DBMS 自动按照一定的完整性约束条件对数据进行检查,不符合规范的数据不能进入数据库,只有符合约束条件的数据才能成为数据库中的数据,用以确保数据库中存储的数据正确、有效、相容。

2.2.1 数据库完整性

数据库完整性是为了保证数据库中数据的正确性和相容性而对数据操作(即增删改)进

行的约束限制。也就是说,为了防止不正确的数据进入数据库,必须在发生数据操作时检查数据的正确性和有效性。例如,某个应用系统限定"性别"只能取"男"或"女"中的一个值,那么在发生将"性别"输入为"难"值时,系统可以判定该输入为不正确数据,然后做下一步处理,或者拒绝输入,或者改写为默认值"男"。

关系模型有三类完整性约束:实体完整性、参照完整性和用户定义完整性。其中,实体完整性和参照完整性是关系模型必须满足的完整性约束条件,被称为关系的两个不变性,由DBMS自动支持。用户定义完整性是在应用环境中必须要遵守的约束条件,体现了应用中的语义约束。

为了维护数据库的完整性,DBMS必须做到:

(1) 提供定义完整性约束的机制。

(2) 提供完整性检查的方法。

(3) 对违反完整性的数据操作进行违约处理。

下面将分别介绍三类数据库完整性约束。

2.2.2　实体完整性

实体完整性(见图 2-1)是为了保证每个实体都是可区分的,是唯一的。这个规则源于现实世界,因为现实世界中的不同实体是能够互相区分的。

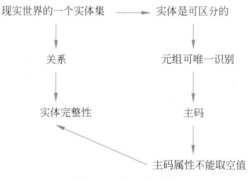

图 2-1　实体完整性

1. 实体完整性规则

规则 2.1　**实体完整性规则**　若属性(可以是一个或一组属性)A 是基本关系 R 的主属性,则属性 A 不能取空值(null)。空值,指这个值无意义、不知道或不存在。

在确定这个规则之前,首先得确定关系的候选码,然后确定主属性。

例如,学生(学号,姓名,性别,出生日期,专业号,年级)关系中,"学号"是主码,属性"学号"是主属性,则"学号"不能取空值。

又如,选修(学号,课程号,成绩)关系中,"学号"+"课程号"联合作为主码,则属性"学号"和"课程号"就是主属性,那么"学号"和"课程号"就都不能取空值。

对实体完整性规则的理解可以参考图 2-1,说明如下。

(1) 实体完整性规则是针对基本表而言的。一个基本表通常对应于现实世界的某个实体集。例如,学生关系对应某个学生集合。

(2) 现实世界中的实体是可区分的,它们都具有某种唯一性标识。例如,每个学生都是独立个体,而每本书都是不一样的。

（3）对应到关系中,那么每个元组都是能够唯一识别的。因此,关系模型以主码作为唯一标识。

（4）主码的属性即主属性不能取空值。如果主属性取空值,说明存在某个不可标识的实体,也就是存在不可唯一区分的实体,这与第（2）点相矛盾,因此这个规则称为实体完整性规则。

2. 实体完整性规则的检查和违约处理

对实体完整性约束,RDBMS 提供的定义机制通常是对主码的定义,每当用户程序对基本表插入一条记录或对主码进行更新时,RDBMS 会自动检查,包括如下两项。

（1）检查主码的值是否唯一,如果不唯一则拒绝插入或修改。

（2）检查各个主属性值是否为空,若有一个为空则拒绝插入或修改。

2.2.3 参照完整性

在现实世界中,实体之间通常存在某种或几种联系。这些联系在关系数据模型中也是用关系来描述的,具体来说,是通过关系(代表实体集)之间的引用来表现的。

1. 关系之间的引用(参照)

下面看三个示例,其中每个关系的主码用下画线标识。

【例 2.3】 "学生"实体型和"专业"实体型之间存在一对多的"属于"联系,它们的 E-R 模型如图 2-2 所示。

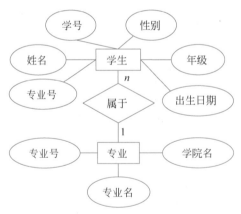

图 2-2 学生-专业 E-R 图

将这个 E-R 模型转换为如下两个关系模式。

学生(学号,姓名,性别,出生日期,专业号,年级)

专业(专业号,专业名,学院名)

在这两个关系中,"学生"关系的非主属性"专业号"与"专业"关系的主码"专业号"之间,存在属性的引用。这意味着,在"学生"关系中"专业号"的取值必须参照"专业"关系中的"专业号"的取值,也就是说,前者取值必须是后者取值中的一个,否则就是错误的值。这个参照约束其实来自于现实世界的语义要求。即一个学生的专业一定是"专业"数据表中存在的专业,不能是不存在的专业。

【例 2.4】 "学生"实体型与"课程"实体型之间存在多对多的"选修"联系,它们的 E-R 模型如图 2-3 所示。

图 2-3 学生-课程 E-R 图

将这个 E-R 模型转换为如下三个关系模式。

学生(学号,姓名,性别,出生日期,专业名,年级)

课程(课程号,课程名,学分)

选修(学号,课程号,成绩)

这三个关系之间也存在对属性的引用:"选修"关系的属性"学号"和"课程号"分别引用了"学生"关系中的属性"学号"和"课程"关系中的属性"课程号"。这意味着,"选修"关系中属性"学号"的取值必须是"学生"关系中属性"学号"的取值之一;"选修"关系中属性"课程号"的取值必须是"课程"关系中属性"课程号"的取值之一,如图 2-4 所示。

"学生"关系

学号	姓名	性别	出生日期	专业名	年级
20171637101	李宁杰	男	1999-2-12	网络工程	2017级
20171637102	杨璐璐	女	1998-5-12	网络工程	2017级
20171637103	宝亚飞	男	1998-9-15	网络工程	2017级
20171154115	张鹏	男	1999-11-2	计算机科学	2017级
20172265108	樊真才	男	1997-4-23	软件工程	2017级

"选修"关系

学号	课程号	成绩
20171637101	C001	87
20171637101	C003	88
20171637102	C004	79
20171637103	C001	83
20171637103	C003	76
20171637103	C004	68
20171637103	C011	78

课程号	课程名	学分	开课学期
C001	离散数学	4	2
C003	高等数学	5	1
C004	数据结构	6	4
C011	计算机原理	3	5

"课程"关系

图 2-4 选修关系、学生关系和课程关系之间的引用

【例 2.5】 在下面的"课程"关系中,存在关系内部属性之间的引用:

课程(课程号,课程名,学分,先修课)

其中,属性"先修课"表示在选修课程之前必须先选修过"先修课"代表的课程。例如,选修"电路原理"课程之前必须先选修过"模拟电路",此处的"先修课"也使用课程号表示。那么属性"先修课"的取值必须是属性"课程号"的取值之一,即属性"先修课"引用属性"课程号"。

例 2.3~例 2.5 中几个关系的引用如图 2-5 所示。

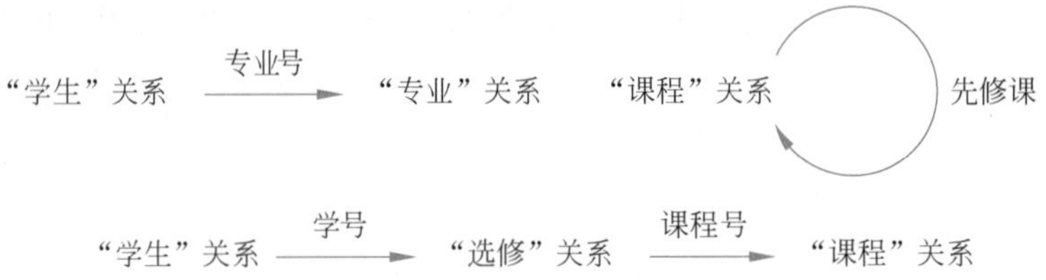

图 2-5　关系的引用

2. 外码的定义

定义 2.5　设 F 是关系 R 的一个或一组属性，F 不是关系 R 的码。如果 F 与关系 S 的主码 Ks 相对应，则称 F 是关系 R 的外码(Foreign Key，FK)。其中，关系 R 称为参照关系，关系 S 称为被参照关系(或目标关系)。

在例 2.3 中，"学生"关系的"专业号"属性与"专业"关系的"专业号"属性相对应。"学生"关系中"专业号"属性不是码，但它是"专业"关系的主码。根据定义 2.5，"学生"关系中"专业号"是外码，"学生"关系是参照关系，"专业"关系是被参照关系。

在例 2.4 中，"选修"关系的"学号"属性与"学生"关系的"学号"属性相对应；"选修"关系的"课程号"属性与"课程"关系的"课程号"属性相对应。在"选修"关系中，"学号"属性和"课程号"属性都不是码，但它们分别是"学生"关系和"课程"关系的主码。根据定义 2.5，"选修"关系中的属性"学号"和"课程号"都是外码，"选修"关系是参照关系，"学生"关系和"课程"关系都是被参照关系。

在例 2.5 中，"课程"关系的属性"先修课"与本关系的主码"课程号"相对应。根据定义 2.5，属性"先修课"是外码，"课程"关系既是参照关系又是被参照关系。

需要注意的是：

(1) 关系 R 和 S 不一定是不同的关系，如例 2.5 中的课程。

(2) 被参照关系 S 的主码 Ks 和参照关系 R 的外码 F 必须定义在同一个域(或一组值)上。

(3) 外码不一定要与相应的主码同名。但当外码与相应的主码属于不同关系时，习惯上往往取相同的名字，以便识别。

3. 参照完整性规则

参照完整性规则用于定义外码与主码之间的引用约束。

规则 2.2　**参照完整性规则**：若属性(或属性组) F 是基本关系 R 的外码，它与基本关系 S 的主码 Ks 相对应(基本关系 R 和 S 不一定是不同的关系)，则对于 R 中每个元组在 F 上的值必须为

- 或者取空值(F 的每个属性值均为空值)。
- 或者等于 S 中某个元组的主码值。

如在例 2.3 中，"学生"关系中的外码"专业号"只能取以下两类值。

(1) 空值：表示该学生还没有分配专业，比如某些学校的学生在入学前两年都是大专业，还没有真正细分到各个专业。

(2) 非空值：表示取值必须来自被参照关系"专业"中的属性"专业号"中的值。

在例 2.4 中，按照参照完整性规则，"选修"关系中的外码"学号"和"课程号"属性也能取这两类值。但因为这两个属性是主属性，按照实体完整性规则，"学号"和"课程号"不能取空

值,所以最终导致这两个属性的取值只能分别是被参照关系中对应的已经存在的主码值。

在例 2.5 中,"先修课"可以取以下两类值。

(1) 空值:表示该课程没有先修课。

(2) 非空值:表示取值必须是本关系的主码"课程号"的取值之一。

4. 参照完整性规则的检查和违约处理

一个参照完整性将两个关系中的相应元组联系起来。当对被参照关系和参照关系进行增删改操作时有可能破坏参照完整性,必须进行参照完整性检查。

例如,对"选修"关系和"学生"关系进行操作时有 4 种可能破坏参照完整性的情况。

(1) 在参照关系"选修"中插入一个元组时,该元组的"学号"列值在被参照关系"学生"中找不到一个元组的"学号"列值与之相等。

(2) 修改"选修"关系中的一个元组时,修改后该元组的"学号"列值在关系"学生"中找不到一个元组的"学号"列值与之相等。

(3) 删除"学生"关系中的一个元组时,造成"选修"关系中某些元组的"学号"列值在"学生"关系中找不到一个元组的"学号"列值与之相等。

(4) 修改"学生"关系中一个元组的"学号"列值时,造成"选修"关系中某些元组"学号"的列值在"学生"关系中找不到相等的该"学号"列值。

如果操作导致违背参照完整性,一般有以下几种违约处理。

(1) 拒绝执行(NO ACTION):即不允许执行操作,通常是默认策略。如删除"课程"关系中的某门课程时,如果需要保留"选修"关系中选修了这门课的所有成绩信息,就可以约定为拒绝执行。

(2) 级联(CASCADE):当被参照关系的一个元组进行修改时造成了不一致,则将参照关系对应外码值相同的元组级联修改为新值。如当修改"专业"关系中某个元组的专业号时,在不违背实体完整性规则的条件下,把"学生"关系中相应等于该专业号的所有元组的专业号级联修改为新的专业号。

(3) 设为空值(SET-NULL):当删除或修改被参照关系的一个元组时造成了不一致,则将参照关系中的所有造成不一致的元组的对应属性设置为空值。如删除"专业"关系中的某个专业时(假如撤销该专业),可以将"学生"关系中相应的所有该专业的学生的"专业号"设置为空值,表示还未分配专业。

【例 2.6】 如图 2-6 所示的两个关系中,若"职工"关系的主码是"职工号",其中的"部门号"是外键,来自于"部门"关系的"部门号",则以下不能执行的操作是( )。

职工关系

职工号	职工名	部门号	工资
001	李红	01	580
005	刘军	01	670
025	王芳	03	720
038	张强	02	650

部门关系

部门号	部门名	主任
01	人事处	高平
02	财务处	蒋华
03	教务处	许红
04	学生处	杜琼

图 2-6 职工关系和部门关系

A. 从"职工"关系中删除行('025','王芳','03',720)

B. 将行('006','乔兴','05',750)插入"职工"关系中

C. 将"职工号"为'001'的工资改为 700

D. 将"职工号"为'038'的部门号改为'03'

答案: B

2.2.4 用户定义完整性

用户定义完整性是具体应用环境中关系数据库的约束条件,反映的是具体应用所涉及的数据必须满足的语义要求。

例如,"选修"关系中的属性"成绩",其值为 $0\sim100$;"课程"关系中的属性"学分",只能在 $\{1,2,3,4,5\}$ 中取值;"职工"关系的属性"身份证号",必须是 18 位字符串,且前 17 位只能是数字串;诸如此类等等。

由于用户定义完整性反映的是现实世界的应用规则,所以关系模型也应该提供对这类完整性的定义和检验机制,由数据库管理系统统一自动处理,而不需要由应用程序承担这一功能,即由数据库承担了数据校验的功能,从而减轻了客户端开发压力。

2.3 关系的操作

关系模型中常用的操作包括查询操作和更新操作(指插入、删除和修改)两大类。关系的查询能力很强,是关系操作中最主要的部分。查询操作包括选择、投影、连接、除、并、差、交、笛卡儿积等。其中,选择、投影、并、差、笛卡儿积是 5 种基本操作,其他操作可以由这 5 种基本操作定义和导出。关系操作的对象和结果都是集合,操作是"一次一集合"方式。

早期的关系操作能力用代数方式或逻辑方式表示,分别称为关系代数和关系演算。这两种方式都是抽象的查询语言,用作评估实际 DBMS 的查询能力。还有一种介于关系代数和关系演算之间的语言,称为结构化查询语言(Structured Query Language,SQL)。

SQL 除了具有丰富强大的查询功能外,还有数据定义和数据控制功能,是集查询、数据定义语言(DDL)、数据控制语言(DCL)和数据操纵语言(DML)于一体的关系数据语言,也是关系数据库的标准语言,目前所有 RDBMS 都支持 SQL。SQL 将在第 3 章介绍。

2.4 关系代数

关系代数是以关系为运算对象的一组运算的集合,运算的结果也是关系。它是一种抽象的查询语言,是关系数据操纵语言(DCL)的一种传统表达方式,即代数方式的查询过程。

关系代数中的运算可以分为两大类:传统的集合运算和专门的关系运算。传统的集合运算是从关系的"水平"方向即行的角度进行;专门的关系运算不仅涉及行还有列。

在这两类关系运算中将用到下面两类运算符。

(1)比较运算符:包括 $>$、$\geqslant$、$<$、$\leqslant$、$=$、$<>$(或 $\neq$)。

(2)逻辑运算符:包括 $\wedge$(与)、$\vee$(或)、$\neg$(非)。

关系代数用到的运算符如图 2-7 所示。

类型	运算符	含义	类型	运算符	含义
集合运算符	∪	并	比较运算符	>	大于
	−	差		≥	大于或等于
	∩	交		<	小于
	×	笛卡儿积		≤	小于或等于
专门的关系运算符	σ	选择		=	等于
				<>或≠	不等于
	π	投影	逻辑运算符	¬	非
	⋈	连接		∧	与
	÷	除		∨	成

图 2-7 关系代数运算符

2.4.1 传统的集合运算

传统的集合运算是二目运算,包括并、差、交、笛卡儿积 4 种运算。

设关系 R 和 S 具有相同的目(即 R 和 S 都有 n 个属性列),且相应的属性来自同一个域,t 是元组变量,$t \in R$ 表示 t 是 R 的一个元组,则 R 与 S 的并、差、交、笛卡儿积的运算规则如下。

1. 并

关系 R 和 S 的并(union)记作:

$$R \cup S$$

其结果仍为 n 目关系,由属于 R 或属于 S 的元组构成,表示如下。

$$R \cup S = \{t \mid t \in R \lor t \in S\}$$

注意一个元组在并集中只出现一次。

【例 2.7】 已知关系 SC_1 和 SC_2,求 $SC_1 \cup SC_2$。结果如图 2-8 所示。

SC_1

学号	课程号	成绩
20171637101	C001	87
20171637101	C003	88
20171637103	C001	83
20171637105	C001	78

SC_2

学号	课程号	成绩
20171637101	C003	88
20171637103	C003	76

$SC_1 \cup SC_2$

学号	课程号	成绩
20171637101	C001	87
20171637101	C003	88
20171637103	C001	83
20171637103	C003	76
20171637105	C001	78

图 2-8 关系 SC_1、SC_2 与 $SC_1 \cup SC_2$

2. 差

关系 R 和 S 的差(except)记作：

$$R - S$$

其结果仍为 n 目关系,由属于 R 但不属于 S 的元组构成,表示如下。

$$R - S = \{t \mid t \in R \wedge t \notin S\}$$

【例2.8】 已知关系 SC_1 和 SC_2,求 $SC_1 - SC_2$。结果如图2-9所示。

SC_1

学号	课程号	成绩
20171637101	C001	87
20171637101	C003	88
20171637103	C001	83
20171637105	C001	78

SC_2

学号	课程号	成绩
20171637101	C003	88
20171637103	C003	76

$SC_1 - SC_2$

学号	课程号	成绩
20171637101	C001	87
20171637103	C001	83
20171637105	C001	78

图2-9 关系 SC_1、SC_2 与 $SC_1 - SC_2$

3. 交

关系 R 和 S 的交记作：

$$R \cap S$$

其结果仍为 n 目关系,由属于 R 并属于 S 的元组构成,表示如下。

$$R \cap S = \{t \mid t \in R \wedge t \in S\}$$

此外,$R \cap S = R - (R - S)$

【例2.9】 已知关系 SC_1 和 SC_2,求 $SC_1 \cap SC_2$。结果如图2-10所示。

SC_1

学号	课程号	成绩
20171637101	C001	87
20171637101	C003	88
20171637103	C001	83
20171637105	C001	78

SC_2

学号	课程号	成绩
20171637101	C003	88
20171637103	C003	76

$SC_1 \cap SC_2$

学号	课程号	成绩
20171637101	C003	88

图2-10 关系 SC_1、SC_2 与 $SC_1 \cap SC_2$

4. 笛卡儿积

这里指广义笛卡儿积。

两个分别为 n 列和 m 列的关系 R 和 S 的笛卡儿积是一个 $(n+m)$ 列的元组的集合。元组的前 n 列是关系 R 的一个元组,后 m 列是关系 S 的一个元组。若 R 有 k_1 个元组,S 有 k_2 个元组,则关系 R 和 S 的笛卡儿积有 $k_1 \times k_2$ 个元组。记作：

$$R \times S = \{t \mid t = \langle t^r, t^s \rangle \wedge t^r \in R \wedge t^s \in S\}$$

【例2.10】 已知关系 Student 和 Course,求 Student×Course。结果如图2-11所示。

Student

学号	姓名	专业名
20151637101	李宁杰	计算机科学
20151637102	杨璐璐	网络工程
20161637103	宝亚飞	网络工程
20171154115	张小鹏	软件工程

Course

课程号	课程名
C001	高等数学
C003	数据库原理
C004	数据结构

Student×Course

学号	姓名	专业名	课程号	课程名
20151637101	李宁杰	计算机科学	C001	高等数学
20151637102	杨璐璐	网络工程	C001	高等数学
20161637103	宝亚飞	网络工程	C001	高等数学
20171154115	张小鹏	软件工程	C001	高等数学
20151637101	李宁杰	计算机科学	C003	数据库原理
20151637102	杨璐璐	网络工程	C003	数据库原理
20161637103	宝亚飞	网络工程	C003	数据库原理
20171154115	张小鹏	软件工程	C003	数据库原理
20151637101	李宁杰	计算机科学	C004	数据结构
20151637102	杨璐璐	网络工程	C004	数据结构
20161637103	宝亚飞	网络工程	C004	数据结构
20171154115	张小鹏	软件工程	C004	数据结构

图 2-11　关系 Student、Course 与 Student×Course

2.4.2 专门的关系运算

专门的关系运算包括选择、投影、连接和除运算。在介绍这几个运算之前,先引入几个记号。

(1) R,$t \in R$,$t[A_i]$。

设关系模式为 $R(A_1,A_2,\cdots,A_n)$,它的一个关系设为 R。$t \in R$ 表示 t 是 R 的一个元组。$t[A_i]$ 表示元组 t 中相应于属性 A_i 的一个分量。

(2) A,$t[A]$。

① 若 $A=\{A_{i1},A_{i2},\cdots,A_{ik}\}$,其中,$A_{i1},A_{i2},\cdots,A_{ik}$ 是 $A_1,A_2,\cdots,A_n$ 中的一部分,则 A 称为属性列或属性组。

② $t[A]=(t[A_{i1}],t[A_{i2}],\cdots,t[A_{ik}])$ 表示元组 t 在属性组 A 上各分量的集合。

(3) (t^r,t^s)。

① 设关系 R 有 n 列,关系 S 有 m 列,则 $t^r \in R$,$t^s \in S$,(t^r,t^s) 称为元组的连接。

② (t^r,t^s) 是一个 $n+m$ 列的元组,前 n 个分量是 R 中的一个 n 元组,后 m 个分量是 S 中的一个 m 元组。

(4) 象集 Z_x。

给定一个关系 $R(X,Z)$,X 和 Z 为属性组,当 $t[X]=x$ 时,x 在 R 中的象集定义为

$$Z_x = \{t[Z] \mid t \in R, t[X]=x\}$$

它表示 R 中属性组 X 上值为 x 的所有元组在 Z 上的分量的集合。

【例 2.11】　在如图 2-12 所示的关系 $R(X,Z)$ 中,X 属性有 3 个不同的取值,分别是 x_1、x_2、x_3,那么,x_1 在 R 中的象集为 $Z_{x1}=\{z_1,z_2,z_3\}$,x_2 在 R 中的象集为 $Z_{x2}=\{z_1,z_2\}$,x_3 在 R 中的象集为 $Z_{x3}=\{z_2,z_3\}$。

R

X	Z
x_1	z_1
x_1	z_2
x_1	z_3
x_2	z_1
x_2	z_2
x_3	z_2
x_3	z_3

图 2-12　象集举例

下面将分别给出选择、投影、连接及除运算的定义。为便于理解,假设有一个成绩管理数据库,其中有学生关系 Student、课程关系 Course 和选修关系 SC。它们的数据如表 2-5～表 2-7 所示,下面的多个示例将使用这三个关系表进行讲解。

表 2-5　学生关系 Student

学　　号	姓　　名	性　　别	出 生 日 期	专 业 名	年　　级
2015010001	李宁杰	男	1999-2-12	计算机科学	2015 级
2015010002	杨璐璐	女	1998-5-12	网络工程	2015 级
2016010003	宝亚飞	男	1998-9-15	网络工程	2016 级
2017010004	张小鹏	男	1999-11-2	软件工程	2017 级
2017010005	樊真才	男	1997-4-23	计算机科学	2017 级

表 2-6　课程关系 Course

课 程 号	课 程 名	学　　分	开 课 学 期
C001	离散数学	4	2
C003	高等数学	5	1
C004	数据结构	6	4
C011	计算机原理	3	5

表 2-7　选修关系 SC

学　　号	课 程 号	成　　绩
2015010001	C001	87
2015010001	C003	88
2015010001	C004	79
2015010002	C001	83
2015010002	C003	81
2016010003	C003	76
2016010003	C004	68
2017010004	C003	92
2017010004	C004	90
2017010005	C003	78

1. 选择

选择(Selection)是在关系 R 中选择满足给定条件 F 的所有元组构成一个新关系。定义为

$$\sigma_F(R) = \{t \mid t \in R \wedge F(t) = '真'\}$$

其中，F 表示选择条件，是一个逻辑表达式，可取逻辑值"真"或"假"。F 的基本形式为 $X_1 \theta Y_1$。

其中，θ 是比较运算符，可以是 $>$、$\geqslant$、$<$、$\leqslant$、$=$ 和 $<>$（或 $\neq$）。X_1 和 Y_1 可以是属性名(或列序号)、常量或简单函数。在基本条件选择的基础上可以叠加逻辑运算，即进行求非($\neg$)、与($\wedge$)、或($\vee$)运算。F 中可用的比较运算符和逻辑运算符如图2-7所示。

选择运算是从关系 R 中选择使逻辑表达式 F 的值为真的元组，是从行的角度进行的运算，直观含义如图2-13所示。

图 2-13　选择运算的直观含义

【例2.12】　查询"网络工程"专业的所有学生信息。

$$\sigma_{专业名='网络工程'}(\text{Student}) \quad 或 \quad \sigma_{5='网络工程'}(\text{Student})$$

结果如表2-8所示。

表 2-8　例 2.12 运算结果

学　号	姓　名	性　别	出生日期	专业名	年　级
2015010002	杨璐璐	女	1998-5-12	网络工程	2015
2016010003	宝亚飞	男	1998-9-15	网络工程	2016

注意：在关系代数运算表达式中，属性名可以用相应的列序号代替，考虑到使用列序号不直观，所以下面的例子都不再使用列序号这种方式。

【例2.13】　查询选修了"C001"课程且成绩高于80分的学生的成绩信息。

$$\sigma_{课程号='C001' \wedge 成绩>80}(\text{Student})$$

运算结果如表2-9所示。

表 2-9　例 2.13 运算结果

学　号	课　程　号	成　绩
2015010001	C001	87
2015010002	C001	83

2. 投影

关系 R 上的投影(Projection)是从 R 中选择出若干个属性列组成一个新关系。记为

$$\pi_A(R) = \{t[A] \mid t \in R\}$$

其中，A 为所选择的 R 上的若干属性列。这个运算是对一个关系进行垂直分割，消去某些列，并按要求的顺序重新排列，再删除重复元组。

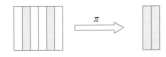

图 2-14　投影运算的直观含义

投影运算提供了一种从垂直方向构造一个新关系的手段，如图2-14所示。

【例2.14】　查询所有学生的学号、姓名和出生日期。

$$\pi_{学号,姓名,出生日期}(\text{Student})$$

运算结果如表 2-10 所示。

表 2-10　例 2.14 运算结果

学　号	姓　名	出 生 日 期
2015010001	李宁杰	1999-2-12
2015010002	杨璐璐	1998-5-12
2016010003	宝亚飞	1998-9-15
2017010004	张小鹏	1999-11-2
2017010005	樊真才	1997-4-23

【例 2.15】　查询所有的专业名称。

$$\pi_{\text{专业名}}(\text{Student})$$

运算结果如表 2-11 所示,在结果集中去掉了重复行。

表 2-11　例 2.15 运算结果

专　业　名
计算机科学
网络工程
软件工程

3. 连接

1) 一般连接、等值连接与自然连接

连接又称 θ 连接,可以把两个关系连接成一个新关系,实质上是从两个关系的笛卡儿积中选取属性之间满足一定条件的元组组成一个关系。记为

$$R \underset{A\theta B}{\bowtie} S = \{t \mid t = \langle t^r, t^s \rangle \wedge t^r \in R \wedge t^s \in S \wedge t^r[A]\theta t^s[B]\}$$

其中,A 和 B 分别是 R 和 S 上列数相等且可以比较的属性组,θ 是比较运算符。θ 连接是从 R 和 S 的笛卡儿积 $R \times S$ 中选取 R 关系在 A 属性组上的值与 S 关系在 B 属性组上的值满足 θ 比较运算的元组。

有两种常用的连接运算:等值连接和自然连接。

(1) 若 θ 是"="比较运算符,则称为**等值连接**,记为

$$R \underset{A=B}{\bowtie} S = \{t \mid t = \langle t^r, t^s \rangle \wedge t^r \in R \wedge t^s \in S \wedge t^r[A] = t^s[B]\}$$

(2) **自然连接**是一种特殊的等值连接。它要求两个关系中进行比较的分量必须是相同的(同名)属性组,并在结果中去掉重复属性列。若关系 R 和 S 有相同的属性组 B,U 为 R 和 S 的全部属性集合,则自然连接可记为

$$R \bowtie S = \{t \mid t = t^r t^s[U - B] \wedge t^r \in R \wedge t^s \in S \wedge t^r[B] = t^s[B]\}$$

一般的连接运算是从行的角度进行运算,如图 2-15 所示。

而自然连接还会去除重复列,所以是同时从行和列的角度进行运算。

【例 2.16】　设关系 R 和 S 如图 2-16(a)所示,图 2-16(b)为 θ 连接的运算结果,图 2-16(c)为等值连接的运算结果,图 2-16(d)为自然连接 $R \bowtie S$ 的运算结果。

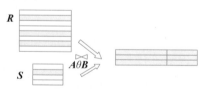

图 2-15　一般的连接运算示意

2) 左外连接、右外连接与全外连接

在 R 与 S 做自然连接时,只有在这两个关系的公共属性上值相等的元组才能进行连接构成结果集中的新元组。如果 R 中的某些元组在 S 中不存在公共属性上值相等的元组,就会导致这类元组在连接时被舍弃。如果需要保留这类元组,而在其他属性上填充空值

R		
A	**B**	**C**
a_1	b_1	6
a_2	b_2	7
a_2	b_3	9
a_3	b_4	15

S	
B	**D**
b_1	4
b_2	8
b_3	10
b_3	6
b_5	5

(a)

$R \underset{C<D}{\bowtie} S$

A	**R.B**	**C**	**S.B**	**D**
a_1	b_1	6	b_2	8
a_1	b_1	6	b_3	10
a_2	b_2	7	b_3	8
a_2	b_2	7	b_3	10
a_2	b_3	9	b_3	10

(b)

$R \underset{R.B<S.B}{\bowtie} S$

A	**R.B**	**C**	**S.B**	**D**
a_1	b_1	6	b_2	4
a_2	b_2	7	b_2	8
a_2	b_3	9	b_3	10
a_2	b_3	9	b_3	6

(c)

$R \bowtie S$

A	**B**	**C**	**D**
a_2	b_1	6	4
a_2	b_2	7	8
a_2	b_3	9	10
a_2	b_3	9	6

(d)

图 2-16　连接运算示例

（NULL），这种连接就称为**左外连接**。与之对应，如果需要保留 S 中未被连接的元组，称为**右外连接**；如果 R 和 S 中未被连接的元组都要保留，称为**全外连接**。

如图 2-17 所示，图 2-17(a)是 R 和 S 的左外连接，图 2-17(b)是 R 和 S 的右外连接，图 2-17(c)是 R 和 S 的全外连接。

A	**B**	**C**	**D**
a_1	b_1	6	4
a_2	b_2	7	8
a_2	b_3	9	10
a_2	b_3	9	6
a_3	b_4	15	NULL

(a) R与S的左外连接

A	**B**	**C**	**D**
a_1	b_1	6	4
a_2	b_2	7	8
a_2	b_3	9	10
a_2	b_3	9	6
NULL	b_5	NULL	5

(b) R与S的右外连接

A	**B**	**C**	**D**
a_1	b_1	6	4
a_2	b_2	7	8
a_2	b_3	9	10
a_2	b_3	9	6
a_3	b_4	15	NULL
NULL	b_5	NULL	5

(c) R与S的全外连接

图 2-17　外连接运算示例

4. 除

给定关系 $R(X,Y)$ 和 $S(Y,Z)$，其中，X,Y,Z 为属性组。R 中的 Y 与 S 中的 Y 可以是不同的属性名，但必须出自相同的域集。R 与 S 的除运算得到一个新的关系 $P(X)$，P 是 R 中满足下列条件的元组在 X 属性列上的投影：这些元组在 X 上的分量值 x 的象集 Y_x 包含 S 在 Y 上投影的集合，记作：

$$R \div S = \{t^r[X] \mid t^r \in R \land \pi_Y(S) \subseteq Y_x\}$$

其中，Y_x 是 x 在 R 中的象集，$x = t^r[X]$。

【**例 2.17**】　设关系 R 和 S 如图 2-18(a)所示，则 $R \div S$ 的结果如图 2-18(b)所示。

解题思路：

在关系 R 中，X 属性上可以取 3 个值 $\{x_1, x_2, x_3\}$，则：

x_1 在 Y 上的象集 $Y_{x1} = \{6\}$。

x_2 在 Y 上的象集 $Y_{x2}=\{4,8,10,5\}$。

x_3 在 Y 上的象集 $Y_{x3}=\{8,10,4\}$。

而 S 在 Y 属性上的投影集合是 $\{4,8,10\}$，可见在 R 中 x_2 和 x_3 的象集都包含 S 在 Y 属性上的投影集合，所以 $R\div S=\{x_2,x_3\}$。

从上例可以看到，除运算是同时从行和列的角度进行运算，如图 2-19 所示。

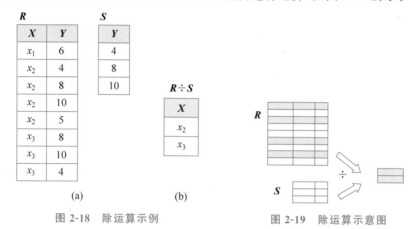

图 2-18　除运算示例　　　　　　图 2-19　除运算示意图

下面再以成绩管理数据库为例，给出几个使用关系代数运算进行查询的示例。

【例 2.18】　查询 2015 级网络工程专业学生的学号和姓名。

$$\pi_{\text{学号,姓名}}(\sigma_{\text{年级}='2015级' \land \text{专业名}='网络工程'}(\text{Student}))$$

【例 2.19】　查询选修了"数据结构"课程的学生的成绩。

$$\pi_{\text{学号,成绩}}(\pi_{\text{课程号}}(\sigma_{\text{课程名}='数据结构'}(\text{Course}))\bowtie\text{SC})$$

注意：此处查询没有明确说明需要"学号"属性，但是如果只是列出成绩的话，无法确定是哪个学生的成绩，因此在查询表达式里应该列出"学号"属性。

【例 2.20】　查询选修了"数据结构"课程的学生的学号、姓名和成绩。

$$\pi_{\text{学号,姓名}}(\text{Student})\bowtie\pi_{\text{学号,成绩}}(\pi_{\text{课程号}}(\sigma_{\text{课程名}='数据结构'}(\text{Course}))\bowtie\text{SC})$$

或

$$\pi_{\text{学号,姓名,成绩}}(\sigma_{\text{课程名}='数据结构'}(\text{Student}\bowtie\text{SC}\bowtie\text{Course}))$$

注意：一个查询有时有多种表达方式，它们都可以实现该查询要求，但查询效率可能不一样。如本例中，执行查询时最耗时的是连接运算，如果在执行连接运算之前缩小参与连接的关系的元组数，就可以提高连接运算的执行效率。所以在本例中，从效率方面来说，第 1 种表达式比第 2 种表达式更优。

【例 2.21】　查询选修了全部课程的学生的学号和姓名。

解题思路：①全部课程只能在 Course 表中获取，可以使用投影运算获取全部课程的课程号；②选修信息在 SC 表中，可以使用投影运算获取学号和课程号；③通过②结果和①结果的除运算可以得到选修了全部课程的学生的学号；④由③结果连接 Student 可以得到相应学生的姓名。表达式如下。

$$\pi_{\text{学号,课程号}}(\text{SC})\div\pi_{\text{课程号}}(\text{Course})\bowtie\pi_{\text{学号,姓名}}(\text{Student})$$

2.5 关系数据库的使用方式

通常,关系数据库有两种使用方式:图形界面方式和 SQL 指令方式。

2.5.1 图形界面方式

图形界面方式是指用户可以在 RDBMS 或第三方软件提供的图形用户界面下完成对数据库的各种管理和操作。例如,对于 MySQL 数据库,可以通过图形管理工具 Navicat for MySQL 进行操作,包括对数据库、表、视图、存储过程、备份等各种数据库对象的管理和操作,如图 2-20 所示。

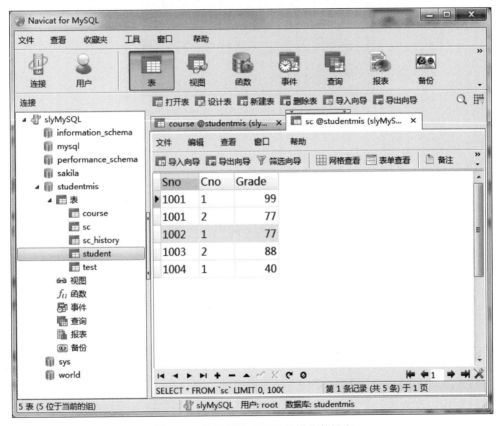

图 2-20 使用图形管理工具操作数据库

2.5.2 SQL 指令方式

SQL(Structured Query Language,结构化查询语言)是关系数据库的标准语言,它的语法简洁、易学易用,且功能强大,可以独立完成数据库生命周期中的全部活动。

SQL 指令方式就是只使用 SQL 来对数据库进行各种管理和操作,如图 2-21 所示。有关 SQL 的内容将在后面章节介绍。

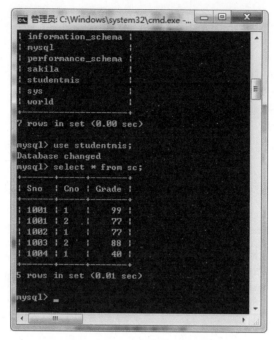

图 2-21 使用 SQL 操作数据库

小结

本章系统地讲解了关系数据库的重要概念,包括关系模型的数据结构、关系操作以及关系的三类完整性,介绍了用代数方式和逻辑方式来表达的关系代数及 SQL。

习题

一、单项选择题

1. 对关系模型叙述错误的是( )。

　　A. 建立在严格的数学理论、集合论和谓词演算公式的基础之上

　　B. 微机 DBMS 绝大部分采取关系数据模型

　　C. 用二维表表示关系模型是其一大特点

　　D. 不具有连接操作的 DBMS 也可以是关系数据库系统

2. 关系数据库管理系统应能实现的专门关系运算包括( )。

　　A. 排序、索引、统计　　　　　　　B. 选择、投影、连接

　　C. 关联、更新、排序　　　　　　　D. 显示、打印、制表

3. 关系模型中,一个关键字是( )。

　　A. 可由多个任意属性组成

　　B. 只能由一个属性组成

　　C. 可由一个或多个其值能唯一标识该模式中任何元组的属性组成

　　D. 以上都不是

4. 在一个关系中如果有这样一个属性存在,它的值能唯一地标识关系中的每一个元组,称这个属性为（　　）。

    A. 关键字　　　　　　B. 数据项　　　　　　C. 主属性　　　　　　D. 主属性值

5. 同一个关系模型的任意两个元组值（　　）。

    A. 不能全同　　　　　B. 完全相同　　　　　C. 必须全同　　　　　D. 以上都不是

6. 一个关系数据库文件中的各条记录（　　）。

    A. 前后顺序不能任意颠倒,一定要按照输入的顺序排列

    B. 前后顺序可以任意颠倒,不影响库中的数据关系

    C. 前后顺序可以任意颠倒,但排列顺序不同,统计处理的结果就可能不同

    D. 前后顺序不能任意颠倒,一定要按照关键字段值的顺序排列

7. 设有关系 R 和 S 的属性个数分别为 r 和 s,则($R \times S$)操作结果的属性个数为（　　）。

    A. $r+s$　　　　　　B. $r-s$　　　　　　C. $r \times s$　　　　　　D. $\max(r,s)$

8. 在关系代数运算中,5 种基本运算为（　　）。

    A. 并、差、选择、投影、自然连接　　　　　　B. 并、差、交、选择、投影

    C. 并、差、选择、投影、乘积　　　　　　　　D. 并、差、交、选择、乘积

9. 关系数据库中的关键字是指（　　）。

    A. 能唯一决定关系的字段　　　　　　B. 不可改动的专用保留字

    C. 关键的很重要的字段　　　　　　　D. 能唯一标识元组的属性或属性集合

10. 自然连接是构成新关系的有效方法。一般情况下,当对关系 R 和 S 使用自然连时,要求 R 和 S 含有一个或多个共有的（　　）。

    A. 元组　　　　　　B. 行　　　　　　C. 记录　　　　　　D. 属性

二、填空题

1. 关系操作的特点是_____。

2. 一个关系模式的定义格式为_____。

3. 一个关系模式的定义主要包括关系名、_____、_____、_____和关键字。

4. 关系数据库中可命名的最小数据单位是_____。

5. 关系模式是关系的_____,相当于_____。

6. 在一个实体表示的信息中,_____称为关键字。

7. 关系代数运算中,基本的运算是_____、_____、_____、_____和_____。

8. 关系代数运算中,专门的关系运算有_____、_____和_____。

9. 关系数据库中基于数学上的两类运算是_____和_____。

10. 等值连接与自然连接是_____。

三、简答题

1. 试述关系数据库的特点。

2. 试述关系模型的三个组成部分。

3. 试述关系数据库语言的特点和分类。

4. 设有学生选课数据库:学生关系 S(Sno,SName,Sex,Birth,Spec),其中各属性分别表示学号、姓名、性别、出生日期和专业名;课程关系 C(Cno,CName,TName),其中各属性分别表示课程编号、课程名称和授课教师姓名;选修关系 SC(Sno,Cno,Mark),其中各属性

分别表示学号、课程编号和成绩。试用关系代数完成如下查询。

  (1) 学生"李一"的出生日期和专业。

  (2) "网络工程"专业所有女生的学号和姓名。

  (3) 所有成绩都在 90 分以上的学生的学号和姓名。

  (4) 选修"操作系统"课的学生姓名和成绩。

  (5) 学生"李一"所选的全部课程名称和成绩。

  (6) 选修了"李立"老师所授全部课程的学生的学号和姓名。

  (7) 全部学生都选修课程的课程名。

  (8) 没有被选修课程的课程号和课程名。

第3章

CHAPTER 3

MySQL关系数据库系统

MySQL 是一个开放源代码的数据库管理系统(DBMS),它是由 MySQL AB 公司开发、发布并支持的,目前属于 Oracle 旗下。MySQL 是一个跨平台的开源关系数据库管理系统,广泛地应用于 Internet 上的中小型网站开发。本章主要介绍 MySQL 数据库的基础知识,通过本章的学习,读者可以掌握 MySQL 数据库的基本知识及 MySQL 下载、安装及维护。

3.1 走近 MySQL

MySQL 是一个小型关系数据库管理系统,与其他大型数据库管理系统(如 Oracle、DB2、SQL Server)等相比,MySQL 的规模小、功能有限。但是由于 MySQL 的体积小、速度快、成本低,且提供的功能对稍微复杂的应用来说已经够用,MySQL 是目前最为流行的开放源码的数据库之一,是完全网络化的跨平台的关系数据库系统。MySQL 由初始开发人员 Michael Monty Widenius 和 David Axmark 于 1995 年建立,并由瑞典的 MySQL AB 公司开发、发布并支持。本节将介绍 MySQL 的特点。

3.1.1 客户机/服务器软件

客户机/服务器(Client/Server,C/S)结构是一类按新的应用模式运行的分布式计算机系统。在该网络架构下,软件分为客户机(Client)和服务器(Server)两部分。

服务器是整个应用系统资源的存储与管理中心,能为应用提供服务(如文件服务、打印服务、复制服务、图像服务、通信管理服务等),当其被请求服务时就成为服务器。一台计算机可能提供多种服务,一个服务也可能需要多台计算机组合完成。

与服务器相对,提出服务请求的计算机或处理器在当时就是客户机,多个客户机则各自处理相应的功能,共同实现完整的应用。用户只关心完整地解决自己的应用问题,而不关心这些应用问题由系统中哪台或哪几台计算机来完成。从客户应用角度看,这个应用的一部分工作在客户机上完成,其他部分的工作则在(一个或多个)服务器上完成。在 C/S 结构中,客户机用户的请求被传送到数据库服务器,数据库服务器进行处理后,将结果返回给用户,从而减少了网络数据传输量。

用户使用应用程序时,首先启动客户机通过有关命令告知服务器进行连接以完成各种操作,而服务器则按照此请示提供相应的服务。每一个客户机软件的实例都可以向一个服务器或应用程序服务器发出请求。

C/S系统有很多优点：用户使用简单、直观；编程、调试和维护费用低；系统内部负荷可以做到比较均衡,资源利用率较高；允许在一个客户机上运行不同计算机平台上的多种应用；系统易于扩展,可用性较好,对用户需求变化的适应性较好。这种系统的特点就是,客户机和服务器程序不在同一台计算机上运行,它们归属于不同的计算机。

C/S系统通过不同的途径应用于很多不同类型的应用程序,比如现在人们最熟悉的在因特网(Internet)上使用的网页。例如,当客户想要在"淘宝"网站上买物品的时候,计算机和网页浏览器就被当作一个客户机,同时,组成"淘宝网"的计算机、数据库和应用程序就被当作服务器。当客户的网页浏览器向"淘宝网"请求搜寻某种物品时,"淘宝网"服务器就从"淘宝网"的数据库中找出所有该类型的物品信息,结合成一个网页,发送给客户的浏览器。服务器一般采用高性能的计算机,并配合使用不同类型的数据库,如 Oracle、Sybase、MySQL 等;客户机需要安装专门的软件,如浏览器。

3.1.2 MySQL 版本

针对不同用户,MySQL 分为不同的版本。

1. MySQL Community Server(社区版)
该版本开源免费,但不提供官方技术支持。

2. MySQL Enterprise Server(企业版服务器)
该版本能够以很高的性价比为企业提供数据仓库应用,支持满足 ACID 属性的事务处理,提供完整的提交、回滚、崩溃恢复和行级锁定功能。但是该版本需付费使用,官方提供电话技术支持。该版本包含以下组件：

- MySQL Database。
- MySQL Enterprise Backup。
- MySQL Enterprise Monitor。
- MySQL Workbench Standard Edition。

3. MySQL Cluster 集群版
该版本开源免费,将几个 MySQL Server 封装成一个 Server,集成使用。

4. MySQL Cluster CGE 高级集群版
该版本需付费使用,包含如下组件。

- MySQL Cluster。
- MySQL Cluster Manager。
- MySQL Enterprise Backup。
- MySQL Enterprise Monitor。
- MySQL Workbench Standard Edition。

3.1.3 MySQL 特点

1. MySQL 的命名特点
MySQL 的命名机制由 3 个数字和 1 个后缀组成,例如,"mysql-8.0.27"的含义如下。
第 1 个数字"8"是主版本号,用于描述文件的格式,所有版本 8 的发行版都有相同的文件夹格式。

第 2 个数字"0"是发行级别,主版本号和发行级别组合在一起便构成了发行序列号。

第 3 个数字"27"是此次发行系列的版本号,随每次新发行的版本递增。用户通常会选择已经发行的最新版本下载。

在 MySQL 开发过程中,同时存在多个版本的发布系列,每个发布系列的成熟度处在不同阶段,用以上的数字表明不同的开发版本。

MySQL 8.0 是最新开发的稳定(GA)发布系列,是将执行新功能的系列,目前已经可以正常使用。2021 年 10 月 19 日正式推出 MySQL 8.0.27 版本,这是比较稳定的发布系列,只针对漏洞修复重新发布,不增加会影响稳定性的新功能。2023 年 7 月 18 日推出 MySQL 8.1 及 MySQL 8.0.34。

2. MySQL 的产品特点

1) 运行速度快

MySQL 是目前市场上现有产品中运行速度最快的数据库系统之一,并且对大多数个人用户来说是免费的。

2) 简单容易学

与其他大型数据库的设置和管理相比,MySQL 复杂程度较低,易于学习,管理维护相对容易。能够工作在众多不同的系统平台上,例如,Windows、UNIX、Linux 和 macOS 等,可移植性强。

3) 稳定性能好

MySQL 核心程序采用完全的多线程编程,拥有快速而且稳定的基于线程的内存分配系统,可以持续使用而不必担心其稳定性。

4) 查询功能强

MySQL 具有强大的查询功能,可以利用标准的 SQL 语法进行查询,并且支持 ODBC 的应用程序。

5) 接口丰富

MySQL 具有丰富的接口,能够提供 C、C++、Eiffel、Java、Perl、PHP、Python 和 Ruby 等多种语言的 API。

6) 权限灵活安全

MySQL 具有十分灵活并且安全的权限和口令系统,允许基于主机的验证。连接到服务器时,所有的密码传输均采用加密形式,从而保证了密码安全。并且由于 MySQL 是网络化的,因此可以在有因特网的任何地方访问,从而提高了数据共享的效率。

3.1.4　MySQL 工具

1. 图形化界面工具 MySQL Workbench

MySQLWorkbench 是一款专为 MySQL 设计的可视化数据库工具,它是著名的数据库设计工具 DBDesigner4 的继任者。它为数据库管理员和开发人员提供了一整套可视化数据库操作环境,主要功能如下。

(1) 基于 Cairo 的图形渲染,可以将内容输出到 OpenGL、Win32、X11、Quartz、PostScript、PDF 等多种目标上。

（2）可视化的表、视图、存储进程/函数和外键。

（3）实现数据库到 SQL 脚本的逆向工程。

（4）数据库设计和模型建立同步。

（5）导出 SQL 创建的脚本。

（6）导入 DBDesigner4 的模型。

（7）支持 MySQL 5 的特性。

（8）可选的图示记号。

MySQL 从 5.7 版本一跃直接到 8.0，在功能上主要有账户与安全、优化器索引、通用表达式、窗口函数、InnoDB 增强、JSON 增强 6 方面的提升。

2. MySQL 服务器端的实用工具

在 MySQL 的日常工作和管理中，会经常用到 MySQL 提供的各种管理工具：如客户机连接工具、对象查看、数据备份、日志分析、数据导入导出等工具，熟练使用这些工具将会大大提高工作效率。MySQL 服务器端的实用工具程序如下。

（1）mysqld：SQL 后台程序（即 MySQL 服务器进程）。该程序必须运行之后，客户机才能通过连接服务器来访问数据库。

（2）mysqld_safe：服务器启动脚本。在 UNIX 和 NetWare 中推荐使用 mysqld_safe 来启动 mysqld 服务器。mysqld_safe 增加了一些安全特性，例如，当出现错误时，会重启服务器并向错误日志文件写入运行时间信息。

（3）mysql.server：服务器启动脚本。它调用 mysqld_safe 来启动 MySQL 服务器。

（4）mysqld_multi：服务器启动脚本，可以启动或停止系统上安装的多个服务器。

（5）myisamchk：描述、检查、优化和维护 MyISAM 表的实用工具。

（6）mysql.server：服务器启动脚本。UNIX 的 MySQL 分发版包括 mysql.server 脚本。

（7）mysqlbug：MySQL 缺陷报告脚本。可以用来向 MySQL 邮件系统发送缺陷报告。

（8）mysql_install_db：该脚本用默认权限创建 MySQL 授权表。通常只是在系统上首次安装 MySQL 时执行一次。

3. MySQL 客户机的实用工具程序

在客户机 MySQL 的日常工作和管理中，也有相应的 MySQL 提供的各种管理工具，以下是一些常用的工具。

（1）myisampack：压缩 MyISAM 表，是可以产生更小表（只读）的一个工具。

（2）mysql：交互式输入 SQL 语句或以批处理模式执行它们的命令行工具。

（3）mysqlaccess：检查访问权限的主机名、用户名和数据库组合。

（4）mysqladmin：执行管理操作的客户程序，例如，创建或删除数据库，重载授权表，将表刷新到硬盘上，以及重新打开日志文件。mysqladmin 还可以用来检索版本、进程，以及服务器的状态信息。

（5）mysqlbinlog：从二进制日志读取语句的工具。在二进制日志文件中包含执行过的语句，可用来帮助系统在崩溃后的恢复。

（6）mysqlcheck：检查、修复、分析以及优化数据表。

（7）mysqldump：将 MySQL 数据库转储到一个文件（例如 SQL 语句或 Tab 分隔符文

本文件)的客户程序。

(8) mysqlhotcopy：当服务器在运行时，快速备份 MyISAM 或 ISAM 表的工具。

(9) mysql import：使用 LOAD DATA INFILE 将文本文件导入相关表的客户程序。

(10) mysqlshow：显示与数据库、表、列、索引相关的信息的客户程序。

(11) perror：显示系统或 MySQL 错误代码的含义的工具。

3.1.5 如何学习 MySQL

在学习 MySQL 数据库之前，很多读者都会问如何才能更好地掌握 MySQL 的相关技能呢？下面就来讲述学习 MySQL 的方法。

1. 培养兴趣

兴趣是最好的老师，不论学习什么知识，兴趣都可以极大地提高学习效率，当然学习MySQL 也不例外。

2. 夯实基础

计算机领域的技术非常强调基础，刚开始学习可能还认识不到这一点，随着技术应用的深入，就会发现只有具有扎实的基础功底，才能在技术的道路上走得更快、更远。对于MySQL 的学习来说，SQL 语句是其中最为基础的部分，很多操作都是通过 SQL 语句来实现的。所以在学习的过程中，读者要多编写 SQL 语句，对于同一个功能，可以使用不同的实现语句来完成，从而能够深刻理解其不同之处。

3. 及时学习新知识

正确、有效地利用搜索引擎，可以搜索到很多关于 MySQL 的相关知识。同时，参考别人解决问题的思路，也可以吸取别人的经验，及时获取最新的技术资料。

4. 多实践操作

数据库系统具有极强的操作性，需要多动手上机操作。在实际操作的过程中才能发现问题，并思考解决问题的方法和思路，只有这样才能提高实战能力。

3.2 MySQL 的下载、安装与维护

3.2.1 MySQL 的下载

MySQL 的官方网址是 www. mysql. com，如图 3-1 所示，单击首页的 DOWNLOADS进入下载页面。

在如图 3-2 所示的下载页面上提供了各种版本，可供用户下载。其中的 MySQLEnterprises Edition（企业版）和 MySQL Cluster CGE（集群版）需要付费使用，MySQLCommunity（GPL）Downloads（社区版）是免费的，主要是为个人用户提供学习的版本。这些版本的差别已经在 3.1.2 节中论述过了，用户可以根据自己的需求进行下载。在该页面上单击 MySQL Community Downloads 进入社区版的下载页面。

在如图 3-3 所示的页面，用户可以根据自己计算机上的操作系统，选择相应运行环境的MySQL 的安装包进行下载。本书所讲解的是运行在 Windows 操作系统的 MySQL 的使用，因此选择 MySQL Installer for Windows 环境进行下载。

图 3-1　MySQL 的官方网站首页

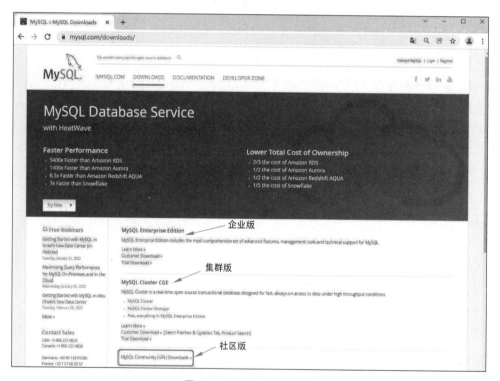

图 3-2　MySQL 下载页面

　　Windows 平台下提供两种安装 MySQL 的方式：MySQL 二进制分发版安装文件(扩展名为"msi"的安装包)和免安装文件(扩展名为"zip"的压缩包)。选择二进制分发版,进入如图 3-4 所示的 Windows 平台下的 MySQL 的下载页面,该页面提供了"下载在线安装包"和"下载离线安装包"两种方式,用户可以根据自己的网络速度进行选择。其中,在线安装包所占的空间小，在安装时，必须要保证本机的网络畅通，其实质是，在系统的缓存中下载安装包，当安装完成后，用户需要及时释放空间。离线安装包所占的空间比较大，这是将安装文件完整下载到本地机上，当下载后，可以断网进行安装。此处建议下载离线安装包，并把它保存在自己的本地机上，这样可以反复进行安装。

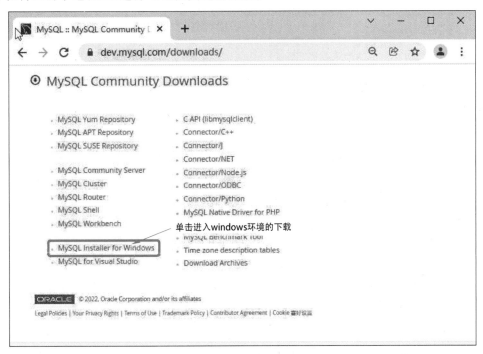

图 3-3　MySQL 用户可选择的操作系统平台页面

图 3-4　用户选择安装包下载页面

　　用户还可以在如图 3-5 所示的页面上,单击 Archives 按钮,进入 MySQL 更早些已经发行的版本的下载页。

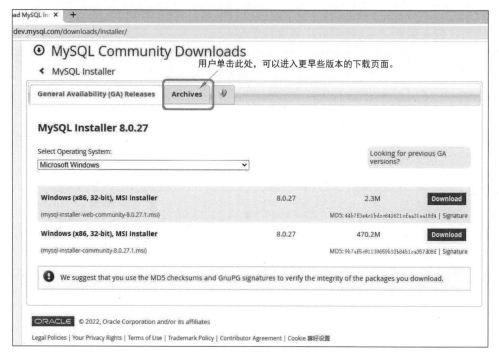

图 3-5　MySQL 各种版本的下载页

　　在如图 3-6 所示的页面上,用户单击下拉箭头,可以出现 MySQL 8.0 已经发行的多个版本,用户可以根据自己的需求进行相应版本的下载。

3.2.2　MySQL 安装组成

　　截至 2022 年 2 月,MySQL 已经发行到 8.0 版本,并且每个版本又发行了若干安装版本,有关版本的发行标准在 3.1.2 节已经论述过了。如图 3-6 所示,MySQL 8.0 版已经发布了 30 个小版本。每个版本的安装版本的组件功能与前面的版本相比,功能都是有所增减的,用户可以阅读其对应版本的说明进行选择安装。例如,"mysql-installer-community-8.0.21.0.msi"中有"Notifier"组件,而"mysql-installer-community-8.0.27.1.msi"中却没有这个组件。如果用户在安装 8.0.27 版本后需要安装"Notifier"组件,则可通过 8.0.21 版本添加该组件。

　　MySQL 是一个成熟的关系数据库产品,已经被广泛应用在诸多的领域,用户可以在同一台计算机上安装不同版本的 MySQL 数据库服务,即同一台机器上可以部署不同版本的 MySQL 数据库服务器。这是由于 MySQL 的数据库服务是根据版本的不同存储在不同的路径下,当然用户在安装服务器时可以自行修改。用户还可使用一台计算机作为客户机,连接网络上不同机器上或不同版本的 MySQL 数据库服务器。

　　如果不明白版本之间的关系,则有可能出现误操作的情况。笔者根据多次的安装及卸

图 3-6　**MySQL** 更早些已经发行的版本的下载页

载,总结出 MySQL 安装版本的构成如下。

1．Installer 是一个独立安装程序

Windows 系统下的程序安装,其实质就是在本地机上为该程序建立工作目录,并在该工作目录下创建相应工作文件的一个过程。所下载的后缀为"msi"的离线文件是微软的一个独立安装的文件,可以直接运行,在右击弹出菜单中有"安装""修复""卸载"三项内容,Installer 应用程序安装在"C:\Program Files（x86）\MySQL\MySQL Installer for Windows"默认目录下,如图 3-7 所示,这个文件夹中存放着 Installer 程序的工作目录。

当安装不同版本的 Installer 程序时,将会被覆盖安装在这同一目录下,即新版本安装文件将替换旧版本的安装文件。

Installer 程序主要功能是检查当前系统是否满足 MySQL 的安装需求,如果不满足,将自动下载并安装 Windows 的框架程序,当条件满足后,才会启动 MySQL 的安装程序。

2．MySQL 各组件的安装是独立的

当 Installer 安装完成后,系统启动 MySQL 安装程序,如果用户不指定安装路径,则被默认安装在"C:\Program Files\MySQL"文件夹下,即 MySQL 的工作目录,在安装时用户

图 3-7　Installer 安装程序的工作目录

所选择的应用组件将被安装在这个目录下。如图 3-8 所示,显示出当前计算机已经安装了 MySQL 的 ODBC 连接、数据库服务和 Workbench 三个功能组件。

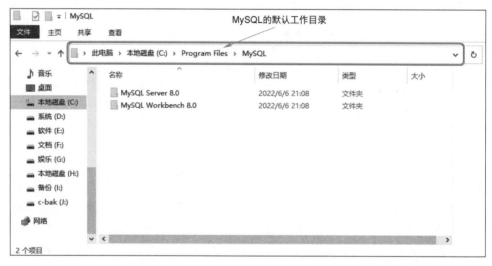

图 3-8　MySQL 应用程序的工作目录

　　除了使用 Installer 进行 MySQL 的组件维护外,MySQL 的官方网站也提供了每个组件的独立安装包,如图 3-9 所示,用户也可以根据自己的需要进行独立下载及安装。

　　3. 使用 Installer 进行 MySQL 组件维护

　　当 MySQL 安装完成后,可以调用 MySQL Installer 程序组件进行添加、修改、升级、删除 MySQL 组件功能的维护操作,具体操作可参看 3.2.5 节。

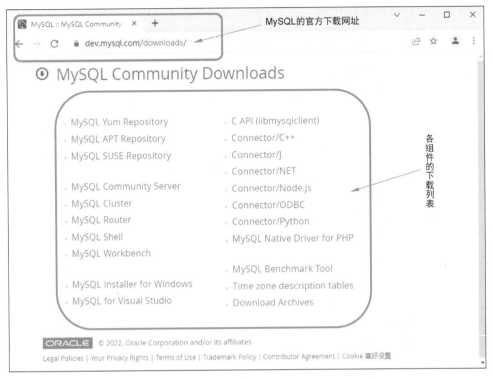

图 3-9 MySQL 各组件下载的官方网页

3.2.3 Windows 平台安装 MySQL

本书将以社区版进行 MySQL 技术的讲解,因此本节只讲解社区版的下载及安装配置,下面将分步讲解 mysql-installer-community-8.0.27.msi 的安装过程。

1. 执行下载的安装文件

双击提前下载好的 mysql-installer-community-8.0.27.msi 安装文件,系统弹出如图 3-10 所示的对话框,这是来自 Windows 操作系统的验证安装提示,向用户询问是否运行安装,单击"是"按钮,允许安装,该对话框关闭。

弹出如图 3-11 所示的对话框,询问是否运行"MySQLInstallLauncher.exe"应用,单击"是"按钮,允许应用安装,对话框关闭,弹出如图 3-12 所示的 Installer 1.6 版本的安装对话框,

图 3-10 Windows 允许应用安装对话框

图 3-11 Installer 1.6 版本的安装对话框

在后台准备好后它将自动关闭,进入第 2 步的安装。

图 3-12　MySQL 8.0.27 调用了 Installer 1.6 版本安装程序

2. 选择安装模式

进入如图 3-13 所示的 MySQL 安装模式选择窗口,其中:

• Developer Default:为开发者模式,在此模式下,服务器、客户机及所有开发所需要的应用都将被安装在本机上。

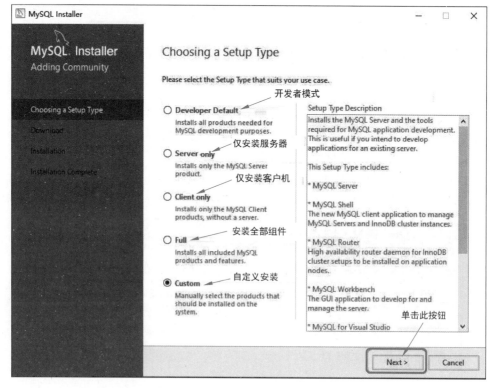

图 3-13　MySQL 安装模式选择窗口

- Server only：仅安装服务器组件，本机将作为服务器使用。
- Client only：仅安装客户机组件，本机作为客户机使用。
- Full：安装 MySQL 提供的全部组件。
- Custom：自定义安装，用户可以根据自己的需求进行安装。

用户可以根据自己的需求进行选择，此处选择 Custom 自定义安装，单击 Next 按钮进入第 3 步 MySQL 用户自定义安装窗口。

3. 用户自定义选择窗口

在如图 3-14 所示的用户自定义窗口中，此处选择了服务器 MySQL Server 8.0.27-X64 和图形化操作工具 MySQL Workbench 8.0.27-X64 组件，用户也可以根据需求自行选择，选定后，单击 Next 按钮进入第 4 步的安装。

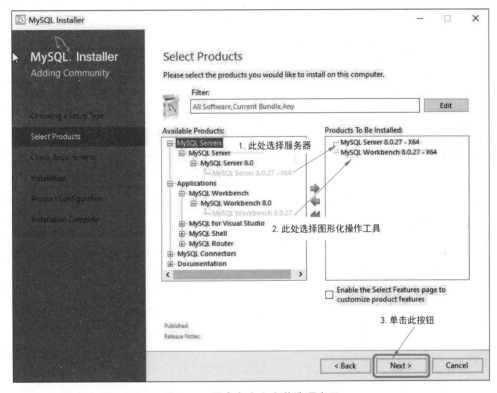

图 3-14 用户自定义安装选项窗口

4. 安装前的预备条件

如图 3-15 所示为系统安装检测窗口，首先单击 Execute 按钮，然后在弹出的窗口内勾选"我同意许可条款和条件"复选框，最后单击"安装"按钮。系统将自动安装 Windows 系统框架(Framework)，每个 MySQL 版本所对应的框架版本是不相同的，其中，MySQL 8.0 要求安装的是 Microsoft Visual C++ 2015-2019 以上的版本，Framework 是 Windows 系统提供的一个独立的系统框架应用程序，是安装 MySQL 的必要条件，当在本机成功安装后，将不会重复安装！如果系统框架安装失败，用户只能结束本次 MySQL 的安装。当然用户可以在离线安装该应用程序成功后，再重新运行 MySQL 的安装。

如果计算机网络畅通，则自动进行在线安装，在安装成功完成后，弹出如图 3-16 所示的

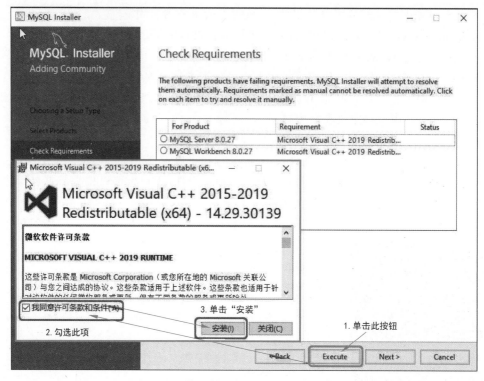

图 3-15　检查并安装所需的系统框架程序

"设置成功"对话框,单击"关闭"按钮,关闭当前对话框,返回到系统需求检测窗口,单击
Next 按钮进行到第 5 步的安装。

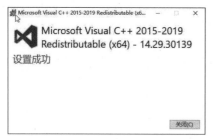

图 3-16　框架程序安装成功对话框

5. MySQL 的安装窗口

进入如图 3-17 所示的安装窗口,单击 Execute
按钮,开始执行用户在前面第 3 步所选的组件的安
装。安装完成后,进入第 6 步。

6. 产品参数配置窗口

在如图 3-18 所示窗口,单击 Next 按钮,进入第
7 步服务器配置,由于本次安装选择了服务器和图形
化操作工具两个应用组件的安装,而图形化操作工
具无须配置。

7. 服务器类型及网络配置窗口

在如图 3-19 所示的 MySQL 服务器类型及网络配置窗口中,Config Type 选项为本机
的配置类型,用户可以通过下拉箭头展开,有以下三个选项。

- Development Computer(开发者计算机):表示本机是除 MySQL 以外还可以安装
  其他开发软件的计算机,该版本占用最少量的内存。
- Server Computer(服务器):表示本机除 MySQL 以外还会安装其他服务器应用程
  序的计算机,是为 Web 或应用程序服务器提供的版本,该版本占用中等内存。
- Dedicated Computer(专用 MySQL 服务器):表示本机是除 MySQL 数据库服务以
  外,不再安装其他程序或软件的计算机,该版本将充分使用可用内存。

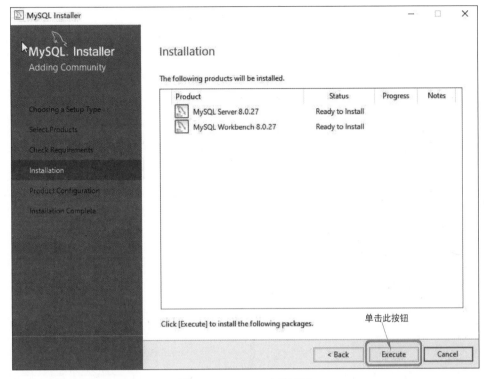

图 3-17　MySQL 安装窗口

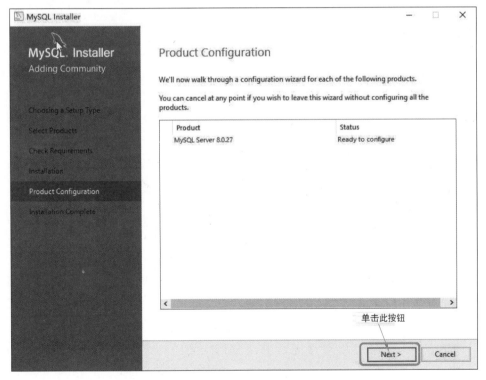

图 3-18　MySQL 产品参数配置窗口

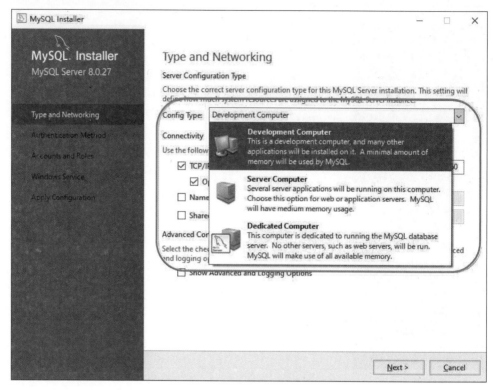

图 3-19　MySQL 服务器类型选项

8. 服务器网络参数配置窗口

如图 3-20 所示,此处选择默认项 Development Computer,配置网络的通信协议为 TCP/IP,服务器默认端口为 3306,也可以在文本输入框中输入新的端口号,但必须注意新的端口号应没有被占用,并且允许防火墙通过 MySQL 服务,配置完成后单击 Next 按钮进入第 9 步。

9. 安全认证设置窗口

进入如图 3-21 所示的 Authentication Method(安全认证)设置窗口,此处可以选择第一项即系统默认选项,然后单击 Next 按钮进入下一步。有两个选项,其含义如下。

- Use Strong Password Encryption for Authentication:使用强密码加密授权,这是 MySQL 8.0 提供的新型授权方法,采用 SHA256 基础的密码加密方法,需要新版本的 Connector(连接器),目前 Connector/J 连接器和 libmysqlclient 8.0 的社区驱动都支持这种新方法。如果客户机和应用程序不能更新来支持这种新型授权方法,可以选择使用传统授权方法。

- Use Legacy Authentication Method:使用传统授权方法,该方法保留了 MySQL 5.x 版本兼容性。如果应用程序无法升级到 MySQL 8.0 版本,或现存应用程序的 Connector(连接器)和 Driver(驱动)无法重编译,可用此方法解决 MySQL 8.0 以前版本的兼容使用的问题。

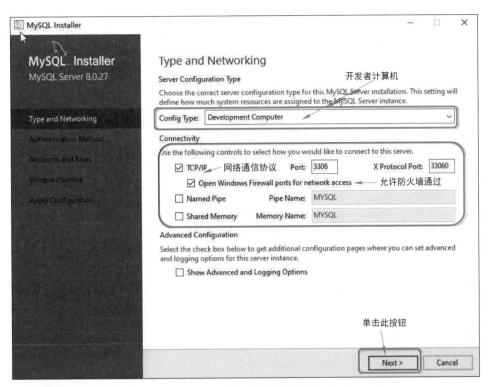

图 3-20　MySQL 服务器网络参数配置窗口

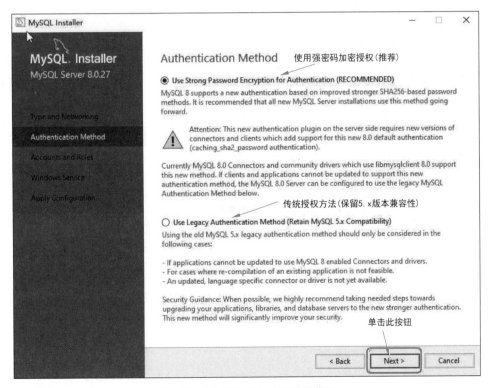

图 3-21　MySQL 安全认证设置窗口

10. 账户与角色窗口

MySQL 中的 root 是超级管理员,是系统默认的超级管理员。在服务器安装完成后,系统就产生了 root 超级管理员,root 超级管理员的权限会比一般用户的权限大很多,拥有 MySQL 数据库服务器系统全部权限,系统认为在数据库服务器安装完成后,就需要由 root 这个超级管理员来进行服务器的设置工作,所以此时在此步中必须为 root 用户设置首次登录的密码。

系统还在此步提供了创建或管理其他用户账号的功能,即此时用户除了 root 超级管理员外,通过单击 Add User、Edit User、Delete 三个按钮,可以实现其他用户的账号管理。通常此处仅为 root 账号设置密码,然后用 root 账号登录后,再为服务器创建其他用户。在如图 3-22 所示的窗口,为 root 账号设置密码,这个密码一定要记住! 因为当安装完成后,就会使用 root 账号及密码登录,若是用户没有记住这个密码,将会导致安装完成后无法使用数据库服务。设置完成后,单击 Next 按钮进入下一步。

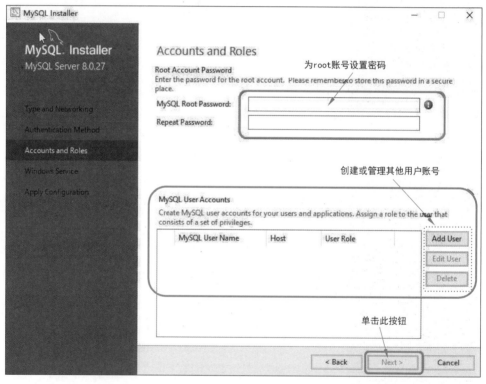

图 3-22　root 账号登录密码设置窗口

11. 设置 Windows Service 服务窗口

如图 3-23 所示的 Windows Service 窗口,显示了当前服务器的名称,用户可以根据自己的需求修改名称,用户还可以设置是否在系统启动时就开启 MySQL 的服务,设置好后单击 Next 按钮进入下一步。

12. 参数配置窗口

在如图 3-24 所示的参数报表窗口,单击 Execute 按钮执行配置。当配置完成后,将会出现如图 3-25 所示的窗口,单击 Finish 按钮完成 MySQL 的参数配置。

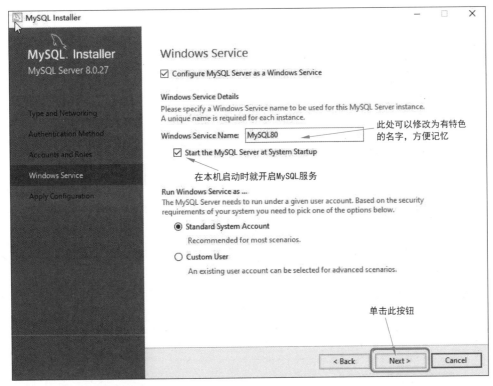

图 3-23　Windows 提供 MySQL 服务启动窗口

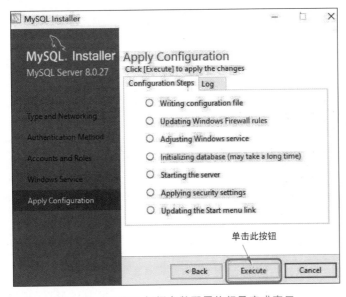

图 3-24　MySQL 根据参数配置执行及完成窗口

13. 安装完成窗口

当参数配置完成后,出现如图 3-26 所示的窗口,此处有个可供用户选择的复选框,其含义为是否在安装完成后用 Workbench 图形化工具启动 MySQL 服务。至此 MySQL 安装就成功完成了。

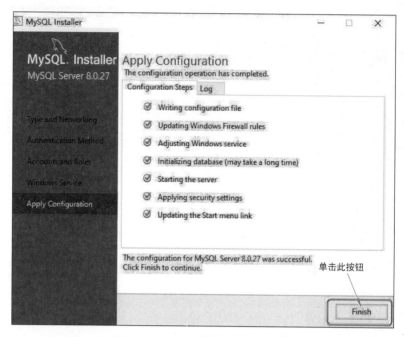

图 3-25　MySQL 参数配置完成窗口

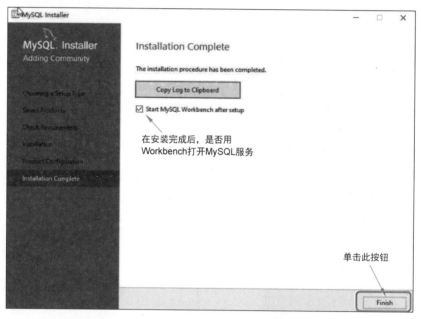

图 3-26　MySQL 安装完成窗口

在 MySQL 安装成功后,如果要查看 MySQL 的安装配置信息,则可以通过 MySQL 安装目录"C:\ProgramData\MySQL\MySQL Server 8.0"下的 my.ini 文件来完成。在如图 3-27 所示的 my.ini 文件中,可以查看到 MySQL 服务器的端口号、MySQL 在本机的安装位置、MySQL 数据库文件存储的位置以及 MySQL 数据库的编码等配置信息。

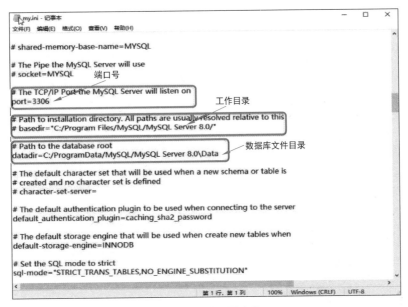

图 3-27　MySQL 的配置文件 my.ini

3.2.4　Windows 平台卸载 MySQL

根据 3.2.3 节所述，MySQL 的默认工作目录是"C:\Program Files\MySQL"，而 Installer 的工作目录是"C:\Program Files（x86）\MySQL\MySQL Installer for Windows"，特别要强调的是，这两个文件夹的目录不能在 Windows 环境下直接进行删除或修改，而是要通过单击 MySQL Installer Community 菜单，调用 Installer 应用程序进行维护。

MySQL 应用组件的删除由 MySQL 的 Installer 程序来完成。在如图 3-28 所示窗口

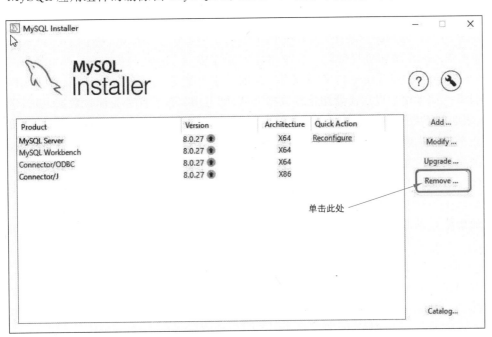

图 3-28　使用 Installer 删除 MySQL 的组件

中,单击 Remove 按钮,出现如图 3-29 所示的删除窗口,如果删除某个组件,可以在相应组件前方的复选框内进行勾选,此处在 Connector/J8.0.27 前进行了勾选,表明用户此次删除是 MySQL 与 Java 语言的连接驱动,删除完毕后单击 Next 按钮,返回如图 3-28 所示的 Installer 窗口。

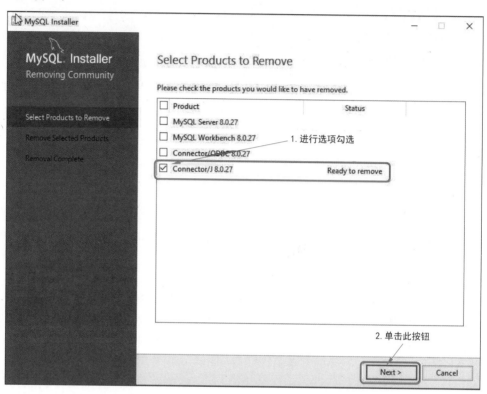

图 3-29　删除选定的 MySQL 组件

如果用户希望删除所有组件,则在 Product 选项前勾选。单击 Next 按钮,进入下一窗口;单击 Execute 按钮进行删除。所有组件删除完成后,将弹出如图 3-30 所示的窗口,其中,Remove the data directory 的含义是:当所有组件删除完成后,是否删除 MySQL 的数据库目录? 如果用户以后需要用这些数据文件,则不用勾选。此处是测试数据,所以进行了勾选,表明删除数据库文件目录;单击 Next 按钮进入下一窗口;再单击 Execute 按钮进行删除。删除完毕后出现如图 3-31 所示的窗口,该窗口上的 Yes,uninstall MySQL Installer 选项的含义是:当 MySQL 删除完毕后,是否删除 Installer 程序? 如果勾选此项,将在删除 MySQL 后,系统自动卸载 Installer 应用程序。此处建议用户先进行勾选后,再单击 Finish 按钮。

如果上一步进行了勾选,当 MySQL 卸载完成后,在"开始"的应用程序中就没有 MySQL 菜单项了,同时 Installer 的"C:\Program Files（x86）\MySQL\MySQL Installer for Windows"工作目录也没有了,说明 Installer 安装程序已经被成功卸载了。如果上一步中没有勾选,则会发现,在"开始"的应用中还保留着 MySQL 选项,展开之后,可以看到 MySQL Installer-Community 依然存在,进而验证了 3.2.2 节中所阐述的,Installer 是一个独立安装的程序。

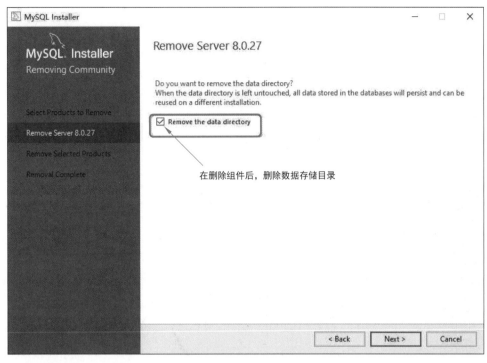

图 3-30　删除 MySQL 的数据文件目录

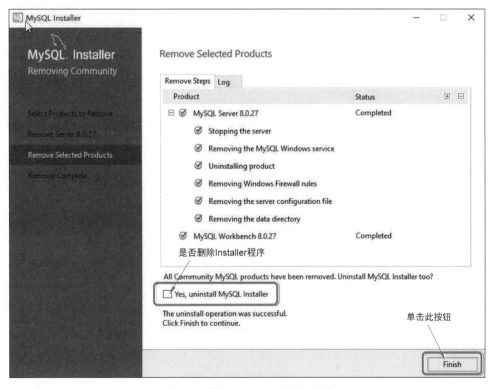

图 3-31　删除 MySQL 的所有组件

3.2.5 通过 Installer 管理 MySQL 组件

MySQL 成功安装后,可以在操作系统启动的同时就开启 MySQL 的服务,为了节省系统资源,用户也可以将 MySQL 设置为"手动"开启,在需要时再启动 MySQL 的服务。

有些初学者没有掌握 3.2.2 节中 MySQL 安装程序的工作原理,可能对 MySQL 的工作目录下的文件夹或文件进行删除的误操作,如果在 MySQL 服务关闭的状态下,这些误操作就会被执行,进而导致 MySQL 无法正常工作,如果用户还需要该服务器上的原有数据,则可以使用 Installer 程序进行修复。

Installer 程序是管理 MySQL 服务组件的重要工具,3.2.3 节中讲解了通过 Installer 程序进行安装;3.2.4 节中讲解了卸载 MySQL 的操作,本节中将讲解 MySQL 组件的添加、修复、升级具体操作。

当 MySQL 成功安装后,如图 3-32 所示,用户可以在 Windows 系统的左下角的"开始"菜单上单击,找到 MySQL,单击展开其选项组,可以看出本机上已经安装了 MySQL 8.0 的数据库服务、控制台程序、图形化工具 Workbench 和社区版安装程序 Installer。可以看出本机已经安装了 8.0.27 版本的数据库服务和 Workbench 图形化界面组件。用户通过单击 MySQL Installer-Community,调用 Installer 程序,对已经安装的 MySQL 的组件进行添加、编辑、升级、卸载等维护操作。

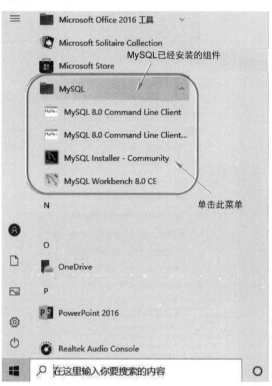

图 3-32 Windows 安装的 MySQL 组件

以下将为本机进行如下维护操作:使用 Add 添加 MySQL shell、ODBC 和 JDBC 的驱动,使用 Modify 编辑 MySQL Server 的组件,使用 Upgrade 升级到当前网络最新版本 8.0.28,

使用 Remove 删除 JDBC 驱动。MySQL Installer 界面如图 3-33 所示。

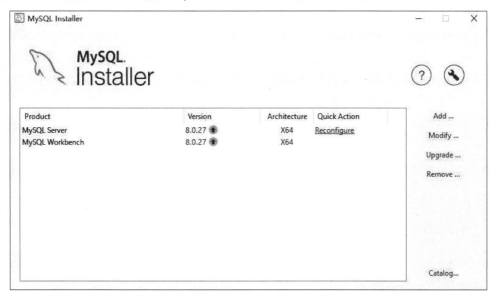

图 3-33　MySQL Installer 程序的界面

1. 使用 Add 添加组件

1) 选择组件

单击 Add 按钮进入如图 3-34 所示窗口,在此窗口下,用户首先单击选项前面的"+"号,展开详细内容,选择可用的产品,可以选择多项内容。在这步如果有展开选项呈现"灰

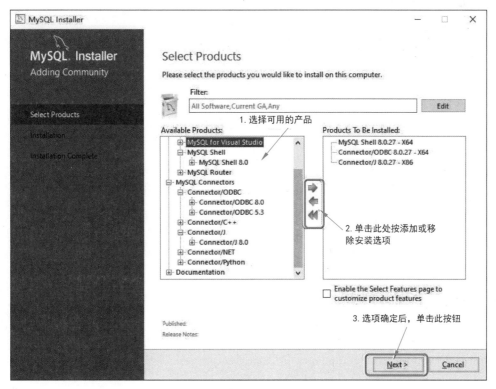

图 3-34　添加可用产品组件窗口

色",则表明该选项无法安装或已经安装过了;可以通过单击"添加"或"移除"按钮移到右边的安装列表内;当确定安装内容后,最后单击 Next 按钮进行安装,进入下一步。

2) 下载组件

进入如图 3-35 所示的下载窗口,单击 Execute 按钮进入下一步,此时需要保持网络畅通。如果下载失败,单击 Cancel 按钮取消此次安装返回如图 3-33 所示的主界面,可以选择其他时间重新安装;如果下载成功,进入下一步。

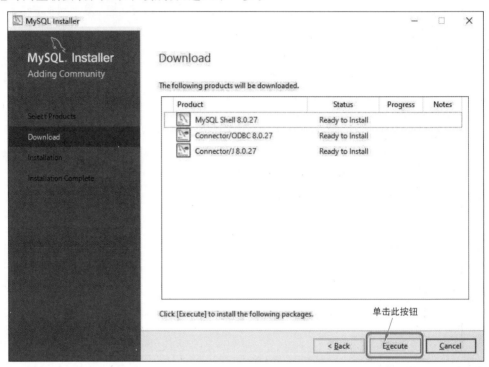

图 3-35　下载可用产品组件窗口

3) 安装组件

在如图 3-36 所示窗口,单击 Next 按钮,执行安装程序,并显示安装进度,当安装完成后,进入下一步。

4) 添加成功

当安装完成后,弹出了如图 3-37 所示的 MySQL Shell 控制台窗口,说明安装成功,返回到 Installed 窗口。

2. 使用 Modify 编辑组件

使用 Modify 编辑是对已经安装组件的某些特定功能的禁用或恢复,用户通过 Modify 修改可以禁用,禁用后还可以恢复。具体操作步骤如下。

1) 选择组件

如图 3-38 所示,首先在左侧选择产品,其特定功能出现在右侧,用户通过勾选进行修改,"打勾"表示"恢复","不打勾"表示"禁用"。将禁用 MySQL Server 8.0.27 组件 Client Programs、Development Components 和 Documentation 三项功能,单击 Next 按钮进入下一步。

图 3-36　安装可用产品组件窗口

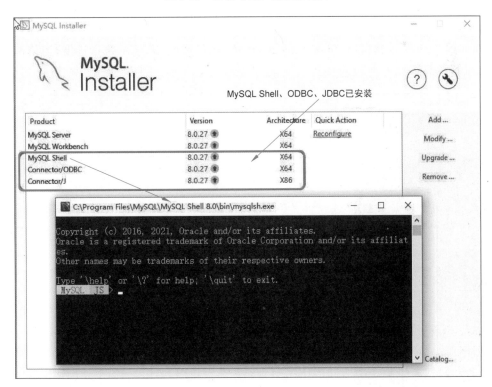

图 3-37　添加组件成功窗口

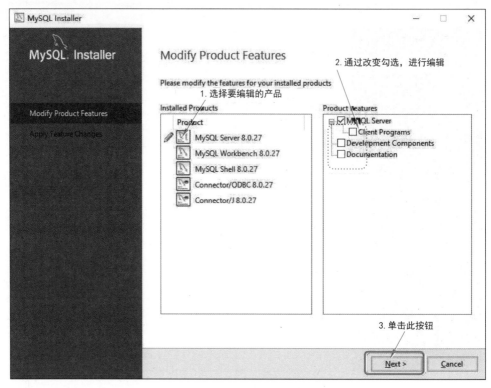

图 3-38　编辑组件功能窗口

2）执行修改

在如图 3-39 所示的窗口，单击 Execute 按钮，执行修改，并显示执行进度，当修改完成后，进入下一步。

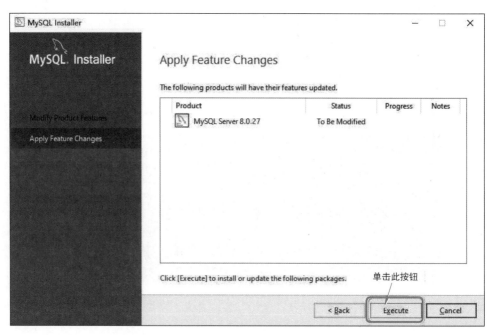

图 3-39　实现编辑功能窗口

3）修改完成

在如图 3-40 所示窗口，单击 Finish 按钮关闭此窗口，返回到 Installed 主界面。当然用户还可以使用 Modify 功能进行恢复操作，此处不再赘述。

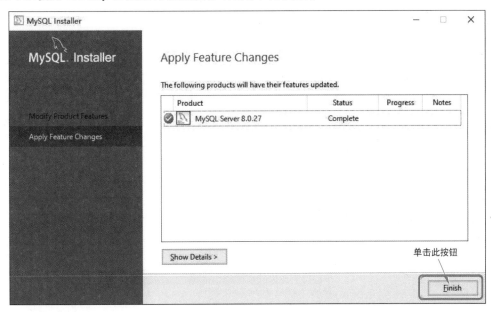

图 3-40　修改成功窗口

3. 使用 Upgrade 升级组件

如果是从低版本升级到高版本，通过 Installer 程序在线升级即可，如图 3-41 所示，用户

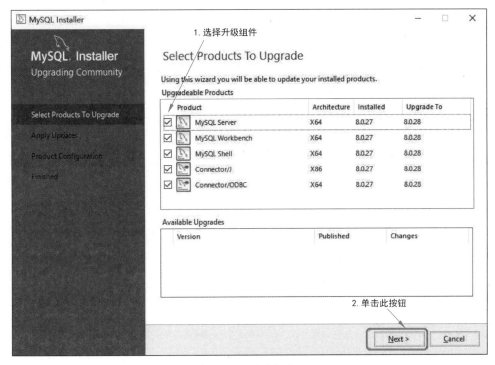

图 3-41　组件升级窗口

选择需要升级的组件,单击 Next 按钮,进入下一步,再单击 Execute 按钮执行升级。步骤与前面类似,此处不再赘述。MySQL 的 Installer 提供了在线升级功能,程序可以自动查找 MySQL 的最新版本,并根据用户的选择进行升级,升级后的版本将覆盖旧版本。

3.2.6 使用 MySQL 数据库服务

1. 启动 MySQL 服务

可以使用 Windows 服务管理 MySQL 服务,在如图 3-42 所示的界面上,选择名称为 "MySQL80"的服务,在红色虚线框内,对当前 MySQL 服务可做"停止""暂停""重启动"三种操作。双击名称"MySQL80",弹出"MySQL80 的属性"对话框,如图 3-43 所示,用户可以通过"启动"或"停止""暂停"或"恢复"按钮来更改当前服务状态。启动类型中包括以下三种。

图 3-42　Windows 的服务管理界面

图 3-43　"MySQL80 的属性"对话框

- "自动"：表示服务随系统开启而启动。
- "手动"：表示服务不会随系统一起启动，需要用户手工启动。
- "禁用"：表示服务没有启动，处于"禁用"状态，如果开启该服务时，只能先把服务从"禁用"改为"自动"或"手动"后，才能按相应的类型提供服务。

　　除了用图形化工具 Windows 服务管理器之外，还可以用管理员身份在命令提示符下输入指令来管理 MySQL 服务。在"运行"中输入"cmd"指令，如图 3-44 所示，弹出命令提示符窗口，在命令提示符">"后输入"net start mysqlXX"，启动 MySQL 服务；输入"net stop mysqlXX"，停止 MySQL 服务，其中，"XX"代表版本号，如"80"表明当前机器安装了版本为8.0 的 MySQL 数据库服务器。

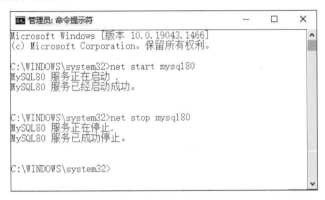

图 3-44　以管理员身份操作 MySQL 服务界面

2. 使用控制台登录 MySQL 数据库

　　当 MySQL 服务启动后，用户可以通过 MySQL 控制台登录数据库，如图 3-45 所示。具体步骤如下。

- 在"运行"中输入"cmd"指令，调用命令提示符窗口。
- 更改路径：cd C:\Program Files\MySQL\MySQL Server 8.0\bin。
- 输入命令：mysql -h localhost -u root(名字) -p(密码)。

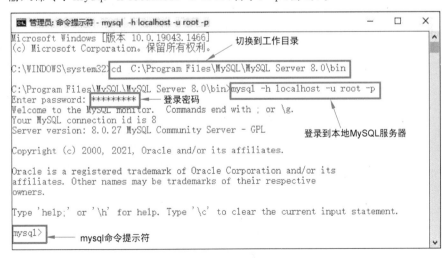

图 3-45　使用 MySQL 控制台管理服务

其中,mysql 为登录命令,-h 后面的参数是服务器的主机地址,在这里客户机和服务器在同一台机器上,所以输入 localhost 或者 IP 地址 127.0.0.1,-u 后面跟登录数据库的用户名称,在这里为 root,-p 后面是用户登录密码。如果验证通过,出现命令提示符"mysql>",表示已经登录到 MySQL 数据库服务器上,可以使用 MySQL 的指令了。

如果用户在连接 MySQL 服务器时,弹出如图 3-46 所示的连接出错信息,说明用户未设置系统的环境变量,即没有将 MySQL 服务器的 bin 文件夹的存储路径添加到 Windows 的系统路径中,从而导致命令无法执行。可以通过设置系统环境变量的方法解决上述错误,具体步骤如下。

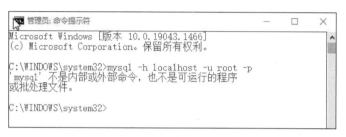

图 3-46 使用 MySQL 控制台连接服务器出错信息

(1) 在 Windows 桌面上右击"此电脑",在弹出的快捷菜单中选择"属性"选项,在弹出的对话框中选择"高级系统设置"选项,弹出"系统属性"对话框。如图 3-47 所示,选择"高级"选项卡,单击"环境变量"按钮,进入下一步。

图 3-47 "系统属性"对话框

（2）在如图 3-48 所示的"环境变量"对话框中，首先定位到"系统变量"中的 Path 选项，然后单击"编辑"按钮，弹出"编辑环境变量"对话框，进入下一步。

图 3-48　"环境变量"对话框

（3）在如图 3-49 所示的"编辑环境变量"对话框中，单击"浏览"按钮，通过"浏览文件夹"方式选择 MySQL 的工作目录；也可以单击"新建"按钮手动输入 MySQL 的工作目录 "C:\Program Files\MySQL\MySQL Server 8.0\bin"。两种方式均可，确定内容后单击"确定"按钮，完成环境变量的设置。

3. Workbench 图形化界面工具

MySQL 的开发和维护都是在控制台命令行窗口中进行的，在控制台命令方式下，用户必须记住命令的详细内容及参数。对于已经习惯于可视化界面的读者来说，就有些困难了。常用的图形化界面工具有 Navicat 和 Workbench。

Navicat for MySQL 是目前开发者用得最多的一款 MySQL 图形用户管理工具，为数据库管理、开发和维护提供了一款直观而强大的图形界面。界面与微软的 SQL Server 管理器很像，简单易学，支持中文，提供免费版本。能同时连接 MySQL 和 MariaDB 数据库，并与 Amazon RDS、Amazon Aurora、Oracle Cloud、Microsoft Azure、阿里云、腾讯云和华为云等云数据库兼容。官方下载地址为 http://www.navicat.com.cn，有付费版和免费 14 天体验版，有兴趣的读者可以在官网下载体验 Navicat 的使用。

图 3-49 "编辑环境变量"对话框

　　MySQL Workbench 是 MySQL 官方提供的图形化工具,其前身是 Fab Force 公司的 DB Designer 4。支持数据库的创建、设计、迁移、备份、导出、导入等功能,支持 Windows、Linux、Mac 主流的操作系统。MySQL Workbench 为数据库管理员、程序开发者和系统规划师提供可视化设计、模型建立,以及数据库管理功能。用于复杂的数据 E-R 建模,创建正向和逆向数据库工程。Workbench 是独立组件,既可以使用 Installer 进行安装,也可以进入 MySQL 官网 www.mysql.com 独立进行下载安装。

　　MySQL 使用非常灵活,可以在一台计算机上部署不同版本的 MySQL 数据库服务器,不同版本的数据库可以使用不同的端口提供数据服务。也可以在同一台计算机上连接本地及远程不同的 MySQL 数据库服务器。下面以 Workbench 为图形化工具,讲解 MySQL 的连接。

　　当本地 MySQL 数据服务器安装完成后,用户除了使用控制台登录服务器外,还可以使用 Workbench 操作数据库,这是用户操作 MySQL 的可视化方式。

　　如图 3-50 所示,是系统在安装完成后自动创建的本地连接,连接的名称为"Local instance MySQL80",用户名为"root",主机为"localhost:3306"。用户可以在此界面上进行登录、创建、管理数据库连接的操作。

　　1)登录数据库连接

　　用户可以在如图 3-50 所示的主界面上选择需要登录的数据库连接,单击弹出如图 3-51 所示的登录对话框。在 Password 输入框内输入 root 账号的密码,如果希望以后不再输入密码直接登录,则可以在 Save password in vault 前进行勾选,此处建议不要勾选,以防他人非法登录操作。确定后单击 OK 按钮,将登录信息提交服务器进行验证。

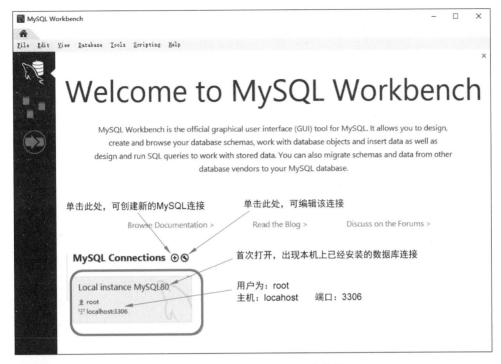

图 3-50　MySQL Workbench 主界面

如果服务器验证失败,将弹出如图 3-52 所示的出错信息,此处的错误主要是密码和用户不匹配而引发的。

图 3-51　连接 MySQL 服务器登录窗口

图 3-52　连接 MySQL 服务器失败提示

如果验证成功,则关闭登录对话框,进入 MySQL Workbench 的主界面,用户通过此界面对 MySQL 数据库进行操作。如图 3-53 所示,MySQL Workbench 的主界面分为导航区、命令区、操作对象区、运行结果输出区。导航有服务器 Administration 和数据库 Schemas 两个页面,用户通过单击选择页面,该页面所要操作的对象内容出现在"操作对象区",用户选中操作对象后,可以通过"功能菜单区"和右击弹出的菜单,进行相应操作。命令区用于输入 MySQL 的指令,操作的结果将显示在"运行结果输出区"。

2) 创建新的数据库连接

用户在 MySQL Connections 单击"加号"图标,进入创建数据库连接窗口,如图 3-54 所示。用户在 Connection Name 位置输入新连接的名称,在 Connection Method 处通过下拉箭头选择连接方式,此处可以选用默认的 Standard(TCP/IP)连接,在 Parameters 选项卡

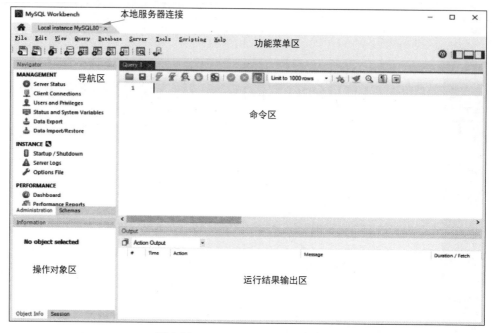

图 3-53 MySQL Workbench 主界面

上,填写服务器名称或其网络地址和端口号。还要填写登录的用户名和密码,如果希望以后不再每次连接都输入密码,可以单击 Store in Vault 按钮,弹出红色框处的密码存储对话框,用户输入密码后单击 OK 按钮关闭对话框,返回上级窗口。用户可单击 Test Connection 按钮,系统将根据所填写的信息提交服务器进行验证,如果服务器验证失败,将弹出如图 3-52 所示的出错信息;如果成功,则弹出如图 3-55 所示的消息框。

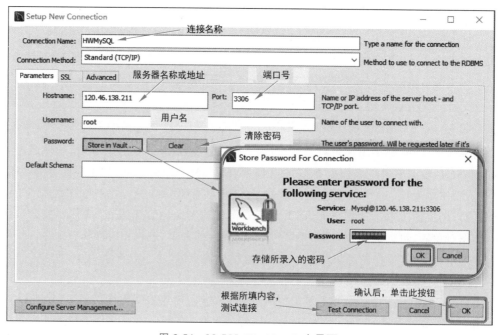

图 3-54 MySQL Workbench 主界面

3）管理数据库连接

用户在 MySQL Connections 处单击"扳手"图标,进入连接管理窗口,用户可以在此窗口上进行所有连接的管理工作。如图 3-56 所示,首先选择要编辑的连接,所选中的连接的详细信息就呈现出来,具体的内容已经在图中标出,用户可以根据标记提示操作,各个按钮的含义与前述相同,此处不再赘述。

图 3-55　连接 MySQL 成功提示

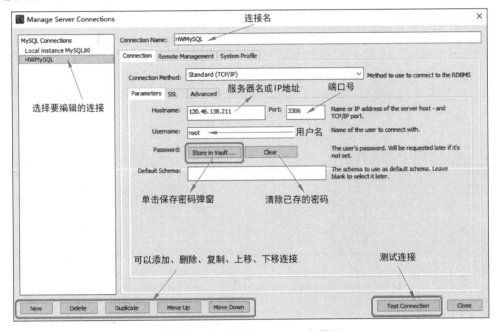

图 3-56　MySQL Workbench 主界面

3.2.7　处理 MySQL 数据库服务的错误

MySQL 的版本在不断地更新,截至 2022 年 6 月,已经更新到 8.0.29 版本了,但是笔者发现,自 8.0.16 之后版本 ,在安装完成后,使用 Workbench 可以正常连接到数据库服务器,也可以使用数据库的服务,但是无法查看服务器的状态及相关信息。查阅了网上的相关资料,发现这个问题在英文操作系统中没有出现,而只是在 Windows 10 的中文操作系统中出现的,因此属于语言使用的问题。

出现的错误如图 3-57 所示,使用 Workbench 连接到服务器后,单击 Server Status 菜单,弹出第一个错误对话模式,当单击该对话框上的"取消"按钮时,又弹出第二个错误对话框,处理这个错误可以通过修改 Workbench 的配置文件,具体步骤如下。

1. 修改配置文件

打开"C:\Program Files\MySQL\MySQL Workbench 8.0\workbench\"的工作目录,找到 os_utils.py 文件,将该文件中的 encoding＝"utf-8"改为"gbk",但是在存盘时,将因权限问题无法存盘,出现错误对话框,如图 3-58 所示,可进入第 2 步解决。

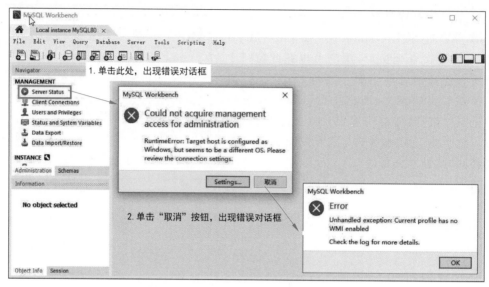

图 3-57　Workbench 调用服务出错窗口

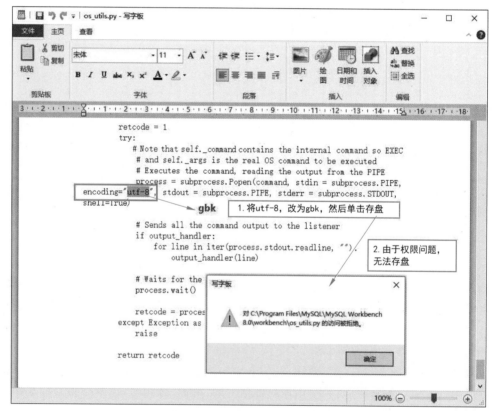

图 3-58　修改 os_utils.py 内容

2. 错误处理

在这种情况下,可以先将文件"os_utils.py"复制到桌面上,按第 1 步中内容修改桌面的复制文件后进行存盘,再将修改后的"os_utils.py"文件复制回第 1 步中的 Workbench 工作目录"C:\Program Files\MySQL\MySQL Workbench 8.0\workbench"下,如图 3-59 所示。

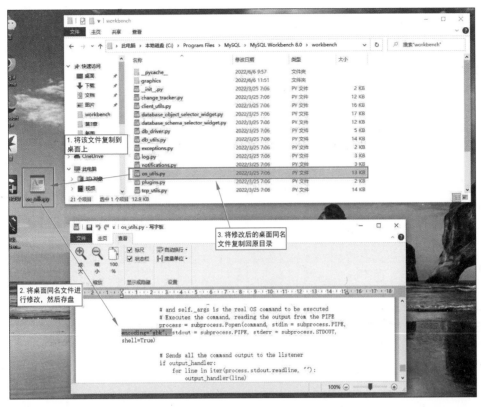

图 3-59 在 os_utils.py 的复制文件中修改参数

复制文件时,系统将弹出如图 3-60 所示的窗口,单击"替换目标中的文件"按钮,在弹出的对话框中单击"继续"按钮,可以看到"os_utils.py"已经被成功替换了。替换成功后,使用

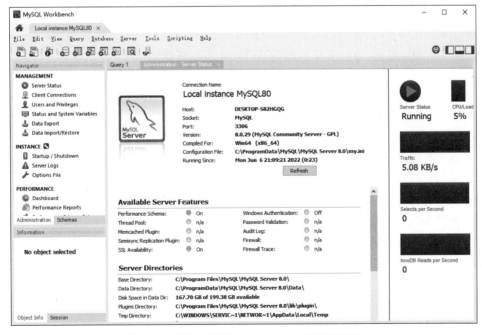

图 3-60 用修改后的 os_utils.py 文件进行替换

Workbench查看服务器工作状态,问题解决后系统服务器显示正常,如图 3-61 所示。需要说明的是,这个问题仅是在显示数据库服务状态时出了问题,并不影响数据库的服务。

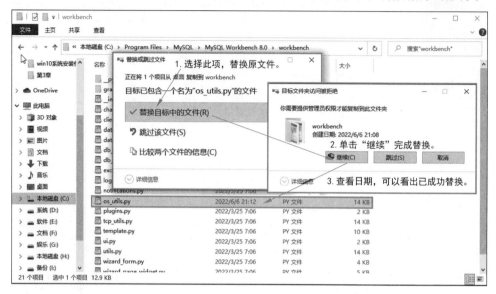

图 3-61　处理后的 Workbench 服务器显示正常

　　本章主要讲解了 MySQL 数据库版本的基本内容、MySQL 的安装与配置以及 MySQL 服务的使用,由于 MySQL 的安装、卸载的步骤中有多种选项,用户一定要将这些选项的含义弄明白,才能正确地安装及卸载。MySQL 的安装、维护、卸载都是通过 Installer 程序完成的,读者一定要反复练习安装、维护、卸载。

　　通过本章的学习,读者可以掌握 MySQL 数据库的基本内容,学会在 Windows 平台安装与配置 MySQL 服务,为后续章节的学习打好扎实的基础。

　　1. 下载并安装 MySQL。

　　2. 使用配置向导配置 MySQL 为系统服务,在系统服务对话框中,指令启动或者关闭 MySQL 服务。

　　3. 使用 net 命令启动或者关闭 MySQL 服务。

　　4. 使用 Installer 程序维护 MySQL 的组件。

　　5. 如何在同一台计算机上部署不同版本的 MySQL 服务器?

　　6. 如何通过 Workbench 使用网络上多个不同版本的数据库服务?

第4章 MySQL数据库的应用与管理

CHAPTER 4

数据库的功能是管理数据,这些数据必须被存放在数据库中才能够对它们进行管理。数据库和表是数据管理的基础,本章介绍数据库和表的概念和相关操作,包括数据库和表的创建、修改及删除等管理操作。

4.1 数据库的基本操作

数据库的基本操作主要包括数据库的创建、打开当前数据库、显示数据库的结构以及删除数据库等操作。

4.1.1 创建数据库

对数据库的使用是从数据库和表的创建开始的。创建数据库是在系统盘上划分一块区域用于数据的存储和管理,如果管理员在设置权限的时候为用户创建了数据库,则可以直接使用,否则需要自己创建数据库。本节介绍如何使用 SQL 语句创建数据库。

MySQL 中创建数据库的基本 SQL 语法格式为

```
CREATE DATABASE dbname;
```

其中,dbname 为要创建的数据库的名称,该名称不能与已存在的数据库重名。

【例 4.1】 创建测试数据库 test1,输入命令如下。

```
CREATE DATABASE test1;
Query OK,1 rows affected (0.03 sec)
```

数据库创建好之后,可以使用 SHOW CREATE DATABASE 指令查看数据库的定义。

【例 4.2】 查看创建好的数据库 test1 的定义,输入命令如下。

```
mysql > SHOW CREATE DATABASE test1
*** 1. row ***
Database: test1
Create Database: CREATE DATABASE 'test1'/ * !40100 DEFAULT CHARACTER SET utf8 * /
    1 row in set (0.00 sec)
```

可以看到,如果数据库创建成功,将会显示数据库的创建信息。此外,如果要知道系统
存在哪些数据库,可输入如下命令查看。

```
mysql > show databases;
+--------------------+
| Database           |
+--------------------+
| information_schema |
| mysql              |
| sys                |
| test1              |
+--------------------+
7 rows in set (0.00 sec)
```

如图 4-1 所示,可以看出,数据库列表中包含刚创建的数据库 test1 和其他已经存在的
数据库的名称。

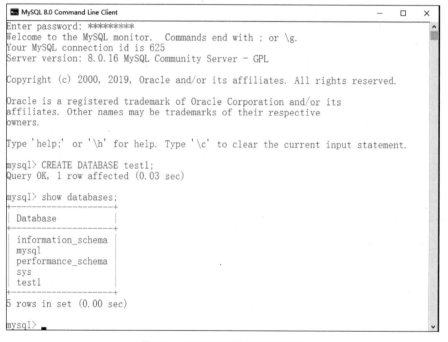

图 4-1　用 SQL 语句创建数据库

4.1.2　删除数据库

删除数据库是将已经存在的数据库从磁盘上清除,清除之后,数据库中的所有数据也将
一同被删除,删除数据库语句和创建数据库的命令相似,MySQL 中删除数据库的基本语法
格式为

```
DROP DATABASE dbname;
```

其中,dbname 为要删除的数据库的名称,如果该数据库不存在,则删除出错。

【例 4.3】　删除 test1 数据库,输入命令如下。

```
mysql > DROP DATABASE test1;
Query OK, 0 rows affected (0.00 sec)
```

Query OK 代表操作成功,在 MySQL 中,DROP 语句操作的结果显示都是 0 rows affected。使用 DROP DATABASE 命令时要谨慎,因为 MySQL 不会给出任何提示确认信息,并且用 DROP DATABASE 指令删除数据库后,该数据库中存储的所有数据表和数据将同时被删除,而且不能恢复。

4.1.3　数据库存储引擎

数据库存储引擎是数据库底层软件组件,数据库管理系统使用数据库引擎进行创建、查询、更新和删除数据库操作。不同的存储引擎提供不同的存储机制、索引技术、锁定水平等功能。目前,许多不同的数据库管理系统都支持多种不同的数据引擎,MySQL 的核心就是存储引擎。

1. MySQL 存储引擎概述

在 MySQL 中,不需要在整个服务器中使用同一种存储引擎,用户可以根据需求,对每一个表使用不同的存储引擎。MySQL 支持的存储引擎有 InnoDB、MyISAM、Memory、Merge、Archive、Federated、CSV、Blackhole 等。可以使用 SHOW ENGINES 语句查看系统所支持的引擎类型,结果如图 4-2 所示。

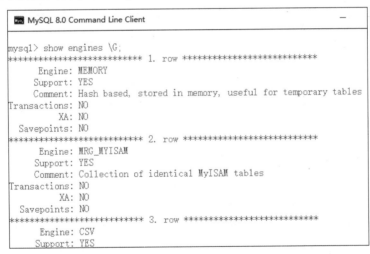

图 4-2　显示所有存储引擎

Support 列的值表示某种引擎是否能使用: YES 表示可以使用,NO 表示不能使用,DEFAULT 表示该引擎为当前默认存储引擎。

MySQL 针对不同的存储需求可以选择最优的存储引擎,如用户可以根据自己的需求选择如何存储和索引数据、是否使用事务等。由于 MySQL 支持多种存储引擎,适用于不同领域的数据库的应用需要,因此,用户可通过选择使用不同的存储引擎提高应用的效率,提供灵活的存储,用户甚至可以按照需要定制和使用自己的存储引擎,以实现最大程度的可定制性。

2. InnoDB 存储引擎

InnoDB 是一个支持事务安全的存储引擎,支持事务安全表(ACID)、行锁定和外键。MySQL 5.5 之后,InnoDB 作为默认存储引擎。InnoDB 的主要特性如下。

(1) InnoDB 给 MySQL 提供了具有提交、回滚、恢复功能的事务安全(ACID 兼容)存储引擎。InnoDB 锁定在行级,并且也在 SELECT 语句中提供了一个类似 Oracle 的非锁定读功能,这些功能提高了多用户部署的性能。在 SQL 查询中,可以自由地将 InnoDB 类型的表与其他 MySQL 类型表混合使用,甚至在同一个查询中也可以混合使用。

(2) InnoDB 是为处理巨大数据量而设计的,它的 CPU 效率可能是其他任何基于磁盘的关系数据库引擎所不能匹敌的。

(3) InnoDB 存储引擎完全与 MySQL 服务器整合,InnoDB 存储引擎在主内存拥有自己的缓冲池,用于维护缓存数据和索引。InnoDB 表所占有空间只受限于磁盘空间,本身并不受限制,可以随着数据自动增长。

(4) InnoDB 存储引擎支持"外键完整性约束"(FOREIGN KEY)。存储表中的数据时,每张表的存储都按主键顺序存放,如果在表定义时没有指定主键,InnoDB 将自动为每一行生成一个 ROW ID,并以此作为主键。

(5) InnoDB 被用在众多需要高性能的大型数据库站点上。InnoDB 不创建目录,使用 InnoDB 时,MySQL 将在 MySQL 数据目录下创建一个名为 ibdata1 的 10MB 大小的自动扩展数据文件,以及两个名为 ib-logfile0 和 ib-logfile1 的 5MB 大小的日志文件。

3. MyISAM 存储引擎

MyISAM 是对基于 ISAM 的存储引擎进行了扩展,它是 Web 数据存储和其他应用环境下最常使用的存储引擎之一,MyISAM 拥有较高的插入、查询速度,但不支持事务。在 MySQL 5.5 之前的版本中,MyISAM 是默认存储引擎,MyISAM 主要特性如下。

(1) 在支持大文件(达 63 位文件长度)的文件系统和操作系统上被支持。

(2) 当把删除、更新及插入操作混合使用的时候,动态大小的行产生更少碎片。

(3) 每个 MyISAM 表最大索引数是 64,这可以通过重新编译来改变。每个索引最大的列数是 16 个。

(4) 最大的键长度是 1000B,这也可以通过编译来改变。对于键长度超过 250B 的情况,一个超过 1024B 的键将被用上。

(5) BLOB 和 TEXT 列可以被索引。

(6) NULL 值被允许在索引的列中。这个值占每个键的 0~1B。

(7) 所有数字键值以高字节优先被存储以允许一个更高的索引压缩。

(8) 每张表一个 AUTO_ INCREMENT 列的内部处理。MyISAM 为 INSERT 和 UPDATE 操作自动更新这一列。这使得 AUTO_INCREMENT 列更快(至少 10%)。在序列顶的值被删除之后就不能再利用。

(9) 可以把数据文件和索引文件放在不同目录。

(10) 每个字符列可以有不同的字符集。

(11) 有 VARCHAR 字段的表可以固定或动态记录长度,VARCHAR 和 CHAR 可以多达 64KB。

使用 MyISAM 引擎创建数据库,将生产三个文件。文件的名字以表的名字开始,扩展名指出文件类型：frm 文件存储表定义，数据文件的扩展名为. MYD(MYData)，索引文件的扩展名是. MYI(MYIndex)。

4. 存储引擎的选择

MySQL 提供的主要存储引擎的特点如表 4-1 所示，每种存储引擎都有各自的优势和适用的场合，正确地选择存储引擎对改善应用可以起到事半功倍的效果。建议按如下原则进行选择。

表 4-1　常用存储引擎的特点

特　　点	MyISAM	InnoDB	MEMORY	Archive
存储限制	256T	64TB	RAM	没有
事务处理		支持		
锁机制	表锁	行锁	表锁	行锁
树索引	支持	支持	支持	
哈希索引		支持	支持	
全文索引	支持			
批量插入速度	速度高	速度低	速度高	速度高
支持外键		支持		
内存使用	低	高	中等	低
空间使用	低	高	N/A	低

- 如果要提供提交、回滚、恢复能力的事务安全（ACID 兼容）能力，并要求实现并发控制，则 InnoDB 是一个很好的选择。
- 如果数据表主要用来插入和查询记录，则 MyISAM 引擎能提供较高的处理效率，但是 MyISAM 不支持事务处理，对数据的完整性和并发性要求不高。
- 如果只是临时存放数据，数据量不大，并且不需要较高的数据安全性，可以选择将数据保存在内存中的 Memory 引擎，MySQL 中使用该引擎作为临时表，存放查询的中间结果。
- 如果只是将数据归档，可以选择 Archive 引擎，Archive 存储引擎支持高并发的插入操作，但是不能进行事务处理。由于 Archive 存储引擎非常适合存储归档数据，记录日志信息就可以使用 Archive 引擎。

使用合适的存储引擎，将会提高整个数据库的性能。用户可以根据需要灵活选择，一个数据库中多个表可以使用不同引擎以满足各种性能和实际需求。

4.1.4　综合实例——数据库的创建和删除

本节介绍了数据库的基本操作，包括数据库的创建、查看当前数据库和删除数据库，最后介绍了 MySQL 各种存储引擎。下面将通过一个案例，让读者全面回顾数据库的基本操作。

1. 实例目的

登录 MySQL，使用数据库操作语句创建、查看和删除数据库，内容包含：

（1）登录数据库。

（2）创建数据库。

（3）删除数据库。

2. 实例操作过程

1) 登录数据库

打开 Windows 命令行,输入登录用户名和密码。

```
C:\> mysql - h localhost - u root - p
Enter password: **
```

或者打开 MySQL 8.0 Command Line Client,只输入用户密码也可以登录。登录成功后显示如下信息。

```
Welcome to the MySQL monitor. Commands end with ; or \g.
Your MySQL connection id is 32
Server version: 8.0.16 MySQL Community Server - GPL

Copyright (c) 2000, 2019, Oracle and/or its affiliates. All rights reserved.
Oracle is a registered trademark of Oracle Corporation and/or its affiliates.
Other names may be trademarks of their respective owners.
```

2) 创建数据库 garden

输入如下指令。

```
mysql> CREATE DATABASE garden;
Query OK, 1 row affected (0.01 sec)
```

提示信息表明语句成功执行。

查看当前系统中所有的数据库,输入如下命令。

```
mysql> SHOW DATABASES;
+--------------------+
| Database           |
+--------------------+
| information_schema |
| mysql              |
| performance_schema |
| sakila             |
| sys                |
| test1              |
| world              |
| garden             |
+--------------------+
8 rows in set (0.00 sec)
```

从运行结果可看出,数据库列表中已经有了名称为 garden 的数据库,数据库创建成功。

3) 查看数据库 garden 信息

输入如下指令。

```
mysql> USE garden;
Database changed
```

提示信息 Database changed 说明选择成功。

查看数据库 garden 的信息,输入如下指令。

```
SHOW CREATE DATABASE garden;
*** 1. row ***
Database: garden
Create Database: CREATE DATABASE 'garden'/ * !40100 DEFAULT CHARACTER SET utf8 * /
```

Database 表明当前数据库名称;Create Database 表示创建数据库 garden 的语句,后面为注释信息。

4)删除数据库 garden

输入如下指令。

```
mysql > DROP DATABASE garden;
Query OK, 0 rows affected (0.00 sec)
```

语句执行完毕,将数据库 garden 从系统中删除。

4.2　MySQL 的数据类型

数据类型是数据的一种属性,用于决定数据的存储格式、有效范围和相应取值的限制。例如,当要插入数值的时候,既可以存储为整数类型,也可以存储为字符串类型。不同的数据类型决定了 MySQL 存储的方式,以及在使用时选择哪些运算符进行运算。当选择了合适的数据类型后,则会提高数据库的效率。

MySQL 支持多种数据类型,主要有数字数据类型、字符串类型和日期/时间类型。

1. 数字数据类型

包括整数类型 TINYINT、SMALLINT、MEDIUMINT、INT、BIGINT,浮点型数据类型包括 FLOAT、DOUBLE 和定点小数类型 DECIMAL。

2. 字符串类型

包括 CHAR、VARCHAR、BINARY、VARBINARY、BLOB、TEXT、ENUM 和 SET 等,字符串类型又分为文本字符串和二进制字符串。

3. 日期/时间类型

包括 YEAR、TIME、DATE、DATETIME 和 TIMESTAMP。

4.2.1　数字类型

数字类型主要用来存储数字,MySQL 提供了多种数字数据类型,不同的数据类型提供不同的取值范围,数据值的范围越大,其所需要的存储空间也会越大。MySQL 主要分为整数类型和小数类型两类。

1. 整数类型

MySQL 中支持标准的 SQL 整型,标准整数 INTEGER (INT)、小型整数 SMALLINT;并且扩展了一些类型:最小的整数 TINYINT、中型整数 MEDIUMINT、大型整数 BIGINT。表 4-2 是 MySQL 支持的整数类型及其对应所需存储空间和取值范围。

表 4-2　MySQL 中的整型数据类型

类　型	空间/B	有　符　号	无　符　号
TINYINT	1	$-2^7 \sim 2^7 - 1$	$0 \sim 2^8 - 1$
SMALLINT	2	$-32\,768 \sim 32\,767$	$0 \sim 2^{16} - 1$
MEDIUMINT	3	$-8\,388\,608 \sim 8\,388\,607$	$0 \sim 2^{24} - 1$
INT	4	$-2\,147\,483\,648 \sim 2\,147\,483\,647$	$0 \sim 2^{32} - 1$
BIGINT	8	$-9\,223\,372\,036\,854\,775\,808 \sim 9\,223\,370\,236\,854\,775\,807$	$0 \sim 2^{64} - 1$

从表中可以看到,不同类型的整数存储所需的字节数是不同的,所占用字节最小的是
TINYINT 类型,占用字节最大的是 BIGINT 类型,相应的占用字节越多的类型所能表示的
数值范围越大。根据占用字节数可以求出每一种数据类型的取值范围,例如,TINYINT 需
要 1B(8b)来存储,那么 TINYINT 无符号数的最大值为 $2^8 - 1$ 为 255,对应取值范围为 0~
255;TINYINT 有符号数最小值为 -2^7 为 -128,最大值为 $2^7 - 1$ 为 $+127$,则对应取值范
围为 $-128 \sim +127$。其他类型的整数的取值范围计算方法与此相同。

2. 小数类型

MySQL 中使用浮点数和定点数来表示小数,表 4-3 列出了 MySQL 中的小数类型和存
储需求。浮点类型有两种:单精度浮点类型(FLOAT)和双精度浮点类型(DOUBLE);定
点类型只有 DECIMAL 一种。浮点类型和定点类型都可以用 (M,N) 表示,其中,M 称为精
度,表示所占用的总位数;N 称为标度,表示小数的位数。DECIMAL 类型不同于 FLOAT
和 DOUBLE,DECIMAL 实际是以"串"存放的,DECIMAL 可能的最大取值范围与
DOUBLE 一样,但是其有效的取值范围由 M 和 D 的值决定。如果改变 M 而固定 D,则其
取值范围将随 M 的变大而变大。

表 4-3　MySQL 的小数类型

类　型　名　称	存储空间/B	说　明
FLOAT	4	单精度浮点数值
DOUBLE	8	双精度浮点数值
DECIMAL(M,D)	$M+2$	压缩的"严格"定点数

从表 4-3 可以看到,DECIMAL 的存储空间并不是固定的,而由其精度值 M 决定,占用
$M+2$ 字节。不论是定点还是浮点类型,如果用户指定的精度超出精度范围,则会四舍五入
进行处理。FLOAT 类型的取值范围如下。

- 有符号的取值范围:$-3.402\,823\,466\mathrm{E}+38 \sim -1.175\,494\,351\mathrm{E}-38$。
- 无符号的取值范围:0 和 $1.175\,494\,351\mathrm{E}-38 \sim 3.402\,823\,466\mathrm{E}+38$。

DOUBLE 类型的取值范围如下。

- 有符号的取值范围:$-1.797\,693\,134\,862\,315\,7\mathrm{E}+308 \sim 2.225\,073\,858\,507\,201\,4\mathrm{E}-308$。
- 无符号的取值范围:0 和 $2.225\,073\,858\,507\,201\,4\mathrm{E}-308 \sim 1.797\,693\,134\,862\,315\,7\mathrm{E}+308$。

FLOAT 和 DOUBLE 在不指定精度时,默认会按照实际的精度(由计算机硬件和操作
系统决定),DECIMAL 如不指定精度,默认为(10,0)。

浮点数相对于定点数的优点是在长度一定的情况下,浮点数能够表示更大的数据范围;它的缺点是会引起精度问题。在 MySQL 中,定点数以字符串形式存储,在对精度要求比较高的时候(如货币、科学数据等),使用 DECIMAL 的类型比较好。另外,两个浮点数进行减法和比较运算时也容易出问题,所以在使用浮点型时需要注意,应当尽量避免做浮点数比较。

4.2.2 字符串类型

字符串类型用来存储字符串数据,除了可以存储字符串数据之外,还可以存储其他数据,如图片和声音的二进制数据。MySQL 支持文本和二进制两种字符串类型数据。

1. 文本字符串类型

文本字符串可以进行区分或者不区分大小写的"串"比较运算,另外,还可以进行模式匹配查找运算。表 4-4 列出了 MySQL 所提供的文本字符串数据类型。

表 4-4　MySQL 文本字符串数据类型

字符串类型	存 储 需 求	说　　明
CHAR(*M*)	*M* 为 0～255 的整数	固定长度字符字符串
VARCHAR(*M*)	*M* 为 0～65 535 的整数	变长字符字符串
TINYTEXT	允许长度 0～255B	非常小型字符字符串
TEXT	允许长度 0～65 535B	小型字符字符串
MEDIUMTEXT	允许长度 0～167 772 150B	中型字符字符串
LONGTEXT	允许长度 0～4 294 967 295B	大型字符字符串
ENUM	允许列的取值是枚举集合中的某个元素	枚举类型
SET	允许列的取值为零个或多个集合元素的组合	集合

1) CHAR 和 VARCHAR 类型

CHAR(*M*)为固定长度字符串,其中,*M* 为列的长度,*M* 的范围是 0～255;若省略 *M*,则其默认值为 1。保存时若实际长度不够,则在右侧填充空格以达到指定的长度 *M*。例如,CHAR(4)定义了一个固定长度为 4 的字符串列,其包含的字符个数最大为 4。当 CHAR 类型数据检索时,在尾部填充的空格将被删除掉。

VARCHAR(*M*)是长度可变的字符串,其中,*M* 表示最大列长度,*M* 的范围是 0～65 535。VARCHAR 实际占用的空间为字符串的实际长度加 1,例如,VARCHAR(50)定义了一个最大长度为 50 的字符串,如果插入的字符串只有 10 个字符,则实际存储的字符串为 10 个字符和 1 个结束字符,共计 11 个字符。

需要注意以下潜在的影响点。

- 对于 VARCHAR(*M*),其中的 *M* 在语法上的取值范围是 1～65 535,但它实际上能够容纳的最大字符个数肯定小于 65 535。这是因为在 MySQL 里,行的最大长度为 65 535B。
- 一个长 VARCHAR 类型的列占用 2B 来存放字符串的长度,并且最终长度不能超过行的总长。使用多字节字符可以减少字符个数,从而使字符总长度不会超过 MySQL 最大行的长度 65 535B。
- 表里的其他列也会减少行里 VARCHAR 列的可用空间量。

2) TEXT 类型

TEXT 存储的字符串,如文章内容、评论等。当保存或查询 TEXT 列的值时,不删除尾部空格。TEXT 类型具体分为 TINYTEXT、TEXT、MEDIUMTEXT 和 LONGTEXT 共计 4 种,不同 TEXT 类型所占空间和存储字符长度不同。

- TINYTEXT 类型占用 1B,可存储 2^8-1(255)个字符。
- TEXT 类型占用 2B,可存储 $2^{16}-1$(65 535)个字符。
- MEDIUMTEXT 占用 3B,可存储 $2^{24}-1$(16 777 215)个字符。
- LONGTEXT 占用 4B,可存储 $2^{32}-1$(4 294 967 295)个字符。

3) ENUM 类型

ENUM 是一个字符串对象,它的取值范围需要在创建表时通过枚举方式将其值以列表逐一罗列出来,语法格式如下。

字段名 ENUM('值 1', '值 2', … ,'值 n')

- 字段名是要定义的字段,('值 1', '值 2', … ,'值 n')为枚举列表。
- ENUM 类型的字段在取值时,只能在指定的枚举列表中选取,并且只能选取一个值。
- 用 ENUM 存储字符型数据时,必须在每个值上加上单引号"'"或双引号"""的半角限界符,如果创建的成员中有空格时,其尾部的空格将自动被删除。
- ENUM 值在内部用整数表示,每个枚举元素均对应一个索引编号,该索引编号从 1 开始,MySQL 存储的就是这个索引编号。
- ENUM 值依照列索引顺序排列,并且空字符串排在非空字符串前,NULL 值排在所有非 NULL 值之前。枚举类型占用 1~2B,最多可以有 65 535 个枚举元素。

4) SET 类型

SET 是一个字符串对象,可以有零个或多个值,SET 类型最多可以有 64 个成员,其值为表创建时规定的一列值。当指定包含多个 SET 成员值时,各成员之间用逗号","分隔,语法格式如下。

字段名 SET('值 1','值 2',… ,'值 n')

与 ENUM 类型相同,SET 值在内部用整数表示,列表中每一个值都对应一个索引编号。当创建表时,SET 成员的尾部空格将自动被删除。与 ENUM 类型不同的是,ENUM 类型的字段只能从定义的列值中选择一个值插入,而 SET 类型的列可从定义的列值中选择一个或多个成员的组合。

如果插入 SET 字段值有重复,则 MySQL 自动删除重复的值;插入 SET 字段的值的顺序并不重要,MySQL 会在存入数据库时,按照定义的顺序显示;如果插入了不正确的值,默认情况下,MySQL 将忽视这些值,并给出警告。

2. 二进制字符串类型

MySQL 提供的二进制字符串类型有 BIT、BINARY、VARBINARY、TINYBLOB、BLOB、MEDIUMBLOB 和 LONGBLOB,表 4-5 列出了 MySQL 所提供的二进制字符串类型。

表 4-5　MySQL 的二进制字符串类型

字符串类型	存储需求	说　　明
BIT(M)	大约(M+7)/8B	位字段类型
BINARY(M)	MB 的定长字节字符集	固定长度二进制字符串
VARBINARY(M)	允许长度 0~MB 的变长字符集	可变长度二进制字符串
TINYBLOB	允许长度 0~255B	非常小型 BLOB
BLOB	允许长度 0~65 535B	小型 BLOB
MEDIUMBLOB	允许长度 0~16 777 215B	中型 BLOB
LONGBLOB	允许长度 0~4 294 967 295B	大型 BLOB

1) BIT 类型

BIT(M)是位类型,其中,M 表示该字段的位(bit,b)数,范围为 1~64。如果 M 被省略,默认为 1。如果 BIT(M)列的值实际长度小于 M 位,在值的左侧用 0 填充。例如,为 BIT(4)的字段赋值二进制 '101',实际存储的是 '000101'。BIT 数据类型只能存储 0 和 1,例如,为字段赋值 13,13 的二进制形式为 1101,则需要位数至少为 4 位的 BIT 类型,即可以定义类型为 BIT(4),大于二进制 1111 的数据由于长度过大而无法存储在 BIT(4)类型的字段中。

由于一个字符至少占用 1B,而 1B 有 8b,若想使用 BIT 类型存储字符,则至少使用 BIT(8)。因此不建议使用 BIT 来存储字符数据,通常使用 BIT 存储以位(bit)为单位的数据。

2) BINARY 和 VARBINARY 类型

BINARY 和 VARBINARY 类似于 CHAR 和 VARCHAR,不同的是它们存储的是二进制字符串。其使用的语法格式如下。

```
字段名 BINARY(M) 或 字段名 VARBINARY(M)
```

- BINARY 类型的长度是固定的,指定长度之后,不足最大长度的,将在它们右边填充 '\0' 补齐以达到指定长度;如果 M 被省略,默认为 1。

例如,为字段类型为 BINARY(3)的列插入数据时,当插入字符 'a' 时,存储的内容实际为 "a\0\0",当插入 "ab" 时,实际存储的内容为 "ab\0",不管存储的内容是否达到指定的长度,其存储空间均为指定的值 M。

- VARBINARY 类型的长度是可变的,指定好长度之后,可以在 0 到最大值之间按实际长度分配存储空间。

例如,为字段类型为 VARBINARY(20)插入数据,如果实际数据的位长度只有 10,则存储空间为 10 加 1 等于 11,即其实际占用的空间为字符串的实际长度加 1。

3) BLOB 类型

BLOB 是一个二进制数据类型,用来存储对象大数据。MySQL 提供了 TINYBLOB、BLOB、MEDIUMBLOB 和 LONGBLOB 几种对象大二进制类型,它们所容纳的最大长度不同。需要注意的是,二进制字符串文本字符只是字符串的两种不同的表达形式,在存储时都是以字节为单位进行存储的,如图 4-3 所示是同一个字符串所对应的二进制和文本形式。二进制字符串类型没有字符集,排序和比较的是字节对应的位内容;文本字符串类型有一个字符集,并且根据字符集对字段的内容进行排序和比较。

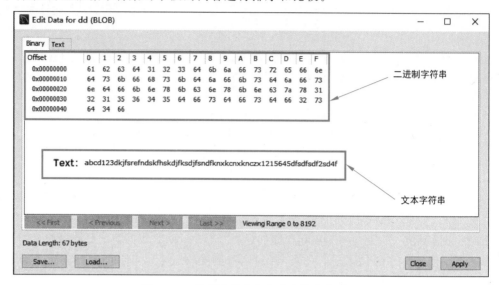

图 4-3   二进制字符串和文本字符串的对比

4.2.3   日期和时间类型

MySQL 提供了丰富的表示日期和时间的数据类型,表 4-6 列出了 MySQL 中的日期与时间类型,主要有 DATE、TIME、YEAR、DATETIME 和 TIMESTAMP。

表 4-6   MySQL 提供的日期与时间数据类型

类 型	大小/B	范 围	格 式	用途
DATE	3	1000-01-01~9999-12-31	YYYY-MM-DD	日期值
TIME	3	−838:59:59~838:59:59	HH:MM:SS	时间值
YEAR	1	1901~2155	YYYY	年份值
DATETIME	8	1000-01-01 00:00:00~9999-12-31 23:59:59	YYYY-MM-DD HH:MM:SS	日期
TIMESTAMP	4	1970-01-01 00:00:00~2038-01-19 03:14:07 北京时间: 2038-1-19 11:14:07 格林尼治时间: 2038-1-19 03:14:07 **注意:TIMESTAMP 的数值与时区相关**	YYYYMMDD HH:MM:SS	时间戳

例如,当存储"年"信息的时候,可以只使用 YEAR 类型,而没有必要使用 DATE。日期赋值时,允许"不严格"语法,即任何标点符号都可以用作日期部分或时间部分的间隔符。其中的每种类型都有其取值的范围,如赋予了它一个不合法的值,将会被"0"代替。

1. YEAR 类型

YEAR 类型用于表示年,占用 1B 进行存储。可以使用各种格式指定 YEAR 值,如下。

(1) 在 MySQL 8.0 版本中,以 4 位字符串或者 4 位数字格式表示的 YEAR,范围为1901~2155,超出这个范围都认为是非法数据。输入格式为'YYYY'或者 YYYY,例如,输入'2018' 或 2018,存储到数据库的值均为 2018。

(2) 为了向下兼容,MySQL 8.0 版本中,以 2 位字符串格式表示的 YEAR,范围为'00'~

'99'。例如，'00'～'69'和'70'～'99'分别被转换为2000～2069 和 1970～1999；'0' 与'00' 的作用相同，超过取值范围的值将被转换为 2000。

（3）为了向下兼容，MySQL 8.0 版本中，以 2 位数字表示的 YEAR，范围为 0～99。1～69 和 70～99 的值分别被转换为 2001～2069 和 1970～1999 的 YEAR 值。注意：在这里 0 值将被转换为 0000，而不是 2000，两位整数范围与两位字符串范围稍有不同。例如，插入 2000 年，如果使用数字格式的 00 表示 YEAR，实际上存储到数据库的值为 0000，而不是所希望的 2000。只有使字符串格式的 '0' 或 '00'，才可以被正确地解释为 2000，非法 YEAR 值将被转换为 0000。

2. TIME 类型

TIME 类型用于表示时间信息，在存储时需要 3B。格式为'HH:MM:SS'。HH 表示小时、MM 表示分钟、SS 表示秒，TIME 类型的取值范围为－838:59:59～838:59:59，小时部分可以出现负值的原因是 TIME 类型不仅可以用于表示一天的时间（必须小于 24 小时），还可能是某个事件过去的时间或两个事件之间的时间间隔（即可以大于 24 小时，或者甚至为负）。可以使用以下格式指定 TIME 值。

（1）'D HH:MM:SS' 格式的字符串。还可以使用如下一些"非严格"的格式：'D HH:MM:SS'（日 时：分：秒）、'D HH:MM'（日 时：分）、'D HH'（日 时）或 'D SS'（日 秒）。这里的 D 表示日，可以取 0～24 的值。在插入数据库时，D 被转换为小时保存，格式为"D×24＋HH"。例如，'12 01:01'存储到数据库中值为'289:01:00'，其中，12×24＋1＝289；'11:59' 存储到数据库中值为'323:00:00'，此处 MySQL 解释为 11 为时，59 为分，即 11×24＋59＝323。

（2）'HHMMSS' 格式是没有间隔符的字符串或者 HHMMSS 格式的数值，假定是有意义的时间。例如，'101112' 被理解为'10:11:12'，但 '109712' 是非法的，因为 '97' 是一个没有意义的分钟，数据库将拒绝存储该值。

（3）为 TIME 类型的字段分配简写值时应注意：如果没有冒号，MySQL 将以最右边的两位表示秒，MySQL 对此解释为 TIME 值为过去的时间而不是当天的时间。例如，读者可能认为 '1112' 和 1112 表示 11:12:00（即 11 时 12 分），但 MySQL 将它们解释为 00:11:12（即 11 分 12 秒）。同样，'12' 和 12 被解释为 00:00:12。相反 TIME 值中如果使用冒号则肯定被看作当天的时间。也就是说，'11:12' 表示 11:12:00，而不是 00:11:12。

3. DATE 类型

DATE 类型用于表示日期值，需要 3B 存储。日期格式为 'YYYY-MM-DD'，其中 YYYY 表示年、MM 表示月、DD 表示日。在给 DATE 类型的字段赋值时，可以使用字符串类型或者数字类型的数据，只要符合 DATE 的日期格式即可，具体格式如下。

（1）以 'YYYY-MM-DD' 或者 'YYYYMMDD' 字符串格式表示的日期，取值范围为 '1000-01-01'～'9999-12-3'。例如，输入 '2018-12-31'或'20181231'，存储到数据库的日期都为 2018-12-31。

（2）以 YYMMDD 或者 'YYMMDD' 字符串格式表示的日期，在这里，YY 表示两位的年值。包含两位年值的日期会令人模糊，因为不知道世纪。MySQL 使用以下规则解释两位年值：'00～69' 范围的年值转换为'2000～2069'；'70～99'范围的年值转换为'1970～1999'。例如，输入'111231'，存储到数据库的日期为 2011-12-31；输入'981231'，存储到数据库的日期值为 1998-12-31；输入'781231'，存储到数据库的日期值为 1978-12-31。

（3）以'YY-MM-DD'数字格式表示的日期，与前面相似，'00～69'范围的年值转换为 2000～2069；'70～99'范围的年值转换为 1970～1999。例如，输入'18-12-31'，存储到数据库的日期为 2018-12-31。

（4）可以调用 CURRENT_DATE()或者 NOW()函数，返回当前系统日期和时间。其中，CURRENT_ DATE()只返回当前日期值，不包括时间部分；而 NOW()函数返回系统的当前日期和时间值。

4. DATETIME 类型

DATETIME 类型用于表示日期和时间信息，存储时占用 8B。日期格式为'YYYY-MM-DD HH:MM:SS'，其中，YYYY 表示年；MM 表示月；DD 表示日；HH 表示小时；MM 表示分钟；SS 表示秒。在给 DATETIME 类型的字段赋值时，可以使用字符串类型或者数字类型的数据插入，只要符合 DATETIME 的日期格式即可，如下。

（1）以'YYYY-MM-DD HH:MM:SS'或者'YYYYMMDDHHMMSS'字符串格式表示的值，取值范围是 '1000-01-01 00:00:00'～'9999-12-31 23:59:59'。例如，输入 '2012-12-31 06:06:06 '或者 20121231060606，存储到数据库的 DATETIME 值都为 2012-12-31 06:06:06。

（2）以'YY-MM-DD HH:MM:SS'或者'YYMMDDHHMMSS '字符串格式表示的日期，在这里 YY 表示两位的年值。与前面相同，'00～69'范围的年值转换为 '2000～2069'；'70～99'范围的年值转换为 1970～1999。例如，输入 '12-12-31 06:06:06'，存储到数据库的值为 2012-12-31 06:06:06；输入'980505050505'，存储到数据库的 DATETIME 为 1998-05-05 05:05:05。

（3）以 YYYYMMDDHHMMSS 或者 YYMMDDHHMMSS 数字格式表示的日期和时间，例如，输入 20121231050505，存储到数据库的值为 2012-12-31 05:05:05；输入 981231050505，存储到数据库的值为 1998-12-31 05:05:05。

注意：MySQL 允许"不严格"语法，即任何标点符号都可以用作日期部分或时间部分之间的间隔符。例如，'98-12-31 11:30:45'、'98.12.31 11+30+45'、'98/12/31 11×30×45'和'98@12@31 11^30^45'都是等价的，这些值都可以正确地存储到 MySQL 数据库中。

5. TIMESTAMP 类型

TIMESTAMP 的显示格式与 DATETIME 相同，显示宽度固定在 19 个字符，日期格式为 YYYY-MM-DD HH:MM:SS，在存储时需要 4B。但是 TIMESTAMP 列的取值范围小于 DATETIME 的取值范围，为'1970-01-01 00:00:00' UTC～'2038-01-19 03:14:07'UTC，其中，UTC(Coordinated Universal Time)为世界标准时间，因此在插入数据时，要保证在合法的取值范围内。

TIMESTAMP 与 DATETIME 除了存储字节和支持的范围不同外，还有一个最大的区别就是：DATETIME 在存储日期数据时，按实际输入的格式存储，即输入什么就存储什么，与时区无关；而 TIMESTAMP 值的存储是以 UTC(世界标准时间)格式保存的，存储时对当前时区进行转换，检索时再转换回当前时区。查询时，根据当前时区的不同，显示的时间值是不同的。例如，TIMESTAMP 类型的数据 2038-01-19 03:14:07，解析为北京时间 2038-1-19 11:14:07，而格林尼治时间为 2038-1-19 03:14:07。

4.3　数据表的基本操作

在数据库中,表是数据库中最重要、最基本的操作对象,是数据存储的基本单位。表被定义为列的集合,数据在表中是按照行和列的格式来存储的。每一行代表一条唯一的记录,每一列代表记录中的一个域。本节将详细介绍表的基本操作,主要内容包括创建数据表、查看数据表结构、修改数据表、删除数据表。

4.3.1　创建数据表

创建数据表,指的是在已经创建好的数据库中建立新表。创建数据表的过程是规定数据列的属性的过程,同时也是实施数据完整性约束(包括实体完整性、参照完整性和域完整性等)的过程。

数据表属于数据库,在创建数据表之前,应该使用语句"USE <数据库名>"指定操作在哪个数据库中进行。创建语句的格式如下。

```
CREATE TABLE <表名>
(
    字段名 1 数据类型 [完整性约束条件],
    字段名 2 数据类型 [完整性约束条件],
    …
    [表级别约束条件],
);
```

使用 CREATE TABLE 创建表时,必须指定以下信息。

- 要创建的表的名称,不区分大小写,不能使用 SQL 中的关键字,如 DROP、ALTER、INSERT 等。
- 数据表中每一个列(字段)的名称和数据类型,如果创建多个列,要用逗号隔开。

【例 4.4】　创建员工表 tb_emp1,结构如表 4-7 所示。

表 4-7　tb_emp1 表结构

字 段 名 称	数 据 类 型	备　　注
id	INT(11)	员工编号
name	VARCHAR(25)	员工名称
deptld	INT(ll)	所在部门编号
salary	FLOAT	工资

首先选择创建表的数据库,输入命令如下。

```
USE test1;
```

然后创建 tb_emp1 表,输入命令如下。

```
CREATE TABLE tb_emp1
( id   INT(11),
   name VARCHAR(25),
   deptId INT(11),
```

```
    salary FLOAT
);
```

语句执行后,便创建了一个名称为 tb_emp1 的数据表,可使用 SHOW TABLES; 语句查看数据表是否创建成功,输入命令如下。

```
mysql > SHOW TABLES;
+------------------+
| Tables_in_test1  |
+------------------+
| tb_emp1          |
+------------------+
1 row in set (0.01 sec)
```

可以看到,test1 数据库中已经有了数据表 tb_ tmp1,数据表创建成功。

完整性约束指的是为了防止不符合规范的数据进入数据库,在用户对数据进行插入、修改、删除等操作时,DBMS 自动按照一定的约束条件对数据进行监测,使不符合规范的数据不能进入数据库,以确保数据库中存储的数据正确、有效、相容。MySQL 中与表有关的约束包括 PRIMARY KEY、FOREIGN KEY、CHECK、UNIQUE、DEFAULT、NOT NULL 等。

1. PRIMARY KEY

主键也可称为主码,是表中一列或多列的组合。主键约束(Primary Key Constraint)要求列的数据唯一,并且不允许为空。主键可以唯一标识表中的一条记录,可以加快数据库的查询,主键可以由单字段或多个字段联合组成。

1)单个字段主键

单个字段主键由一个字段组成,SQL 语句格式分为以下两种情况。

(1)在定义列的同时指定主键,语法规则如下。

```
字段名 数据类型 PRIMARY KEY [默认值]
```

(2)在定义完所有列之后指定主键,可以通过 CONSTRAINT 给主键命名。

```
[CONSTRAINT <约束名>] PRIMARY KEY [字段名]
```

【例 4.5】 定义数据表 tb_emp2,其主键为 id,输入命令如下。

```
CREATE TABLE tb_emp2
(
  id    INT (11) PRIMARY KEY,
  name    VARCHAR(25),
  deptId  INT(11),
  salary  FLOAT
  );
```

2)多字段联合主键

主键由多个字段联合组成,语法规则如下。

```
PRIMARY KEY [字段 1, 字段 2, … , 字段 n]
```

【例 4.6】 定义数据表 tb_emp3,假设表中没有主键 id,为了唯一确定一个员工,可以把 name、deptId 联合作为主键,输入命令如下。

```
CREATE TABLE tb_emp3
(
  name VARCHAR(25),
  deptId INT(11),
  salary FLOAT,
  PRIMARY KEY(name, deptId)
);
```

语句创建了一个名称为 tb_emp3 的数据表,name 字段和 deptId 字段联合在一起成为 tb_emp3 的多字段联合主键。

2. FOREIGN KEY

外键实现两个表建立联系,这两张表形成了主从(父子)关系。对于两个具有关联的表而言,相关联字段中主键所在的表即是主表(父表);相关联字段中外键所在的表即是从表(子表)。例如,部门表 tb_dept 的主键是 id,在员工表 tb_emp4 中有一个外键 deptId 与部门表 tb_dept 的 id 关联。

外键可以不是本表的主键,但必须是另外一个表的主键。一个表可以有一个或多个外键。外键的主要作用是保证数据引用的完整性。外键的参照完整性,是指一个表的外键若不为空,则一定是来自另一个表中主键的某个值。

在对表做数据的增、删、改时,一定要满足该表的所有约束。使用外键实现数据完整性,主要有如下方式。

- RESTRICT:限制,如果子表引用父表的某个字段的值,那么不允许直接删除或修改父表的该字段的值。
- NO ACTION:不执行完整性约束,即该项完整性约束失效。
- CASCADE:级联,当修改或删除父表的某条记录时,子表中引用该值的记录将会被自动修改或删除。
- SET NULL:当修改或删除父表的某条记录时,子表中匹配记录对应的外键的值将被自动设为 NULL。当然前提是子表的该外键允许为 NULL,若不为 NULL,则此次父表上的操作失败。

MySQL 中创建外键的语法规则如下。

```
[CONSTRAINT <外键名>] FOREIGN KEY 字段名 1 [ , 字段 2 , … ] REFERENCES <主表名> 主键列 1 [, 主键列 2, … ]
```

- [CONSTRAINT <外键名>]:"外键名"为定义的外键约束的名称,一个表中不能有相同名称的约束。
- FOREIGN KEY 字段名 1 [,字段 2 ,…]:是要添加外键约束的字段列。
- REFERENCES <主表名> 主键列 1 [,主键列 2,…]:"主表名"即被子表外键所依赖的表的名称;"主键列"表示主表中定义的主键列,或者列组合。

【例 4.7】 定义数据表 tb_emp4,为 tb_emp4 表创建外键约束。首先创建一个部门表 tb_dept1,输入命令如下。

```
CREATE TABLE tb_dept1
(
  id      INT(11) PRIMARY KEY,
  name    VARCHAR(22) NOT NULL,
  location VARCHAR(50)
);
```

定义数据表 tb_emp4,让它的键 deptId 作为外键关联到 tb_dept1 的主键 id,命令如下。

```
CREATE TABLE tb_emp4
( id   INT(11)  PRIMARY KEY  AUTO_INCREMENT ,
  name  VARCHAR(25)  NOT   NULL ,
  deptId  INT(11)  DEFAULT  12345,
  salary   FLOAT,
  CONSTRAINT fk_emp_dept1 FOREIGN KEY (deptId)  REFERENCES tb_dept1(id)
);
```

该语句为表 tb_emp4 上添加了名称为 fk_emp_dept1 的外键约束,外键名称为 deptId,其依赖于表 tb_dept1 的主键 id。

3. NOT NULL

非空约束(Not Null Constraint)指字段的值不能为空。对于使用了非空约束的字段,如果用户在添加数据时没有指定值,数据库系统会报错。非空约束的语法规则如下。

字段名 数据类型 NOT NULL

在例 4.7 中定义数据表 tb_emp4 时,指定员工的名称 name 不能为空,就采用了非空约束,创建代码执行后,在 tb_emp4 中创建了一个 name 字段,其值不能为空(NOT NULL)。

4. UNIQUE

唯一性约束(Unique Constraint)要求该列唯一,可以为空,但只能出现一个空值。唯一约束可以确保一列或者几列不出现重复值。

1) 在定义列之后直接指定唯一约束

语法规则如下。

字段名 数据类型 UNIQUE

【例 4.8】 定义数据表 tb_dept2,指定部门的名称唯一,输入命令如下。

```
CREATE TABLE tb_dept2
(
  id        INT(11) PRIMARY KEY ,
  name      VARCHAR(22) UNIQUE,
  location   VARCHAR(50)
);
```

2) 在定义完所有列之后指定唯一约束

可以选用短语 CONSTRAINT 为其命名,语法规则如下。

```
[CONSTRAINT <约束名>]  UNIQUE (<字段名>)
```

其中，例 4.8 中的 tb_dept2 也可以使用以下 SQL 语句实现。

```
CREATE TABLE tb_dept2
(
  id           INT(11) PRIMARY KEY ,
  name         VARCHAR(22) ,
  location     VARCHAR(50),
  CONSTRAINT  UN_name  UNIQUE (name)
);
```

UNIQUE 和 PRIMARY KEY 的区别：一个表中可以有多个字段声明为 UNIQUE，但只能有一个 PRIMARY KEY 声明；声明为 PRIMAY KEY 的列不允许有空值，但是声明为 UNIQUE 的字段允许空值（NULL）的存在。

5. 使用默认约束

默认约束（Default Constraint）指定某列的默认值。如男性同学较多，性别就可以默认为'男'。如果插入一条新的记录时没有为这个字段赋值，那么系统会自动为这个字段赋值为男。默认约束的语法规则如下。

```
字段名 数据类型 [DEFAULT 默认值]
```

在前面例 4.7 中定义数据表 tb_emp4 时，短语 deptId INT(11) DEFAULT 12345 指定员工的部门编号默认为 12345，表 tb_emp4 上的字段 deptId 拥有了一个默认的值 12345，如果新插入的记录没有指定部门编号，则默认都为 12345。

6. AUTO_INCREMENT 约束条件

在数据库应用中，经常希望在每次插入新记录时，系统自动生成字段的主键值。可以通过为主键添加 AUTO_INCREMENT 关键字来实现。MySQL 中 AUTO_INCREMENT 的初始值是 1，每新增一条记录，字段值自动加 1。每张表只能有一个字段有 AUTO_INCREMENT 约束，且该字段必须为主键的一部分。AUTO_INCREMENT 约束的字段可以是任何整数类型（TINYINT、SMALLINT、INT、BIGINT 等）。

设置表的属性值自动增加的语法规则如下。

```
字段名 数据类型 AUTO_INCREMENT
```

在前面例 4.7 定义数据表 tb_emp4 时，其中短语 id INT(11) PRIMARY KEY AUTO_INCREMENT 就指定了 id 列是自动增长的主键列。

4.3.2　查看数据表结构

数据表创建后，就可以用 SHOW TABLES 命令查询已创建的表的情况，即可以查看数据库中已存在的表的定义。查看表结构的语句包括 DESCRIBE 语句和 SHOW CREATE TABLE 语句。通过这两个语句，可以查看表的字段名、字段的数据类型、完整性约束信息等。

1. 查看表基本结构 DESCRIBE 语句

MySQL 中,DESCRIBE/DESC 语句可以查看表的字段信息,其中包括字段名、字段数据类型、是否为主键、是否有默认值等。语法规则如下。

```
DESCRIBE  表名;
```

或者简写为

```
DESC  表名;
```

2. 查看表详细结构 SHOW CREATE TABLE 语句

MySQL 中,SHOW CREATE TABLE 语句可以查看表的详细定义,其语法格式如下。

```
SHOW CREATE TABLE <表名 \G>;
```

使用 SHOW CREATE TABLE 语句,不仅可以查看表创建时候的详细语句,而且可以查看存储引擎和字符编码。如果不加\G 参数,显示的结果格式可能混乱,加上参数\G 之后,可使显示结果更加直观,易于查看。

4.3.3 修改数据表

修改表是指修改数据库中已存在表的定义。MySQL 使用 ALTER TABLE 语句修改表。常用的修改表的操作有修改表名、修改字段数据类型或字段名、增加和删除字段、修改字段的排列位置、更改默认存储引擎和删除表的各类约束等。本节将对和修改表有关的操作进行讲解。

1. 修改表名

MySQL 是通过 ALTER TABLE 语句来实现修改表名,具体的语法规则如下。

```
ALTER TABLE  <旧表名>  RENAME  [TO]  <新表名>;
```

其中,TO 为可选参数,使用与否均不影响结果。

2. 修改字段的数据类型

修改字段的数据类型,就是把字段的数据类型转换成另一种数据类型。在 MySQL 中修改字段数据类型的语法规则如下。

```
ALTER TABLE  <表名>  MODIFY  <字段名>  <数据类型>
```

其中,"表名"指要修改数据类型的字段所在表的名称;"字段名"指需要修改的字段;"数据类型"指修改后字段的新数据类型。

3. 修改字段名

MySQL 中修改表字段名的语法规则如下。

```
ALTER TABLE  <表名>  CHANGE <旧字段名>  <新字段名>  <新数据类型>;
```

其中,"旧字段名"指修改前的字段名;"新字段名"指修改后的字段名;"新数据类型"指修改后的数据类型,如果不需要修改字段的数据类型,可以将新数据类型设置成与原来一样即可,但数据类型不能为空。

注意:*若使用 CHANGE 只改变"数据类型",则将 SQL 语句中的"新字段名"和"旧字段名"设置为相同的名称。*

另外,由于不同类型的数据在机器中存储的方式及长度并不相同,修改数据类型可能会影响到数据表中已有的数据记录。因此当数据库表中已经有数据时,不要轻易修改数据类型。

4. 添加字段

在创建表时,表中的字段就已经定义完成。随着业务需求的变化,可能需要在已经存在的表中添加新的字段。一个完整字段包括字段名、数据类型、完整性约束。添加字段的语法格式如下。

```
ALTER TABLE  <表名>  ADD  <新字段名>  <数据类型>
[约束条件]  [FIRST|AFTER 已存在字段名];
```

其中,"新字段名"为需要添加的字段的名称;"FIRST"为可选参数,其作用是将新添加的字段设置为表的第一个字段;"AFTER"为可选参数,其作用是将新添加的字段添加到指定的"已存在字段名"的后面。"FIRST"或"AFTER"用于指定新增字段在表中的位置,如果SQL 语句中没有这两个参数,则默认将新添加的字段设置为数据表的最后列。

利用上述增加表的字段的语法,可以实现如下功能。

* 增加无完整性约束条件的字段。
* 增加有完整性约束条件的字段。
* 在表的第一个位置增加字段。
* 在表的指定位置之后增加字段。

【例 4.9】　在数据表 tb_dept1 中添加一个没有完整性约束的 INT 类型的字段 managerId(部门经理编号),并添加一个不能为空的 VARCHAR(12)类型的字段 column1,输入命令如下。

```
ALTER TABLE tb_dept1 ADD managerId INT (10);
ALTER TABLE tb_dept1 ADD column1 VARCHAR (12) NO NULL;
```

若在数据表 tb_ dept1 中 name 列后添加一个 INT 类型的字段 column2,输入命令如下。

```
ALTER TABLE tb_dept1 ADD column2 INT (10) AFTER name;
```

5. 删除字段

删除字段是将数据表中的某个字段从表中移除,语法格式如下。

```
ALTER TABLE  <表名>  DROP  <字段名>;
```

其中,"字段名"指需要从表中删除的字段的名称。

【例 4.10】　删除数据表 tb_dept1 中的 column2 字段,输入命令如下。

```
ALTER TABLE tb_dept1 DROP column2;
```

6. 修改字段的排列位置

对于一个数据表来说,在创建的时候,字段在表中的排列顺序就已经确定了。但可以通过 ALTER TABLE 来改变表中字段的相对位置。语法格式如下。

```
ALTER TABLE   <表名> MODIFY <字段名 1>   <数据类型>   FIRST|AFTER   <字段名 2>;
```

其中,"字段名 1"指要修改位置的字段;"数据类型"指"字段名 1"的数据类型;"FIRST"为可选参数,指将"字段名 1"修改为表的第一个字段;"AFTER 字段名 2"可将"字段名 1"插入指定的"字段名 2"之后。

【例 4.11】 将数据表 tb_dept1 的 column1 字段修改为表的第一个字段,输入命令如下。

```
ALTER TABLE tb_dept1 MODIFY column1 VARCHAR(12)  FIRST ;
```

7. 删除外键约束

对于数据库中定义的外键,如果不再需要,可以将其删除。外键后删除后则相应解除了主从表间的关联,MySQL 中删除外键的语法格式如下。

```
ALTER TABLE   <表名>   DROP   FOREIGN KEY   <外键约束名>;
```

其中,"外键约束名"指在定义表时 CONSTRAINT 关键字后面的参数,详细内容可参考 4.3.1 节的"使用外键约束"。

【例 4.12】 假设数据表 tb_emp4 中存在外键关联 tb_dept1 表的主键 id,删除该外键约束,输入命令如下。

```
ALTER TABLE tb_emp4 DROP FOREIGN KEY fk_emp_dept1;
```

4.3.4 删除数据表

删除数据表是指删除数据库中已存在的表。删除数据表时,表的定义和表中所有的数据均会被删除。因此,在删除数据表时要特别注意,在进行删除操作前,最好对表中的数据做个备份,以免造成无法挽回的后果。本节将详细讲解数据库表的删除方法。

1. 删除没有被关联的表

在 MySQL 中,使用 DROP TABLE 可以删除一个或多个独立的没有关联的数据表。语法格式如下。

```
ALTER TABLE [IF EXISTS]   表 1[, 表 2, … 表 n];
```

其中,"表 n"指要删除的表的名称,后面可以同时删除多个表,只需将要删除的表名依次写在后面,相互之间用逗号隔开即可。如果要删除的数据表不存在,则 MySQL 会提示一条错误信息,"ERROR 1051(42S02):Unknown table '表名'"。参数"IF EXISTS"用于判断所删除的表是否存在,加上该参数后,再删除表的时候,如果表不存在,SQL 语句可以顺利执行,但是会发出警告(warning)。

在前面的例子中,已经创建了名为 tb_emp2 的数据表。如果没有,读者可输入语句,创建该表,SQL 语句如例 4.5 所示。下面使用删除语句将该表删除。

【例 4.13】 删除数据表 tb_emp2,输入命令如下。

```
DROP TABLE IF EXISTS tb_emp2;
```

2. 删除被其他表关联的主表

若数据表存在外键,如果直接删除父表,结果会显示失败。原因是直接删除,将破坏表的参照完整性。如果必须要删除,可以先删除与它关联的子表,再删除父表,只是这样同时删除了两个表中的数据。但有的情况下可能要保留子表,这时如要单独删除父表,只有删除该表上的所有外键之后,才能删除父表。

4.3.5 综合实例——数据表的基本操作

本节介绍了 MySQL 数据表的各种操作,包括创建表、添加各类约束、查看表结构,以及修改和删除表。在这里给出一个综合案例回顾一下本节需要掌握的数据表操作。

1. 案例目的

创建、修改和删除表,掌握数据表的基本操作。创建数据库 school,在 school 数据库中创建 student 和 score 数据表,按照操作过程完成对数据表的基本操作,两个数据表 student 和 score 表的表结构如表 4-8 和表 4-9 所示。

表 4-8 student 表结构

字 段 名	数 据 类 型	主键	外键	非空	唯一	自增
id	INT(10)	Y	N	Y	Y	Y
name	VARCHAR(20)	N	N	Y	N	N
sex	VARCHAR(4)	N	N	N	N	N
birth	YEAR	N	N	N	N	N
department	VARCHAR(20)	N	N	Y	N	N
address	VARCHAR(50)	N	N	N	N	N

表 4-9 score 表结构

字 段 名	数 据 类 型	主键	外键	非空	唯一	自增
id	INT(10)	Y	N	Y	Y	N
stu_id	INT(10)	N	N	Y	N	N
c_name	VARCHAR(20)	N	N	N	N	N
grade	INT(10)	N	N	N	N	N

2. 操作过程

(1) 登录 MySQL 数据库。

打开 Windows 命令行,输入登录名和密码。

```
C:\> mysql – h localhost – u root – p
Enter password: ****
```

（2）创建数据库 school。

输入如下命令。

```
mysql > CREATE DATABASE school;
Query OK, 1 row affected (0.01 sec)
```

提示信息表明语句成功执行,在 school 数据库中创建表,必须先选择该数据库,输入如下命令。

```
mysql > USE school;
Database changed
```

提示信息 Database changed 说明选择成功。

（3）创建 student 和 score 表。

输入如下命令。

```
CREATE TABLE student
(
  id   INT(10)   NOT NULL UNIQUE PRIMARY KEY,
  name VARCHAR(20) NOT NULL,
  sex VARCHAR(4),
  birth YEAR,
  department VARCHAR(20),
  address VARCHAR(50)
);
```

创建 score 表,输入如下命令。

```
CREATE TABLE score (
  id INT(10) NOT NULL UNIQUE PRIMARY KEY AUTO_INCREMENT,
  stu_id INT(10) NOT NULL,
  c_name VARCHAR(20),
  grade INT(10),
  CONSTRAINT stu_fk FOREIGN KEY(stu_id) REFERENCES student(id)
);
```

执行成功之后,使用 SHOW TABLES 语句查看数据库中的表,输入如下命令。

```
mysql > show tables;
+-------------------+
| Tables_in_school  |
+-------------------+
| score             |
| student           |
+-------------------+
2 rows in set (0.00 sec)
```

可以看到,数据库中已经有了数据表 student 和 score,数据表创建成功,要检查表的结构是否按照要求创建,可使用 DESC 分别查看两个表的结构,如果语句正确,则结果如下。

```
mysql > DESC student;
+------------+-------------+------+-----+---------+-------+
| Field      | Type        | Null | Key | Default | Extra |
+------------+-------------+------+-----+---------+-------+
| id         | int(10)     | NO   | PRI | NULL    |       |
| name       | varchar(20) | NO   |     | NULL    |       |
| sex        | varchar(4)  | YES  |     | NULL    |       |
| birth      | year(4)     | YES  |     | NULL    |       |
| department | varchar(20) | YES  |     | NULL    |       |
| address    | varchar(50) | YES  |     | NULL    |       |
+------------+-------------+------+-----+---------+-------+
6 rows in set (0.00 sec)
mysql > DESC score;
+--------+-------------+------+-----+---------+----------------+
| Field  | Type        | Null | Key | Default | Extra          |
+--------+-------------+------+-----+---------+----------------+
| id     | int(10)     | NO   | PRI | NULL    | auto_increment |
| stu_id | int(10)     | NO   | MUL | NULL    |                |
| c_name | varchar(20) | YES  |     | NULL    |                |
| grade  | int(10)     | YES  |     | NULL    |                |
+--------+-------------+------+-----+---------+----------------+
4 rows in set (0.00 sec)
```

可以看到,两个表中字段分别满足表 4-8 和表 4-9 中要求的数据类型和约束类型。

(4) 将表 student 的 department 字段修改到 address 字段后面。

输入如下命令。

```
mysql > ALTER TABLE student MODIFY department VARCHAR(20) AFTER address;
Query OK, 0 rows affected (0.04 sec)
Records: 0  Duplicates: 0  Warnings: 0
```

结果显示执行成功,使用 DESC 查看修改后的结果如下。

```
mysql > DESC student;
+------------+-------------+------+-----+---------+-------+
| Field      | Type        | Null | Key | Default | Extra |
+------------+-------------+------+-----+---------+-------+
| id         | int(10)     | NO   | PRI | NULL    |       |
| name       | varchar(20) | NO   |     | NULL    |       |
| sex        | varchar(4)  | YES  |     | NULL    |       |
| birth      | year(4)     | YES  |     | NULL    |       |
| address    | varchar(50) | YES  |     | NULL    |       |
| department | varchar(20) | YES  |     | NULL    |       |
+------------+-------------+------+-----+---------+-------+
6 rows in set (0.01 sec)
```

可以看到,department 字段已经插入 address 字段的后面。

(5) 将表 score 的 grade 字段改名为 s_ grade。

修改字段名,需要使用 ALTER TABLE 语句,输入如下命令。

```
mysql > ALTER TABLE score CHANGE grade s_grade INT(10);
Query OK, 0 rows affected (0.03 sec)
Records: 0 Duplicates: 0 Warnings: 0
```

结果显示执行成功,使用 DESC 查看修改后的结果如下。

```
mysql > DESC score;
+----------+-------------+------+-----+---------+----------------+
| Field    | Type        | Null | Key | Default | Extra          |
+----------+-------------+------+-----+---------+----------------+
| id       | int(10)     | NO   | PRI | NULL    | auto_increment |
| stu_id   | int(10)     | NO   | MUL | NULL    |                |
| c_name   | varchar(20) | YES  |     | NULL    |                |
| s_grade  | int(10)     | YES  |     | NULL    |                |
+----------+-------------+------+-----+---------+----------------+
4 rows in set (0.00 sec)
```

可以看到,表中只有 s_grade 字段,已经没有名称为 grade 的字段了,修改名称成功。

(6) 修改 sex 字段的数据类型为 CHAR(1),非空约束。

输入如下命令。

```
mysql > ALTER TABLE student MODIFY sex CHAR(1) NOT NULL;
Query OK, 0 rows affected (0.05 sec)
Records: 0   Duplicates: 0   Warnings: 0
```

结果显示执行成功,使用 DESC 查看修改后的结果如下。

```
mysql > DESC student;
+------------+-------------+------+-----+---------+-------+
| Field      | Type        | Null | Key | Default | Extra |
+------------+-------------+------+-----+---------+-------+
| id         | int(10)     | NO   | PRI | NULL    |       |
| name       | varchar(20) | NO   |     | NULL    |       |
| sex        | char(1)     | NO   |     | NULL    |       |
| birth      | year(4)     | YES  |     | NULL    |       |
| address    | varchar(50) | YES  |     | NULL    |       |
| department | varchar(20) | YES  |     | NULL    |       |
+------------+-------------+------+-----+---------+-------+
6 rows in set (0.00 sec)
```

从执行结果可以看到,sex 字段的数据类型由前面的 VARCHAR(5)修改为 CHAR(1),且其 Null 列显示为 NO,表示该列不允许空值,修改成功。

(7) 删除字段 address。

删除字段,需要用到 ALTER TABLE 语句,输入语句如下。

```
mysql > ALTER TABLE student DROP address;
Query OK, 0 rows affected (0.04 sec)
Records: 0   Duplicates: 0   Warnings: 0
```

结果显示执行成功,使用 DESC 查看修改后的结果如下。

```
mysql > DESC student;
+------------+-------------+------+-----+---------+-------+
| Field      | Type        | Null | Key | Default | Extra |
+------------+-------------+------+-----+---------+-------+
| id         | int(10)     | NO   | PRI | NULL    |       |
| name       | varchar(20) | NO   |     | NULL    |       |
| sex        | char(1)     | NO   |     | NULL    |       |
| birth      | year(4)     | YES  |     | NULL    |       |
| department | varchar(20) | YES  |     | NULL    |       |
+------------+-------------+------+-----+---------+-------+
5 rows in set (0.00 sec)
```

从执行结果可以看到,address 字段已经不在表结构中,删除字段成功。

(8) 增加字段名 personal_hobby,数据类型为 VARCHAR(100)。

增加字段,需要用到 ALTER TABLE 语句,输入语句如下。

```
mysql > ALTER TABLE student ADD personal_hobby VARCHAR(100);
Query OK, 1 row affected (0.02 sec)
Records: 0 Duplicates: 0 Warnings: 0
```

结果显示执行成功,使用 DESC 查看修改后的结果如下。

```
mysql > DESC student;
+----------------+--------------+------+-----+---------+-------+
| Field          | Type         | Null | Key | Default | Extra |
+----------------+--------------+------+-----+---------+-------+
| id             | int(10)      | NO   | PRI | NULL    |       |
| name           | varchar(20)  | NO   |     | NULL    |       |
| sex            | char(1)      | NO   |     | NULL    |       |
| birth          | year(4)      | YES  |     | NULL    |       |
| department     | varchar(20)  | YES  |     | NULL    |       |
| personal_hobby | varchar(100) | YES  |     | NULL    |       |
+----------------+--------------+------+-----+---------+-------+
6 rows in set (0.00 sec)
```

从执行结果可以看到,personal_hobby 字段已在表结构中,添加字段成功。

(9) 删除表 student。

在创建表 score 时,设置了表的外键,该表关联了其父表的 student 主键。如前面所述,删除关联表时,要先删除子表 score 的外键约束,才能删除父表。因此,必须先删除 score 表的外键约束。

步骤一:删除 socre 表的外键约束,输入如下语句。

```
mysql > ALTER TABLE score DROP FOREIGN KEY stu_fk;
Query OK, 0 row affected (0.01 sec)
Records:  0 Duplicates:  0 Warnings:  0
```

步骤二:删除表 student,输入如下语句。

```
mysql > DROP TABLE student;
Query OK, 0 row affected (0.01 sec)
```

结果显示执行删除操作成功,使用 SHOW TABLES 语句查看数据库的表,结果如下。

```
mysql > SHOW TABLES;
+------------------+
| Tables_in_school |
+------------------+
| score            |
+------------------+
1 row in set (0.01 sec)
```

可以看到,数据库中已经没有名称为 student 的表了,删除表成功。

4.4　MySQL 的函数

MySQL 提供了众多功能强大、方便易用的函数,MySQL 函数对传递进来的参数进行处理,并返回处理结果。MySQL 所提供的这些函数可以帮助用户更加方便地处理表中的数据,极大地提高了用户对数据库的使用效率。

MySQL 中的函数包括数学函数、字符串函数、日期和时间函数、条件判断函数、系统信息函数、加密、解密函数等其他函数。本节将介绍 MySQL 中这些函数的功能和用法。

4.4.1　数学函数

数学函数是 MySQL 中常用的一类函数,MySQL 中的数学函数主要用来处理数值数据,包括整数、浮点数等。

常用的数学函数有绝对值函数、三角函数(包括正弦函数、余弦函数、正切函数、余切函数等)、对数函数、随机数函数等。在有错误产生时,数学函数将会返回空值 NULL。常用的数学函数如表 4-10 所示。

表 4-10　常用的数学函数

函　　数	功　能　描　述
ABS(x)	绝对值函数,返回 x 的绝对值
PI()	返回圆周率的函数,默认的显示小数位数是 6 位
SQRT(x)	平方根函数,返回非负数 x 的二次方根
MOD(x,y)	求余函数,返回 x 被 y 除后的余数,MOD()对于带有小数部分的数值也起作用,它返回除法运算后的精确余数
CEILING(x)	返回不小于 x 的最小整数值,返回值转换为一个 BIGINT
FLOOR(x)	返回不大于 x 的最大整数值,返回值转换为一个 BIGINT
RAND(x)	返回 0~1 的随机 float 数
ROUND(x)	返回最接近于参数 x 的整数,对 x 值进行四舍五入
ROUND(x,y)	返回最接近于参数 x 的数,其值保留到小数点后面 y 位,若 y 为负值,则将保留 x 值到小数点左边 y 位
TRUNCATE(x,y)	返回被舍去至小数点后 y 位的数字 x。若 y 的值为 0,则结果不带有小数点或不带有小数部分。若 y 设为负数,则截去(归零)x 小数点左起第 y 位开始后面所有低位的值
SIGN(x)	返回参数的符号,x 的值为负、零或正时返回结果依次为 -1、0 或 1

续表

函　　数	功　能　描　述
POWER(x,y)	返回 x 的 y 次乘方的结果值
EXP(x)	返回 e 的 x 乘方后的值
LOG(x)	返回给定表达式的自然对数
LOG10(x)	返回给定表达式的以 10 为底的对数
RADIANS(x)	将参数 x 由角度转换为弧度
DEGREES(x)	将参数 x 由弧度转换为角度
SIN(x)	返回以弧度为单位的角度的正弦值
ASIN(x)	反正弦函数，返回以弧度表示的角度值
COS(x)	返回以弧度为单位的角度的余弦值
ACOS(x)	反余弦函数，返回以弧度表示的角度值
TAN(x)	返回以弧度为单位的角度的正切值
ATAN(x)	反正切函数，返回以弧度表示的角度值

【例 4.14】　求 9、40 和 -49 的二次平方根，输入命令如下。

```
mysql> SELECT SQRT(9), SQRT(40), SQRT( - 49);
+---------+-------------------+-----------+
| SQRT(9) | SQRT(40)          | SQRT( - 49) |
+---------+-------------------+-----------+
|       3 | 6.324555320336759 |      NULL |
+---------+-------------------+-----------+
1 row in set (0.01 sec)
```

其中，3 的平方等于 9，因此 9 的二次平方根为 3；40 的平方根为 6.324555320336759；而负数没有平方根，因此 -49 返回的结果为 NULL。

【例 4.15】　数学函数 floor()、ceiling() 和 log(5) 使用示例，输入命令如下。

```
mysql> select floor( - 3.67) , ceiling(4.71), log(5);
+---------------+---------------+--------------------+
| floor( - 3.67) | ceiling(4.71) | log(5)            |
+---------------+---------------+--------------------+
|            - 4 |             5 | 1.6094379124341003 |
+---------------+---------------+--------------------+
1 row in set (0.00 sec)
```

由于 -3.67 为负数，其不大于 -3.67 的最大整数为 -4，因此返回值为 -4；不小于 4.71 的最小整数为 5，因此返回值为 5。

【例 4.16】　利用取随机数 rand 和四舍五入 round 输出 60~90 和 25~65 的任意整数，输入命令如下。

```
mysql> select 60 + round (30 * rand (),0),25 + round (40 * rand () ,0);
+---------------------------+---------------------------+
| 60 + round (30 * rand (),0) | 25 + round (40 * rand () ,0) |
+---------------------------+---------------------------+
|                        62 |                        36 |
+---------------------------+---------------------------+
1 row in set (0.00 sec)
```

说明：

(1) rand()返回的数是完全随机的，而 rand(x)函数的 x 相同时，它被用作种子值，返回的值是相同的。

(2) 四舍五入 round(x)返回离 x 最近的整数，也就是对 x 进行四舍五入处理。round(x,y)返回 x 保留到小数点后 y 位的值，在截取时进行四舍五入处理。

【例 4.17】 使用 SIN 函数计算正弦值，输入命令如下。

```
mysql > select SIN (1), ROUND (SIN (PI ()));
+--------------------+-------------------+
| SIN(1)             | ROUND(SIN(PI()))  |
+--------------------+-------------------+
| 0.8414709848078965 |                 0 |
+--------------------+-------------------+
1 row in set (0.00 sec)
```

【例 4.18】 使用 ASIN 函数计算反正弦值，输入命令如下。

```
mysql > SELECT ASIN (0.8414709848078965), ASIN(3);
+--------------------------+---------+
| ASIN(0.8414709848078965) | ASIN(3) |
+--------------------------+---------+
|                        1 |    NULL |
+--------------------------+---------+
1 row in set (0.00 sec)
```

由结果可以看到，函数 ASIN 和 SIN 互为反函数；ASIN(3)中的参数 3 超出了正弦值的范围，因此返回 NULL。

4.4.2 字符串函数

字符串函数主要用于处理字符串数据和表达式，MySQL 中的字符串函数包括计算字符串长度函数、字符串合并函数、字符串替换函数、字符串比较函数、查找指定字符串位置函数等。本节将介绍各种字符串函数的功能和用法，常用字符串函数及其功能如表 4-11 所示。

表 4-11　常用字符串函数及其功能

函　　数	功　能　描　述
CHAR_LENGTH(str)	返回值为字符串 str 所包含的字符个数
CONCAT(s_1,s_2,…)	返回连接参数产生的字符串
LEFT(s,n)	返回字符串 s 开始的最左边 n 个字符
LENGTH(str)	返回给定字符串字节长度
LOWER (str)或者 LCASE(str)	将大写字符数据转换为小写字符数据后返回字符表达式
LPAD(s_1,len,s_2)	返回字符串 s_1，其左边由字符串 s_2 填补到 len 字符长度。假如 s_1 的长度大于 len，则返回值被缩短至 len 字符
RPAD(s_1,len,s_2)	返回字符串 s_1，其右边被字符串 s_2 填补至 len 字符长度。假如字符串 s_1 的长度大于 len，则返回值被缩短到 len 字符长度
LTRIM(s)	返回字符串 s，字符串左侧空格字符被删除
REPLACE(s,s_1,s_2)	使用字符串 s_2 替代字符串 s 中所有的字符串 s_1

续表

函　　数	功　能　描　述
REPEAT(s,n)	返回一个由重复的字符串 s 组成的字符串，n 为重复的次数
REVERSE(s)	将字符串 s 反转，返回的字符串的顺序和 s 字符串顺序相反
RIGHT(s,n)	返回字符串中最右边 n 个字符
RTRIM(s)	返回字符串 s，字符串右侧空格字符被删除
STRCMP(s_1,s_2)	比较字符串大小，若所有的字符串均相同，则返回 0；若根据当前分类次序，第一个参数小于第二个参数，则返回 -1，其他情况返回 1
SPACE(n)	返回一个由 n 个空格组成的字符串
SUBSTRING(s,n,len)	求子串函数，带有 len 参数的格式，从字符串 s 返回一个长度同 len 字符相同的子字符串，起始位置 n
UPPER(str)或者 UCASE(str)	返回将小写字符数据转换为大写的字符表达式
INSERT(s_1,x,len,s_2)	返回字符串 s_1，其子字符串起始于 x 位置和被字符串 s_2 取代的 len 字符

【例 4.19】　利用 CONCAT()函数连接字符串，输入命令如下。

```
mysql > select CONCAT ('MY','SQL','5.7'), CONCAT ('ABC', null,'DEF');
+---------------------------+---------------------------+
| CONCAT ('MY','SQL','5.7') | CONCAT ('ABC',null,'DEF') |
+---------------------------+---------------------------+
| MY SQL5.7                 | NULL                      |
+---------------------------+---------------------------+
1 row in set (0.00 sec)
```

说明：CONCAT()函数返回来自参数连接的字符串。如果任何参数是 null，返回 null。可以有超过两个的参数，数字参数会被变换为等价的字符串形式。

【例 4.20】　使用 LPAD 函数和 RPAD 函数对字符串进行填充操作，输入命令如下。

```
mysql > SELECT LPAD ('world', 4, '??'), RPAD ('world', 10, '?');
+-------------------------+-------------------------+
| LPAD ('world', 4, '??') | RPAD('world', 10, '?')  |
+-------------------------+-------------------------+
| worl                    | world?????              |
+-------------------------+-------------------------+
1 row in set (0.00 sec)
```

字符串'world'长度大于4，不需要填充，因此 LPAD ('world', 4, '??')只返回被缩短的长度为 4 的子串 'worl'；字符串 'world' 长度小于 10，RPAD('world', 10, '?')，返回结果为 'world????? '，右侧填充 '? '，长度为 10。

【例 4.21】　使用 INSERT 函数进行字符串替代操作，输入命令如下。

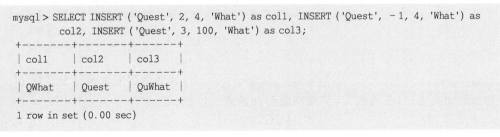

```
mysql > SELECT INSERT ('Quest', 2, 4, 'What') as col1, INSERT ('Quest', -1, 4, 'What') as
         col2, INSERT ('Quest', 3, 100, 'What') as col3;
+-------+-------+-------+
| col1  | col2  | col3  |
+-------+-------+-------+
| QWhat | Quest | QuWhat|
+-------+-------+-------+
1 row in set (0.00 sec)
```

$INSERT(s_1,x,len,s_2)$返回字符串 s1,其子字符串起始于 x 位置和被字符串 s2 取代的 len 字符。如果 x 超过字符串长度,则返回值为原始字符串。假如 len 的长度大于其他字符串的长度,则从位置 x 开始替换。若任何一个参数为 NULL,则返回值为 NULL。第一个函数 INSERT ('Quest', 2, 4, 'What')将"Quest"第 2 个字符开始长度为 4 的字符串替换为 What,结果为"QWhat";第二个函数 INSERT ('Quest', -1, 4, 'What')中,起始位置-1超出了字符串长度,直接返回原字符;第三个函数 INSERT ('Quest', 3, 100, 'What')的替换长度超出了原字符串长度,则从第 3 个字符开始,截取后面所有的字符,并替换为指定字符 What,结果为"QuWhat"。

【例 4.22】　使用 REPLACE 函数进行字符串替代操作,输入命令如下。

```
mysql > SELECT REPLACE ('xxx.mysql.com', 'x', 'w');
+------------------------------------+
| REPLACE('xxx.mysql.com', 'x', 'w') |
+------------------------------------+
| www.mysql.com                      |
+------------------------------------+
1 row in set (0.00 sec)
```

REPLACE('xxx.mysql.com', 'x', 'w')将 'xxx.mysql.com' 字符串中的 x 字符替换为 w 字符,结果为 'www.mysql.com'。

【例 4.23】　利用 SUBSTRING()函数返回指定字符串,并利用 REVERSE()逆序输出,输入命令如下。

```
mysql > SELECT SUBSTRING('ABCDEFGH',2,6),REVERSE(SUBSTRING('ABCDEFGH',2,6));
+---------------------------+-------------------------------------+
| SUBSTRING('ABCDEFGH',2,6) | REVERSE(SUBSTRING('ABCDEFGH',2,6))   |
+---------------------------+-------------------------------------+
| BCDEFG                    | GFEDCB                              |
+---------------------------+-------------------------------------+
1 row in set (0.00 sec)
```

4.4.3　日期和时间函数

日期和时间函数主要用于处理表中的日期和时间数据。一般的日期函数除了使用 date 类型的参数外,也可以使用 DATETIME 或者 TIMESTAMP 类型的参数,但会忽略这些值的时间部分。相同地,以 TIME 类型值为参数的函数,可以接受 TIMESTAMP 类型的参数,但会忽略日期部分,许多日期函数可以同时接受数和字符串类型的两种参数,本节将介绍各种日期和时间函数的功能和用法。日期和时间函数包括获取当前日期的函数、获取当前时间的函数、计算日期的函数和计算时间的函数等。常用日期和时间函数如表 4-12 所示。

表 4-12　常用日期和时间函数

函　　数	功　能　描　述
CURDATE()	获取当前系统的日期
CURTIME()	获取当前系统的时间
NOW()	返回当前日期和时间

续表

函　　数	功　能　描　述
UNIX_TIMESTAMP(date)	获取日期的 UNIX 时间戳
FROM_UNIXTIME()	获取 UNIX 时间戳的日期值
WEEK(date)	返回日期 date 为一年中的第几天
YEAR(date)	获取指定日期的年份整数
DAY(date)	获取指定日期的日期整数
DAYNAME(date)	以英文方式显示,返回指定日期是星期几,如 Tuesday 等
DAYOFMONTH(date)	返回指定日期在一个月中的序数
DAYOFWEEK(date)	返回指定日期在一个星期中的序数
DAYOFYEAR(date)	返回指定日期在一年中的序数
HOUR(time)	返回指定时间的小时数
MINUTE(time)	返回指定时间的分钟数
MONTH(date)	获取指定日期 date 对应的月份,范围值为 1~12
quarter	获取指定日期的季度整数
second	返回指定时间的秒钟数
time_format	用来格式化时间值
UTC_DATE()	用来输出世界标准时间的日期,其格式为'YYYY-MM-DD'或 YYYYMMDD
UTC_TIME()	用来输出世界标准时间,其格式为'HH：MM：SS'或 HHMMSS

1. 获取日期和时间函数

(1) 获取当前日期和时间。

【例 4.24】　利用 NOW()、CURRENT_TIMESTAMP()、LOCALTIME()等函数返回当前日期和时间,输入命令如下。

```
mysql > SELECT NOW() 'now 方式', CURRENT_TIMESTAMP() 'timestamp 方式',
       LOCALTIME() 'localtime 方式', SYSDATE() 'sysdate 方式'\G;
     *************************** 1. row ***************************
         now 方式: 2020 - 04 - 21 14:21:28
   timestamp 方式: 2020 - 04 - 21 14:21:28
   localtime 方式: 2020 - 04 - 21 14:21:28
     sysdate 方式: 2020 - 04 - 21 14:21:28
   1 row in set (0.00 sec)
```

(2) 获取当前日期。

获取当前日期的函数为 CURDATE()和 CURRENT_DATE()。

【例 4.25】　返回当前日期,输入命令如下。

```
mysql > SELECT CURDATE() 'curdate 方式', CURRENT_DATE() 'current_date 方式';
+----------------+----------------------+
| 'curdate 方式'  | 'current_date 方式'    |
+----------------+----------------------+
| 2020 - 04 - 21 | 2020 - 04 - 21       |
+----------------+----------------------+
1 row in set (0.00 sec)
```

（3）获取当前时间。

获取当前时间的函数有 CURTIME()和 CURRENT_TIME()函数。

【例 4.26】 返回当前时间，输入命令如下。

```
mysql > SELECT CURTIME() 'curtime 方式', CURRENT_TIME() 'current_time 方式';
+----------------+----------------------+
| 'curtime 方式' | 'current_time 方式'  |
+----------------+----------------------+
| 14:24:18       | 14:24:18             |
+----------------+----------------------+
1 row in set (0.00 sec)
```

2. 通过各种方式显示日期和时间

（1）通过 UNIX 方式显示日期和时间。

```
mysql > SELECT NOW()'当前时间', UNIX_TIMESTAMP() 'UNIX 格式',
        FROM_UNIXTIME(UNIX_TIMESTAMP(NOW()))'普通格式';
+---------------------+-------------+---------------------+
| '当前时间'          | 'UNIX 格式' | '普通格式'          |
+---------------------+-------------+---------------------+
| 2020-04-21 14:25:02 | 1587450302  | 2020-04-21 14:25:02 |
+---------------------+-------------+---------------------+
1 row in set (0.00 sec)
```

（2）通过 UTC 方式显示日期和时间。

```
mysql > SELECT NOW()'当前时间', UTC_DATE() 'UTC 日期', UTC_TIME()'UTC 时间';
+---------------------+-------------+-------------+
| '当前时间'          | 'UTC 日期'  | 'UTC 时间'  |
+---------------------+-------------+-------------+
| 2020-04-21 14:25:33 | 2020-04-21  | 06:25:33    |
+---------------------+-------------+-------------+
1 row in set (0.00 sec)
```

3. 获取日期和时间各部分值

【例 4.27】 返回当前日期和时间各部分值，输入命令如下。

```
mysql > SELECT NOW()'当前日期', YEAR(NOW()) '年', QUARTER(NOW())'季度',
        MONTH(NOW())'月', WEEK(NOW())'星期', DAYOFMONTH(NOW())'天',
        HOUR(NOW())'小时', MINUTE(NOW())'小时', SECOND(NOW())'秒';
+---------------------+------+------+-----+------+-----+------+------+-----+
| 当前日期            | 年   | 季度 | 月  | 星期 | 天  | 小时 | 小时 | 秒  |
+---------------------+------+------+-----+------+-----+------+------+-----+
| 2020-04-21 14:45:49 | 2020 | 2    | 4   | 16   | 21  | 14   | 45   | 49  |
+---------------------+------+------+-----+------+-----+------+------+-----+
1 row in set (0.00 sec)
```

（1）关于月份的函数。

MONTH()：返回当前月份数值。

MONTHNAME()：返回当前月份的英文名。

```
mysql > SELECT NOW()'当前时间', MONTH(NOW())'月', MONTHNAME(NOW())'月';
+-------------------+-------+--------+
|'当前时间'          |'月'    |'月'     |
+-------------------+-------+--------+
| 2020 - 04 - 21 14:47:40  |      4 | April  |
+-------------------+-------+--------+
1 row in set (0.00 sec)
```

（2）关于星期的函数。

DAYNAME()：返回日期和时间中星期的英文名。

DAYOFWEEK()：返回日期和时间中的星期是星期几,返回值范围为 1～7,1 表示星期日,2 表示星期一,以此类推。

WEEKDAY()：返回日期和时间中的星期是星期几,返回值范围为 0～6,0 表示星期一,1 表示星期二,以此类推。

【例 4.28】 返回与当前日期相关的星期,输入命令如下。

```
mysql > SELECT NOW()'当前日期', WEEK(NOW()) '年中的第几个星期',
        WEEKOFYEAR(NOW()) '年中第几个星期', DAYNAME(NOW())'星期',
        DAYOFWEEK(NOW()) '星期', WEEKDAY(NOW())'星期'\G
*************************** 1. row ***************************
        当前日期: 2020 - 04 - 21 14:54:25
年中的第几个星期: 16
  年中第几个星期: 17
            星期: Tuesday
            星期: 3
            星期: 1
1 row in set (0.00 sec)
```

（3）关于天的函数。

DAYOFMONTH()：返回日期属于当前月的第几天。

DAYOFYEAR()：返回日期属于当前年中的第几天。

```
mysql > SELECT NOW() '当前时间', DAYOFMONTH(NOW()) '月中第几天',
      DAYOFYEAR(NOW())'年中第几天';
+-------------------+-----------+-----------+
| 当前时间           | 月中第几天 | 年中第几天 |
+-------------------+-----------+-----------+
| 2020 - 04 - 21 14:57:06 |        21 |       112 |
+-------------------+-----------+-----------+
1 row in set (0.00 sec)
```

（4）获取指定值的 EXTRACT()函数。

语法形式：

EXTRACT(type of date)

【例 4.29】 获取当前日期和时间的各部分值,输入命令如下。

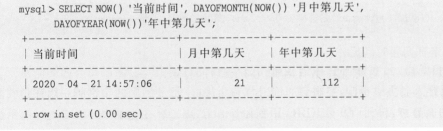

```
mysql > SELECT NOW()'当前日期',EXTRACT(YEAR FROM NOW()) '年',
      EXTRACT(MONTH FROM NOW()) '月',EXTRACT(DAY FROM NOW()) '日',
```

```
        EXTRACT(HOUR FROM NOW()) '时',EXTRACT(MINUTE FROM NOW()) '分',
        EXTRACT(SECOND FROM NOW()) '秒';
+--------------------+------+------+------+------+------+------+
| 当前日期            | 年   | 月   | 日   | 时   | 分   | 秒   |
+--------------------+------+------+------+------+------+------+
| 2020-04-21 15:14:57 | 2020 |    4 |   21 |   15 |   14 |   57 |
+--------------------+------+------+------+------+------+------+
1 row in set (0.00 sec)
```

4. 计算日期和时间函数

(1) 与默认日期和时间操作。

TO_DAYS(date)：计算日期参数 date 和默认日期和时间(0000 年 1 月 1 日)之间相隔的天数。

FROM_DAYS(number)：计算从默认日期和时间开始经过 number 天后的日期和时间。

DATEDIFF()：获取两个指定日期之间相隔的天数。

```
mysql> SELECT NOW()'当前时间', TO_DAYS(NOW()) '相隔天数', FROM_DAYS
       (TO_DAYS (NOW()))'经过 number 天后的日期和时间';
+--------------------+----------+-------------------------------+
| 当前时间            | 相隔天数 | 经过 number 天后的日期和时间   |
+--------------------+----------+-------------------------------+
| 2020-04-21 15:21:59 |   737901 | 2020-04-21                    |
+--------------------+----------+-------------------------------+
1 row in set (0.00 sec)
```

【例 4.30】 获取当前日期和指定日期相隔的天数,输入命令如下。

```
mysql> SELECT NOW()'当前时间', DATEDIFF(NOW(),'2014-5-20') '相隔天数';
+--------------------+----------+
| 当前时间            | 相隔天数 |
+--------------------+----------+
| 2020-04-21 15:25:36 |     2163 |
+--------------------+----------+
1 row in set (0.00 sec)
```

(2) 与指定日期和时间操作。

ADDDATE(date,n)：日期参数 date 加上 n 天后的日期。

SUBDATE(date,n)：日期参数 date 减去 n 天前的日期。

【例 4.31】 获取当前日期、3 天后和 3 天前的日期,输入命令如下。

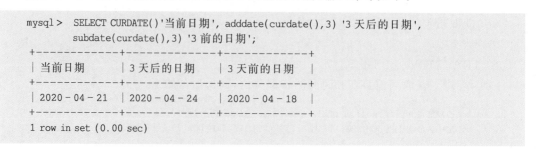

```
mysql> SELECT CURDATE()'当前日期', adddate(curdate(),3) '3 天后的日期',
       subdate(curdate(),3) '3 前的日期';
+------------+------------+------------+
| 当前日期    | 3 天后的日期 | 3 天前的日期 |
+------------+------------+------------+
| 2020-04-21 | 2020-04-24 | 2020-04-18 |
+------------+------------+------------+
1 row in set (0.00 sec)
```

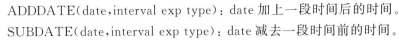

ADDDATE(date,interval exp type)：date 加上一段时间后的时间。

SUBDATE(date,interval exp type)：date 减去一段时间前的时间。

【例 4.32】 获取距当前日期分别为 2 年 3 个月后和 2 年 3 个月前的日期，输入命令如下。

```
mysql> SELECT CURDATE() '当前日期', adddate(curdate(),INTERVAL '2,3'
       YEAR_MONTH) '2 年 3 个月后的日期',subdate(curdate(),INTERVAL '2,3'
       YEAR_MONTH) '2 年 3 个月前的日期';
+------------+------------------+------------------+
| 当前日期    | 2 年 3 个月后的日期 | 2 年 3 个月前的日期 |
+------------+------------------+------------------+
| 2020-04-21 | 2022-07-21       | 2018-01-21       |
+------------+------------------+------------------+
1 row in set (0.00 sec)
```

ADDDATE(time,n)：time 加上 n 后的时间。

SUBDATE(time,n)：time 减去 n 前的时间。

【例 4.33】 获取当前时间 5s 前和 5s 后的时间，输入命令如下。

```
mysql> SELECT CURTIME()'当前时间',ADDTIME (CURTIME(),5) '5s 后的时间',
       SUBTIME (CURTIME(),5) '5s 前的时间';
+----------+------------+------------+
| 当前时间  | 5s 后的时间 | 5s 前的时间 |
+----------+------------+------------+
| 15:43:45 | 15:43:50   | 15:43:40   |
+----------+------------+------------+
1 row in set (0.00 sec)
```

4.4.4 条件判断函数

条件判断函数也称为控制流程函数，根据满足条件的不同，执行相应的流程。MySQL中进行条件判断的函数有 IF、IFNULL 和 CASE。本节将分别介绍各个函数的用法。

1. IF(expr,v1,v2)函数

IF(expr,v1,v2)中如果表达式 expr 是 TRUE，即（expr <> 0 and expr <> NULL），则IF()的返回值为v1；否则返回值为v2。IF()的返回值为数字值或字符串值，具体情况视其所在语境而定。

【例 4.34】 使用 IF()函数进行条件判断，输入命令如下。

```
mysql> SELECT IF (1>2, 2, 3), IF(1<2, 'yes', 'no'), IF(STRCMP('test', 'test1'), 'no', 'yes');
+--------------+----------------------+-------------------------------------------+
| IF(1>2, 2, 3) | IF(1<2, 'yes', 'no') | IF(STRCMP('test', 'test1'), 'no', 'yes')  |
+--------------+----------------------+-------------------------------------------+
|            3 | yes                  | no                                        |
+--------------+----------------------+-------------------------------------------+
1 row in set (0.00 sec)
```

其中，IF(1>2,2,3)的第一个表达式 1>2 的结果为 FALSE，则返回第 3 个表达式的值数值3；IF(1<2, 'yes', 'no')的第一个表达式 1<2 的结果为 TRUE，则返回第 2 个表达式的值

字符串'yes'；IF(STRCMP('test'，'test1')，'no'，'yes')的表达式1调用了字符比较函数 STRCMP('test'，'test1')，其值为 FALSE,则返回第 3 个表达式字符串'yes'。

2. IFNULL(v1，v2)函数

如果 v1 不为 NULL,则该函数的返回值为 v1,否则其返回值为 v2。IFNULL()的返回 值是数字或是字符串,具体情况取决于其所在的语境。

【例 4.35】 使用 IFNULL()函数进行条件判断,输入命令如下。

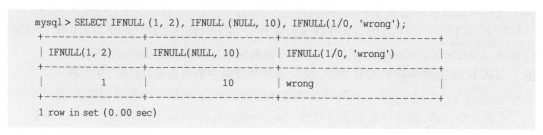

IFNULL(1,2)虽然第二个值也不为空,但返回结果依然是第一个值；IFNULL(NULL, 10)第一个值为空,因此返回 10；由于"1/0"的结果为空,则函数 IFNULL(1/0，'wrong')返 回的结果是字符串'wrong'。

3. CASE 函数

CASE expr WHEN v1 THEN r1 [WHEN v2 THEN r2] [ELSE m] END

该函数表示,如果 expr 值等于某个 vn,则返回对应位置 THEN 后面的结果。如果与 所有值都不相等,则返回 ELSE 后面的 m。

【例 4.36】 使用 CASE value WHEN 语句执行分支操作,输入命令如下。

```
mysql > SELECT CASE 2 WHEN 1 THEN 'one' WHEN 2 THEN 'two' ELSE 'more' END;
+-------------------------------------------------------------+
| CASE 2 WHEN 1 THEN 'one' WHEN 2 THEN 'two' ELSE 'more' END  |
+-------------------------------------------------------------+
| two                                                         |
+-------------------------------------------------------------+
1 row in set (0.00 sec)
```

CASE 后面的值为 2,与第二条分支语句 WHEN 后面的值相等,因此返回结果为'two'。

CASE WHEN v1 THEN r1 [WHEN v2 THEN r2] ELSE rn] END

该函数表示,某个 vn 值为 TRUE 时,返回对应位置 THEN 后面的结果,如果所有值都 不为 TRUE,则返回 ELSE 后的 rn。

【例 4.37】 使用 CASE WHEN 语句执行分支操作,输入命令如下。

```
mysql > SELECT CASE WHEN 1 < 0 THEN 'true' ELSE 'false' END;
+---------------------------------------------+
| CASE   WHEN 1 < 0 THEN 'true' ELSE 'false' END |
+---------------------------------------------+
| false                                       |
+---------------------------------------------+
1 row in set (0.00 sec)
```

1<0 结果为 FALSE,因此函数返回值为 ELSE 后面的'false'。

此外,一个 CASE 表达式的默认返回值的类型是任何返回值的相容集合类型,但具体情况视其所在语境而定。如果用在字符串语境中,则返回结果为字符串;如果用在数字语境中,则返回结果为十进制值、实数值或整数值。

4.4.5　系统信息函数

系统信息函数用来查询 MySQL 数据库的系统信息。例如,查询数据库的版本号、当前用户名和连接数、系统字符集、最后一个自动生成的 ID 值等。表 4-13 中介绍了各个函数的使用方法。

表 4-13　MySQL 中的系统信息函数

函　　数	功　能　描　述
DATABASE()	返回当前数据库名
BENCHMARK(n,expr)	将表达式 expr 重复运行 n 次
CHARSET(str)	返回字符串 str 自变量的字符集
COLLATION(str)	返回字符串 str 的字符排列方式
CONNECTION_ID()	返回当前客户连接服务器的次数
LAST_INSERT_ID()	返回最后一个 INSERT 或 UPDATE 为 AUTO_INCREMENT 列设置的第一个发生的值
USER()或 SYSTEM_USER()	返回当前被 MySQL 服务器验证的用户名和主机名组合
VERSION()	返回 MySQL 服务器版本的字符串

【例 4.38】　返回 MySQL 服务器的版本、当前数据库名和当前用户名信息,并查看当前用户连接 MySQL 服务器的次数,输入命令如下。

```
mysql > SELECT VERSION (), DATABASE (), USER (), CONNECTION_ID ();
+-----------+------------+---------------+-----------------+
| VERSION () | DATABASE() | USER()        | CONNECTION_ID () |
+-----------+------------+---------------+-----------------+
| 8.0.16    | school     | root@localhost |              12 |
+-----------+------------+---------------+-----------------+
1 row in set (0.00 sec)
```

4.4.6　加密、解密函数

加密和解密函数主要用来对数据进行保密处理,以保证某些重要数据不被别人获取。这些函数在保证数据库安全时非常有用,MySQL 8.0 的加密和解密的相关函数如表 4-14 所示。

表 4-14　MySQL 中的加密、解密函数

函　　数	功　能　描　述
AES_DECRYPT(str,key_str)	返回使用密钥 key_str,对 str 进行 AES 算法解密的字符串
AES_ENCRYPT(str,key_str)	返回使用密钥 key_str,对 str 进行 AES 算法加密的字符串
MD5(str)	返回 str 的 MD5 校验和
RANDOM_BYTES(len)	返回指定 len 长度的随机比特串
SHA1(str),SHA(str)	返回 str 的 SHA1 或 SHA 校验和
SHA2(str, hash_length)	返回 str 的 SHA2 校验和

1. SHA1（str）函数

在 MySQL 8.0 之后的版本中，password 函数已被取消，换成了 SHA(str)、SHA1(str) 和 SHA2(str, hash_length)函数，该函数从明文 str 计算并返回以 SHA 形式加密后的密文 字符串，当参数为 NULL 时，返回 NULL。

若为用户 root 的更新密码，MySQL 5.0 版本的 SQL 语句如下。

```
UPDATE user SET authentication_string = password("密码") WHERE user = "root";
```

则在 MySQL 8.0 版本中，对应可以改为

```
UPDATE user SET authentication_string = SHA1("密码") WHERE user = "root";
```

明文密码将以 SHA1 加密后的密文形式存储在服务器上，修改后，必须使用 flush privileges 语句刷新权限表，新的密码之后才会生效。

【例 4.39】 使用 SHA1(str)函数对字符串"student1357"加密，输入语句及运行结果 如下。

```
mysql > select SHA1('student1357');
+------------------------------------------+
| SHA1('student1357')                      |
+------------------------------------------+
| 03c407267c002e03d84a1d8fd1513cbba928305b |
+------------------------------------------+
1 row in set, 1 warning (0.00 sec)
```

2. 加密函数 MD5（str）

MD5(str)为字符串算出一个 MD5 128b 校验和。该值以 32 位十六进制数字的二进制 字符串形式返回，若参数为 NULL，则会返回 NULL，输入命令如下。

```
mysql > select MD5 ('mypwd');
+----------------------------------+
| MD5 ('mypwd')                    |
+----------------------------------+
| 318bcb4be908d0da6448a0db76908d78 |
+----------------------------------+
1 row in set (0.00 sec)
```

3. 加密函数 AES_ENCRYPT 和解密函数 AES_DECRYPT

AES_ENCRYPT(str,key_str)函数以 key_str 作为密钥，加密 str，返回加密后的字符 串；AES_DECRYPT(str,key_str)函数以 key_str 作为密钥，解密 str，返回解密后的字 符串。

以下代码首先使用'key'作为密钥对字符串"hello world"进行 AES 算法加密，返回的字 符串存储在变量 pass 中，然后查询加密串 pass 的长度并输出其内容，最后对加密串 pass 使 用"key"作为密钥调用解密函数，并将结果显示出来，输入命令如下。

```
mysql > SET @pass = AES_ENCRYPT('hello world', 'key');
Query OK, 0 rows affected (0.00 sec)
mysql > SELECT CHAR_LENGTH(@pass);
+--------------------------------------------------+
| CHAR_LENGTH(@pass)                               |
+--------------------------------------------------+
|                     16                           |
+--------------------------------------------------+
1 row in set (0.00 sec)
mysql > select @pass;
+--------------------------------------------------+
| @pass                                            |
+--------------------------------------------------+
| î!(<?聋苄 4à0 锾 Ø                               |
+--------------------------------------------------+
1 row in set (0.00 sec)
mysql > SELECT AES_DECRYPT(@pass, 'key');
+--------------------------------------------------+
| AES_DECRYPT(@pass, 'key')                        |
+--------------------------------------------------+
| hello world                                      |
+--------------------------------------------------+
1 row in set (0.00 sec)
```

4.4.7 其他函数

1. 格式化函数 FORMAT(x,n)

FORMAT(x,n)把数值格式化为以逗号分隔的数字序列,其中,第一个参数 x 是被格式化的数据,第二个参数是以四舍五入的方式保留小数点后 n 位,结果以字符串的形式返回。若 n 为 0,则返回结果函数不含小数部分。

【例 4.40】 利用格式化函数 format()处理数据,输入命令如下。

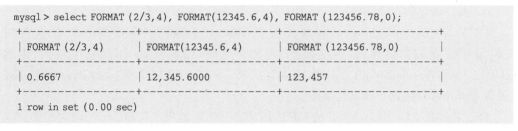

```
mysql > select FORMAT (2/3,4), FORMAT(12345.6,4), FORMAT (123456.78,0);
+----------------+-------------------+---------------------+
| FORMAT (2/3,4) | FORMAT(12345.6,4) | FORMAT (123456.78,0) |
+----------------+-------------------+---------------------+
| 0.6667         | 12,345.6000       | 123,457             |
+----------------+-------------------+---------------------+
1 row in set (0.00 sec)
```

FORMAT(2/3,4)保留 4 位小数点值,并进行四舍五入,结果为 0.6667;FORMAT(12345.6,4)保留 4 位小数,若位数不够的用 0 补齐;FORMAT(123456.78,0)不保留小数位值,返回结果为整数 123456。

2. 不同进制的数字进行转换的函数

CONV(N,from_base, to_base)函数进行不同进制数间的转换,返回值为数值 N 的字符串形式,由 from_base 进制转换为 to_base 进制。如有任意一个参数为 NULL,则返回值为 NULL。自变量 N 被理解为一个整数,但是可以被指定为一个整数或字符串。最小基数为 2,而最大基数则为 36。

【例 4.41】 用 CONV 函数在不同进制数值之间转换,输入命令如下。

```
mysql > select CONV ('a', 16,2), CONV(15, 10,2), CONV(15, 10,8), CONV(15, 10,16);
+-----------------+----------------+----------------+------------------+
| CONV('a', 16, 2) | CONV(15, 10, 2) | CONV(15, 10, 8) | CONV(15, 10, 16) |
+-----------------+----------------+----------------+------------------+
| 1010            | 1111           | 17             | F                |
+-----------------+----------------+----------------+------------------+
1 row in set (0.00 sec)
```

CONV('a',16,2)是将十六进制的 a 转换为二进制表示的数值,十六进制的 a 表示十进制 10,而十进制 10 对应二进制的 1010;CONV(15,10,2)将十进制的数值 15 转换为二进制值,结果为 1111;CONV(15,10,8)将十进制的数值 15 转换为八进制值,结果为 17;CONV (15,10,16)将十进制的数值 15 转换为十六进制值,结果为 F。

3. IP 地址与数字相互转换的函数

INET_ATON 和 INET_NTOA 互为反函数,其中,INET_ATON(expr)将一个点分十进制的字符串网络地址转换为一个无符号十进制整数,长度占 4b 或 8b。而 INET_NTOA (expr)函数可以将给定的一个无符号十进制整数转换为点分十进制网络地址表示的字符串。

【例 4.42】 INET_ATON 和 INET_NTOA 函数的使用,输入命令如下。

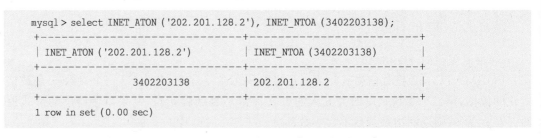

```
mysql > select INET_ATON ('202.201.128.2'), INET_NTOA (3402203138);
+----------------------------+------------------------+
| INET_ATON ('202.201.128.2') | INET_NTOA (3402203138) |
+----------------------------+------------------------+
|                 3402203138 | 202.201.128.2          |
+----------------------------+------------------------+
1 row in set (0.00 sec)
```

产生的数字为网络字节顺序,计算方法为 $202\times256^3+201\times256^2+128\times256+2$。

4. 加锁函数和解锁函数

GET_LOCK(str, timeout)设法使用字符串 str 给定的名字得到一个锁,持续时间 timeout 秒。若成功得到锁,则返回 1;若操作超时,则返回 0;如果发生错误,则返回 NULL。假如有一个用 GET_LOCK()得到的锁,当执行 RELEASE_LOCK()或连接断开(正常或非正常)时,这个锁就会解除。

RELEASE_LOCK(str)解开被 GET_LOCK()获取的用字符串 str 所命名的锁。若锁被解开,则返回 1;若该线程尚未创建锁,则返回 0(此时锁没有被解开);若命名的锁不存在,则返回 NULL。若该锁从未被 GET_LOCK()的调用获取,或锁已经被提前解开,则该锁不存在。

IS FREE LOCK(str)检查名为 str 的锁是否可以使用。若锁可以使用,则返回 1(表示没有人在用这个锁);若这个锁正在被使用,则返回 0;若出现错误,则返回 NULL(表示参数不正确)。

IS_USED_LOCK(str)检查名为 str 的锁是否正在被使用(换言之,被封锁)。若被封锁,则返回使用该锁的客户机的连接标识符(即客户机对应的 connection ID);否则,返回

NULL。

【例 4.43】　使用加锁、解锁函数,输入命令如下。

```
mysql > SELECT GET_LOCK('lock1', 10) AS GetLock,IS_USED_LOCK('lock1') AS ISUsedLock, IS_FREE_
LOCK('lock1') AS ISFreeLock, RELEASE_LOCK('lock1') AS ReleaseLock;
+----------+------------+------------+-------------+
| GetLock  | ISUsedLock | ISFreeLock | ReleaseLock |
+----------+------------+------------+-------------+
|    1     |     10     |     0      |      1      |
+----------+------------+------------+-------------+
1 row in set (0.00 sec)
```

GET_LOCK('lock1', 10)返回结果为 1,说明成功得到了一个名称为'lock1'的锁,持续时间为 10s。IS_USED_LOCK('lock1')返回结果为当前连接 ID,表示名称为'lock1'的锁正在被使用。IS_FREE_LOCK('lock1')返回结果为 0,说明名称为'lock1'的锁处于被使用状态;而 RELEASE_LOCK('lock1')返回值为 1,说明解锁成功。

5. 改变数据类型的函数

CAST(x, AS type)和 CONVERT(x, type)函数将一个类型的值转换为另一个类型的值,可转换的 type 有 BINARY、CHAR(n)、DATE、TIME、DATETIME、DECIMAL、SIGNED、UNSIGNED。

【例 4.44】　使用 CAST 和 CONVERT 函数进行数据类型的转换,输入命令如下。

```
mysql > SELECT CAST(100 AS CHAR(2)), CONVERT('2017 - 10 - 01 12:12:12',TIME);
+----------------------+---------------------------------------+
| CAST(100 AS CHAR(2)) | CONVERT('2017 - 10 - 01 12:12:12',TIME) |
+----------------------+---------------------------------------+
| 10                   | 12:00:00                              |
+----------------------+---------------------------------------+
1 row in set, 2 warnings (0.00 sec)
```

从结果可以看到,CAST(100 AS CHAR(2))将整数 100 转换为带长度为 2 的字符串类型,结果为'10';CONVERT('2017-10-01 12:12:12',TIME)将 DATETIME 类型的值,转换为 TIME 类型值,结果为'12:00:00'。

6. 重复执行指定操作的函数

BENCHMARK(count, expr)函数重复 count 次执行表达式 expr,它可以用于计算 MySQL 处理表达式的速度,结果值通常为 0(0 只是表示处理过程很快,并不是没有花费时间)。另一个作用是它可以在 MySQL 客户机内部报告语句执行的时间。BENCHMARK 报告的时间是客户机经过的时间,而不是在服务器运行的 CPU 时间,因此每次执行后报告的时间并不一定是相同的。

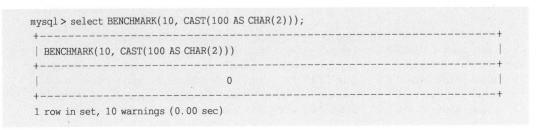

```
mysql > select BENCHMARK(10, CAST(100 AS CHAR(2)));
+-------------------------------------+
| BENCHMARK(10, CAST(100 AS CHAR(2))) |
+-------------------------------------+
|                  0                  |
+-------------------------------------+
1 row in set, 10 warnings (0.00 sec)
```

4.5　查询数据

　　查询数据是数据库操作中最常用、最重要的操作。数据查询是指从数据库中按照预定条件查询数据,及引用相关数据进行计算而获取所需信息的过程。MySQL 提供了功能强大、灵活的语句来实现这些操作,本节将介绍如何使用 SELECT 语句进行单表查询、多表连接和子查询的详细操作。

　　为了配合查询,可以按如下 SQL 代码创建 tb_test 数据库,其中含有 tb_departments、tb_students_info 两张表,并添加相应的测试数据,输入命令如下。

```
#创建数据库 tb_test
CREATE DATABASE  tb_test;
#打开数据库 tb_test,使之成为当前数据库
use tb_test;
#创建 tb_departments 表
CREATE TABLE tb_departments (dept_id int primary key, dept_name varchar(50));
#创建 tb_students_info 表
CREATE TABLE tb_students_info(
id int primary key,
name varchar(20),
dept_id int,
age int,
sex char(1),
height int,
login_date date
);

#为 tb_departments 表添加测试数据(6 条记录)
INSERT INTO 'tb_test'.'tb_departments' ('dept_id', 'dept_name') VALUES ('1', 'Computer');
INSERT INTO 'tb_test'.'tb_departments' ('dept_id', 'dept_name') VALUES ('2', 'Math');
INSERT INTO 'tb_test'.'tb_departments' ('dept_id', 'dept_name') VALUES ('3', 'Chinese');
INSERT INTO 'tb_test'.'tb_departments' ('dept_id', 'dept_name') VALUES ('4', 'Econmy');
INSERT INTO 'tb_test'.'tb_departments' ('dept_id', 'dept_name') VALUES ('5', 'English');
INSERT INTO 'tb_test'.'tb_departments' ('dept_id', 'dept_name') VALUES ('6', 'History');

#为 tb_students_info 表添加测试数据(11 条记录)
INSERT INTO 'tb_test'.'tb_students_info' ('id', 'name', 'dept_id', 'age', 'sex', 'height',
'login_date') VALUES ('1', 'Dany', '1', '25', 'F', '160', '2015 - 9 - 10');
INSERT INTO 'tb_test'.'tb_students_info' ('id', 'name', 'dept_id', 'age', 'sex', 'height',
'login_date') VALUES ('2', 'Green', '3', '23', 'M', '185', '2016 - 10 - 22');
INSERT INTO 'tb_test'.'tb_students_info' ('id', 'name', 'dept_id', 'age', 'sex', 'height',
'login_date') VALUES ('3', 'Henry', '2', '23', 'F', '158', '2015 - 5 - 31');
INSERT INTO 'tb_test'.'tb_students_info' ('id', 'name', 'dept_id', 'age', 'sex', 'height',
'login_date') VALUES ('4', 'Jane', '1', '22', 'F', '162', '2016 - 12 - 20');
INSERT INTO 'tb_test'.'tb_students_info' ('id', 'name', 'dept_id', 'age', 'sex', 'height',
'login_date') VALUES ('5', 'Jim', '1', '24', 'M', '175', '2016 - 1 - 15');
INSERT INTO 'tb_test'.'tb_students_info' ('id', 'name', 'dept_id', 'age', 'sex', 'height',
'login_date') VALUES ('6', 'John', '2', '21', 'M', '172', '2015 - 11 - 11');
INSERT INTO 'tb_test'.'tb_students_info' ('id', 'name', 'dept_id', 'age', 'sex', 'height',
'login_date') VALUES ('7', 'Lily', '6', '22', 'F', '165', '2016 - 2 - 26');
```

```
INSERT INTO 'tb_test'.'tb_students_info' ('id', 'name', 'dept_id', 'age', 'sex', 'height',
'login_date') VALUES ('8', 'Susan', '4', '23', 'M', '170', '2015 - 10 - 1');
INSERT INTO 'tb_test'.'tb_students_info' ('id', 'name', 'dept_id', 'age', 'sex', 'height',
'login_date') VALUES ('9', 'Thomas', '3', '22', 'M', '178', '2016 - 6 - 7');
INSERT INTO 'tb_test'.'tb_students_info' ('id', 'name', 'dept_id', 'age', 'sex', 'height',
'login_date') VALUES ('10', 'Tom', '4', '23', 'M', '165', '2016 - 8 - 5');
INSERT INTO 'tb_test'.'tb_students_info' ('id', 'name', 'dept_id', 'age', 'sex', 'height',
'login_date') VALUES ('11', 'Anna', '5', '25', 'F', '160', '2017 - 10 - 19');
```

4.5.1 基本查询语句

SELECT 语句是 MySQL 从数据库中获取信息的一个基本语句。该语句可以实现从一个或多个数据库中的一个或多个表中查询信息,并将结果显示为一个二维表的形式,称为结果集。

SELECT 语句的基本语法格式如下。

```
SELECT
[ALL | DISTINCT] { * |<字段列名>}
[
FROM <表 1>, <表 2>, …, <表 n>
[WHERE <表达式>
[GROUP BY < grouping_columns >
  [HAVING < expression > [{< operator > < expression >} … ]]]
[ORDER BY < order by definition > [ASC | DESC]]
[< LIMIT > [< offset >,] < row count >]
]
```

其中,各子句或短语之间可以用一个或多个空格分隔,各子项或短语的含义如下。

- [ALL | DISTINCT]{ * |<字段列名>}
  { * |<字段列名>}中的 * 通配符表示查询所有字段;字段列表至少包含一个字段名称,当查询多个字段时,每个字段之间用逗号隔开,最后一个字段后不能加逗号。该短语中的[ALL | DISTINCT]为可选项,表示是否去重,其中,DISTINCT 表示对结果中完全相同的(即所有字段数据都相同)记录只显示第一条记录;ALL 表示显示所有数据记录。
- FROM <表 1>,<表 2>,…,<表 n>
  该子句是必选项,其中的表 1 和表 2 表示查询数据的来源,可以是一个或多个,当多个时每个表之间用逗号分隔。
- [WHERE <表达式>]
  该子句是可选项,<表达式>是布尔类型,表示查询行必须满足的查询条件。
- [GROUP BY < grouping_columns >
  [HAVING < expression >[{< operator > < expression >} …]]]
  该子句是可选项,分组 GROUP BY 子句表明使用指定的 grouping_columns 关键字分组,当有多个关键字时,每个关键字之间用逗号分隔;HAVING 子句是可选项,指定过滤分组条件,只有满足的布尔表达式的分组才会显示出来。
- [ORDER BY < order by definition > [ASC | DESC]]

该子句是可选项,按指定顺序显示查询出来的数据,其中,DESC 表示降序,ASC 表示升序,默认为 ASC 升序排序。

- [< LIMIT >] [< offset >,] < row count >]

该子句是可选项,限制显示查询结果集的记录数。其中,< row count >表示显示满足条件的记录数;可选项[< offset >,]指定结果集的起始位置。

【例 4.45】 查询 test1 数据库 tb_emp1 表中的所有数据,输入命令如下。

```
mysql > USE test1;
mysql > SELECT * FROM tb_emp1;
```

SELECT 可以查询表中的指定列。针对表中的多列进行查询,只要在 SELECT 后面指定要查询的列名即可,多列之间用“,”分隔。

【例 4.46】 查询 tb_emp1 表中的 name 和 deptId 数据,输入命令如下。

```
mysql > SELECT name, deptId FROM tb_emp1;
```

该语句的执行过程是,SELECT 语句决定了要查询的列值,在这里查询 name 和 deptId 两个字段的值,FROM 子句指定了数据的来源,这里指定数据表 tb_emp1,因此返回结果为 tb_emp1 表中 name 和 deptId 两个字段下所有的数据,其显示顺序为添加到列表中的顺序。

【例 4.47】 从 tb_students_info 表中获取 id、name 和 height 三列,输入命令如下。

```
mysql > SELECT id, name, height FROM tb_students_info;
+----+--------+--------+
| id | name   | height |
+----+--------+--------+
| 1  | Dany   | 160    |
| 2  | Green  | 185    |
| 3  | Henry  | 158    |
| 4  | Jane   | 162    |
| 5  | Jim    | 175    |
| 6  | John   | 172    |
| 7  | Lily   | 165    |
| 8  | Susan  | 170    |
| 9  | Thomas | 178    |
| 10 | Tom    | 165    |
| 11 | Anna   | 160    |
+----+--------+--------+
11 rows in set (0.00 sec)
```

输出结果显示了 tb_students_info 表中 id、name 和 height 三个字段的所有数据。

4.5.2 单表查询

使用 SELECT 语句进行查询,需要确定所要查询的数据在哪个表中或在哪些表中。单表查询是指从一张表数据中查询所需的数据。本节将介绍单表查询中的各种基本的查询方式,主要有查询指定字段、查询指定记录、查询空值、多条件的查询、对查询结果进行排序等。

1. 去重(过滤重复数据)

有时出于对数据分析的要求,需要消除重复的记录值。这时候就需要使用 DISTINCT 短语指示 MySQL 消除重复的记录值,语法格式为

```
SELECT DISTINCT <字段名> FROM <表名>;
```

当使用 DISTINCT 子句时,需要注意以下事项。

- 选择列表的行集中,所有值的组合决定行的唯一性。
- 数据检索包含任何唯一值组合的行,如果不指定 DISTINCT 子句则将所有行返回到结果集中。

【例 4.48】　查询 tb_students_info 表中 age 字段的值,返回 age 字段的值,并且不显示重复的值,输入命令如下。

```
mysql > SELECT DISTINCT age FROM tb_students_info;
+------+
| age  |
+------+
|  25  |
|  23  |
|  22  |
|  24  |
|  21  |
+------+
5 rows in set (0.00 sec)
```

由运行结果可以看到,这次查询结果只返回了 5 条记录的 age 值,且没有重复的值。

2. 查询指定记录

数据库中包含大量的数据,根据特殊要求,可能只需要查询表中的指定数据,即对数据进行过滤。在使用 MySQL SELECT 语句时,可以使用 WHERE 子句来指定查询条件,从 FROM 子句的结果中选取适当的数据行,达到数据过滤的效果。

语法格式如下。

```
WHERE <查询条件>
```

其中,查询条件其结果取值为 TRUE、FALSE。查询条件的语法分类如下。

- <表达式 1> { = | <> | != | < | <= | > | >= } <表达式 2>
- <表达式 1> [NOT]LIKE <表达式 2>
- <表达式 1> [NOT][REGEXP|RLIKE] <表达式 2>
- <表达式 1> [NOT]BETWEEN <表达式 2> AND <表达式 3>
- <表达式 1> IS[NOT]NULL
- <字段名> [NOT]IN (值集合)

1) 带有比较条件的简单查询

在 WHERE 子句中,MySQL 通过一系列的条件判断符,实现筛选,以查询出满足条件的记录。

【例 4.49】 在表 tb_students_info 中,查询年龄小于 22 的学生的姓名,输入命令如下。

```
mysql> SELECT name,age FROM tb_students_info WHERE age < 22;
+-------+------+
| name  | age  |
+-------+------+
| John  |  21  |
+-------+------+
1 row in set (0.05 sec)
```

可以看到,查询结果中所有记录的 age 字段的值均小于 22 岁,而大于或等于 22 岁的记录没有被返回。

2) 带 LIKE 的字符串匹配查询

字符串匹配是一种模式匹配,使用运算符 LIKE 设置过滤条件,通过它可以实现模糊查询。过滤条件使用通配符进行匹配运算,而不是判断是否相等进行比较。相互间进行匹配运算的对象可以是 CHAR、VARCHAR、TEXT、DATETIME 等数据类型,运算返回的结果是 TRUE 或 FALSE。

利用通配符可以在不完全确定比较值的情形下创建一个比较特定数据的搜索模式,并置于关键字 LIKE 之后。可以在搜索模式的任意位置使用通配符,并且可以使用多个通配符。MySQL 支持的通配符有以下两种。

1) 百分号“%”

百分号是 MySQL 中常用的一种通配符,在过滤条件中,百分号可以表示任何字符串,并且该字符串可以出现任意次。使用百分号通配符要注意以下几点。

- MySQL 默认是不区分大小写的,若要区分大小写,则需要更换字符集的校对规则。
- 百分号不匹配空值。
- 百分号可以代表搜索模式中给定位置的 0 个、1 个或多个字符。
- 尾空格可能会干扰通配符的匹配,一般可以在搜索模式的最后附加一个百分号。

2) 下画线“_”

下画线通配符和百分号通配符的用途一样,但下画线只能匹配单个字符,而不是多个字符,也不是 0 个字符。

注意:不要过度使用通配符,对通配符检索的处理一般会比其他检索方式花费更长的时间。

【例 4.50】 在 tb_students_info 表中,查找所有以“T”字母开头的学生姓名,输入命令如下。

```
mysql> SELECT name FROM tb_students_info WHERE name LIKE 'T%';
+---------+
| name    |
+---------+
| Thomas  |
| Tom     |
+---------+
2 rows in set (0.00 sec)
```

注意:在搜索匹配时,通配符“%”可以放在不同位置。

【例 4.51】　在 tb_students_info 表中，查找所有包含"e"字母的学生姓名，输入命令如下。

```
mysql > SELECT name FROM tb_students_info WHERE name LIKE '%e%';
+-------+
| name  |
+-------+
| Green |
| Henry |
| Jane  |
+-------+
3 rows in set (0.00 sec)
```

从执行结果可以看出，该语句查询字符串中包含字母 e 的学生的姓名，只要名字中有字母 e，其前面或后面无论有多少个字符，都满足查询的条件。

【例 4.52】　在 tb_students_info 表中，查找所有以字母 y 结尾，且 y 前面只有 4 个字母的学生的姓名，输入命令如下。

```
mysql > SELECT name FROM tb_students_info WHERE name LIKE '____y';
+-------+
| name  |
+-------+
| Henry |
+-------+
1 row in set (0.00 sec)
```

3）带 BETWEEN AND 的范围查询

在 WHERE 子句中，BETWEEN AND 用来查询某个范围内的值，该操作符需要两个参数，即范围的开始值和结束值，如果字段值满足指定的范围查询条件，则这些记录被返回。

【例 4.53】　在 tb_students_info 表中查询学生的信息，要求 height 在 165～175，输入命令如下。

```
SELECT * FROM tb_students_info WHERE height between 165 AND 175;
+----+-------+---------+------+------+--------+--------------+
| id | name  | dept_id | age  | sex  | height | login_date   |
+----+-------+---------+------+------+--------+--------------+
|  5 | Jim   |       1 |   24 | M    |    175 | 2016-01-15   |
|  6 | John  |       2 |   21 | M    |    172 | 2015-11-11   |
|  7 | Lily  |       6 |   22 | F    |    165 | 2016-02-26   |
|  8 | Susan |       4 |   23 | M    |    170 | 2015-10-01   |
| 10 | Tom   |       4 |   23 | M    |    165 | 2016-08-05   |
+----+-------+---------+------+------+--------+--------------+
5 rows in set (0.00 sec)
```

可以看到，返回结果包含身高在 165～175 的学生信息，并且端点值 175 也包括在返回结果中，即 BETWEEN 匹配范围中所有值，包括开始值和结束值。

BETWEEN AND 操作符前可以加关键字 NOT，表示指定范围之外的值，如果字段值不满足指定范围内的值，则这些记录被返回。

4）用 IS NULL 关键字查询空值

CREATE TABLE 语句或 ALTER TABLE 语句中，可以指定某列中是否可以包含空值(NULL)。空值不同于 0,也不同于空字符串。空值一般表示数据未知、不适用或将在以后添加数据。在 SELECT 语句中使用 IS NULL 子句,可以查询某字段内容为空的记录。

一个字段值是空值或者不是空值,要表示为"IS NULL"或"IS NOT NULL"。不能表示为"=NULL"或"<> NULL"。如果写成"字段=NULL"或"字段<> NULL",系统的运行结果都直接处理为 NULL 值,按照 FALSE 处理而不报错。

【例 4.54】 为 tb_students_info 添加一个 c_email 字段值,然后查询 tb_students_info 表中 c_email 为空的记录的 id、name 和 c_email 字段值,输入命令如下。

```
mysql > alter table tb_students_info add (c_email varchar(20));
Query OK, 0 rows affected (0.03 sec)
Records: 0 Duplicates: 0 Warnings: 0
mysql > SELECT id,name,c_email FROM tb_students_info where c_email IS NULL;
+----+--------+---------+
| id | name   | c_email |
+----+--------+---------+
|  1 | Dany   | NULL    |
|  2 | Green  | NULL    |
|  3 | Henry  | NULL    |
|  4 | Jane   | NULL    |
|  5 | Jim    | NULL    |
|  6 | John   | NULL    |
|  7 | Lily   | NULL    |
|  8 | Susan  | NULL    |
|  9 | Thomas | NULL    |
| 10 | Tom    | NULL    |
| 11 | Anna   | NULL    |
+----+--------+---------+
11 rows in set (0.00 sec)
mysql > SELECT id,name,c_email FROM tb_students_info where c_email IS NOT NULL;
Empty set (0.00 sec)
```

可以看到,显示 tb_students_info 表中字段 c_email 的值为 NULL 的记录,满足查询条件。与 IS NULL 相反的是 IS NOT NULL,该关键字为查找字段不为空的记录。

5) 带 IN 关键字的查询

IN 操作符用来查询满足指定范围内的条件的记录,使用 IN 操作符,将所有检索集合用括号括起来,检索集合中各元素之间用逗号分隔开,如果字段的值满足条件范围内的一个值即为匹配项;如果全都不在集合中,则不满足查询条件。

【例 4.55】 在表 tb_students_info 中查询学号分别为 3 和 6 的学生的学号、姓名、身高和登录时间,输入命令如下。

```
mysql > SELECT id, name, height, login_date FROM tb_students_info WHERE id IN (3,6);
+----+-------+--------+--------------+
| id | name  | height | login_date   |
+----+-------+--------+--------------+
|  3 | Henry |    158 | 2015 - 05 - 31 |
|  6 | John  |    172 | 2015 - 11 - 11 |
+----+-------+--------+--------------+
2 rows in set (0.02 sec)
```

3. 多条件查询

使用 SELECT 查询时,可以增加查询的限制条件,这样可以使查询的结果更加精确。MySQL 在 WHERE 子句中使用 AND 操作符和 OR 操作符能够实现多条件查询。

1) 带 AND 的多条件查询

MySQL 在 WHERE 子句中使用 AND 操作符限定只有满足所有查询条件的记录才会被返回。可以使用 AND 连接两个甚至多个查询条件,多个条件表达式之间用 AND 分开。

【例 4.56】　在 tb_students_info 表中查询 age 大于 21,并且 height 大于或等于 175 的学生的信息,输入的 SQL 语句和执行结果如下。

```
mysql> SELECT * FROM tb_students_info WHERE age>21 AND height>=175;
+----+--------+---------+------+------+--------+------------+
| id | name   | dept_id | age  | sex  | height | login_date |
+----+--------+---------+------+------+--------+------------+
|  2 | Green  |       3 |   23 | M    |    185 | 2016-10-22 |
|  5 | Jim    |       1 |   24 | M    |    175 | 2016-01-15 |
|  9 | Thomas |       3 |   22 | M    |    178 | 2016-06-07 |
+----+--------+---------+------+------+--------+------------+
3 rows in set (0.06 sec)
```

注意:上例的 WHERE 子句中只包含一个 AND 语句,把两个过滤条件组合在一起,实际上可以添加多个 AND 过滤条件,增加条件的同时增加一个 AND 关键字。

2) 带 OR 的多条件查询

带 OR 的多条件查询,实际上是指只要符合多条件中的一个,记录就会被查询出来;如果不满足这些查询条件中的任何一个,这样的记录将被排除掉。类似于 AND 操作符,OR 操作符也可以同时连接多个条件表达式。

【例 4.57】　查询计算机学院的具有高级职称教师的教师号、姓名和从事专业。

分析:WHERE 子句设置的条件包括部门和职称,其中,高级职称又包括教授和副教授两类,需要包括 OR 和 AND 两种操作符运算,输入命令如下。

```
mysql> select teacherno,tname, major
    -> from teacher
    -> where department='计算机学院' and (prof='副教授' or prof='教授');
```

4. 对结果集排序

从前面的查询结果,读者会发现有些字段的值是没有任何顺序的,也就是说,查询的数据并没有以一种特定的顺序显示,如果没有对它们进行排序,则将根据插入数据表中的顺序显示。MySQL 可以通过在 SELECT 语句中使用 ORDER BY 子句,对查询的结果进行升序(ASC)或降序(DESC)排列。排序可以依照某个列的值,若列值相等则根据第二个属性的值进行排序,以此类推。其语法格式为

```
ORDER BY {<列名> | <表达式> | <位置>} [ASC|DESC]
```

其中,列名指定用于排序的列,可以指定多个列,列名之间用逗号分隔;表达式用于指定排序的方式;位置指定用于排序的列在 SELECT 语句结果集中的位置,通常是一个正整数;关键字 ASC 表示按升序分组,关键字 DESC 表示按降序分组,其中,ASC 为默认值。这

两个关键字必须位于对应的列名、表达式、列的位置之后。

利用 ORDER BY 子句进行排序,需要注意如下事项和原则。

- ORDER BY 子句包含的列,并不一定出现在选择列表中。
- ORDER BY 子句中可以包含子查询。
- ORDER BY 子句可以通过指定列名、函数值和表达式的值进行排序。

当排序的值中存在空值时,ORDER BY 子句会将该空值作为最小值来对待。也就是说,当对含有 NULL 值进行排序时,如果是按升序排列,NULL 值将出现在最前面,如果是按降序排列,则 NULL 值将出现在最后。

当在 ORDER BY 子句中指定多个列排序时,MySQL 会按照列的顺序从左到右依次进行排序。

【例 4.58】 查询 tb_students_info 表的学生信息,并按 height 字段值对其进行排序,输入命令如下。

```
mysql > SELECT * FROM tb_students_info ORDER BY height;
+----+--------+---------+------+------+--------+--------------+
| id | name   | dept_id | age  | sex  | height | login_date   |
+----+--------+---------+------+------+--------+--------------+
|  3 | Henry  |       2 |   23 | F    |    158 | 2015 - 05 - 31 |
|  1 | Dany   |       1 |   25 | F    |    160 | 2015 - 09 - 10 |
| 11 | Anna   |       5 |   25 | F    |    160 | 2017 - 10 - 19 |
|  4 | Jane   |       1 |   22 | F    |    162 | 2016 - 12 - 20 |
|  7 | Lily   |       6 |   22 | F    |    165 | 2016 - 02 - 26 |
| 10 | Tom    |       4 |   23 | M    |    165 | 2016 - 08 - 05 |
|  8 | Susan  |       4 |   23 | M    |    170 | 2015 - 10 - 01 |
|  6 | John   |       2 |   21 | M    |    172 | 2015 - 11 - 11 |
|  5 | Jim    |       1 |   24 | M    |    175 | 2016 - 01 - 15 |
|  9 | Thomas |       3 |   22 | M    |    178 | 2016 - 06 - 07 |
|  2 | Green  |       3 |   23 | M    |    185 | 2016 - 10 - 22 |
+----+--------+---------+------+------+--------+--------------+
11 rows in set (0.00 sec)
```

该语句通过指定 ORDER BY 子句,MySQL 对查询的 height 列的数据按数值的大小进行了升序排序。

【例 4.59】 查询 tb_students_info 表中的 name 和 height 字段,先按 height 排序,再按 name 排序,输入命令如下。

```
mysql > SELECT name,height
     - > FROM tb_students_info
     - > ORDER BY height,name;
+--------+--------+
| name   | height |
+--------+--------+
| Henry  |    158 |
| Anna   |    160 |
| Dany   |    160 |
| Jane   |    162 |
| Lily   |    165 |
| Tom    |    165 |
```

```
| Susan          |    170 |
| John           |    172 |
| Jim            |    175 |
| Thomas         |    178 |
| Green          |    185 |
+--------+--------+
11 rows in set (0.00 sec)
```

注意：在对多列进行排序时，首行排序的第一列必须有相同的列值，才会对第二列进行排序；如果第一列数据中所有的值都是唯一的，将不再对第二列进行排序。

默认情况下，查询数据按字母升序进行排序（A～Z），但数据的排序并不仅限于此，还可以使用 ORDER BY 对查询结果进行降序排序（Z～A），这可以通过关键字 DESC 实现。可以对多列进行不同的顺序排序。

【例 4.60】　查询 tb_students_info 表，先按 height 降序排序，再按 name 升序排序，输入命令如下。

```
mysql > SELECT name,height
    -> FROM tb_students_info
    -> ORDER BY height DESC,name ASC;
+--------+--------+
| name   | height |
+--------+--------+
| Green  |    185 |
| Thomas |    178 |
| Jim    |    175 |
| John   |    172 |
| Susan  |    170 |
| Lily   |    165 |
| Tom    |    165 |
| Jane   |    162 |
| Anna   |    160 |
| Dany   |    160 |
| Henry  |    158 |
+--------+--------+
11 rows in set (0.00 sec)
```

注意：DESC 关键字只对前面一列有效，在这里只对 height 排序，而并没有对 name 进行排序，因此，height 按降序排序，而 name 仍按升序排序。如果要对多列进行降序排序，必须要在每一列的后面加 DESC 关键字。

5. 分组查询

分组查询可以将查询结果按属性列或属性列组合在行的方向上进行分组，MySQL 中使用 GROUP BY 关键字对数据进行分组，基本语法形式为

```
[GROUP BY 字段][HAVING <条件表达式>]
```

其中，字段值为进行分组时所依据的列名称；"HAVING <条件表达式>"指定满足表达式限定条件的结果将被显示。

对于 GROUP BY 子句的使用，需要注意以下几点。

- GROUP BY 子句可以包含任意数目的列,使其可以对分组进行嵌套,为数据分组提供更加细致的控制。
- GROUP BY 子句列出的每列都必须是检索列或有效的表达式,但不能是聚合函数。若在 SELECT 语句中使用表达式,则必须在 GROUP BY 子句中指定相同的表达式。
- 除聚合函数之外,SELECT 语句中的每列都必须在 GROUP BY 子句中给出。
- 若用于分组的列中包含 NULL 值,则 NULL 将作为一个单独的分组返回;若该列中存在多个 NULL 值,则将这些 NULL 值的行分在一组。
- GROUP BY 关键字通常配合集合函数 MAX()、MIN()、COUNT()、SUM()、AVG()一起使用。例如,要返回每个学院的学生人数,则在分组过程中使用 COUNT() 函数,把数据分为多个逻辑组,并对每组的行数进行统计。

【例 4.61】 根据 dept_id 对 tb_students_info 表中的数据进行分组,输入命令如下。

```
SELECT dept_id, COUNT( * ) AS Total FROM tb_students_info GROUP BY dept_id;
+---------+-------+
| dept_id | Total |
+---------+-------+
|       1 |     3 |
|       3 |     2 |
|       2 |     2 |
|       6 |     1 |
|       4 |     2 |
|       5 |     1 |
+---------+-------+
6 rows in set (0.00 sec)
```

查询结果显示 dept_id 表示学院的 ID,Total 字段使用 COUNT() 函数计算得出,GROUP BY 子句按照 dept_id 排序并对数据分组,可以看到 ID 为 1 的学院学生数是 3,ID 为 2、3、4 的学院学生数分别是 2,ID 为 6 的学院学生数只有 1 个。

如果要查看每个学院的学生姓名,可以在 GROUP BY 子句中使用 GROUP_CONCAT() 函数,将每个分组中各个字段的值显示出来。

【例 4.62】 根据 dept_id 对 tb_students_info 表中的数据进行分组,将每个学院的学生姓名显示出来,输入命令如下。

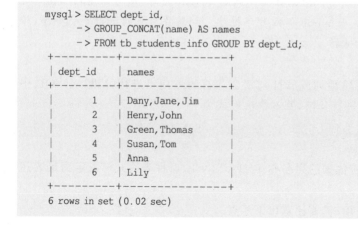

```
mysql > SELECT dept_id,
    -> GROUP_CONCAT(name) AS names
    -> FROM tb_students_info GROUP BY dept_id;
+---------+---------------+
| dept_id | names         |
+---------+---------------+
|       1 | Dany,Jane,Jim |
|       2 | Henry,John    |
|       3 | Green,Thomas  |
|       4 | Susan,Tom     |
|       5 | Anna          |
|       6 | Lily          |
+---------+---------------+
6 rows in set (0.02 sec)
```

从运行结果可以看出,根据 dept_id 的不同分别统计了 dept_id 相同的姓名。

SELECT 语句中的 WHERE 和 HAVING 子句控制用数据源表中的那些行来构造结果集。WHERE 和 HAVING 是筛选,这两个子句指定一系列搜索条件,只有那些满足搜索条件的行才用来构造结果集。HAVING 子句通常与 GROUP BY 子句结合使用,HAVING 子句指定在应用 WHERE 子句的筛选后要进一步满足分组的筛选,只有满足条件的分组才会被显示。

【例 4.63】 根据 dept_id 对 tb_students_info 表中的数据进行分组,并显示学生人数大于 2 的分组信息,输入命令如下。

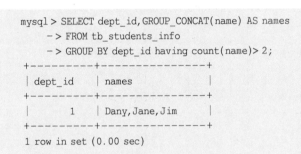

```
mysql > SELECT dept_id,GROUP_CONCAT(name) AS names
    -> FROM tb_students_info
    -> GROUP BY dept_id having count(name)> 2;
+---------+----------------+
| dept_id | names          |
+---------+----------------+
|       1 | Dany,Jane,Jim  |
+---------+----------------+
1 row in set (0.00 sec)
```

由结果可以看到,dept_id 为 1 的学院的学生人数大于 2,满足 HAVING 子句条件,因此出现在返回结果中;而 dept_id 为 2、3、4 的学院的学生人数等于 2,不满足限定条件,因此不再返回结果中。

6. 用 LIMIT 限制查询结果的数量

使用 MySQL SELECT 语句返回的是所有匹配的行,有些时候仅需要返回第一行或者前几行,这时候就需要用到 MySQL 的 LIMIT 子句。基本的语法格式如下。

```
<LIMIT> [<位置偏移量>,] <行数>
```

- LIMIT 接受一个或两个数字参数,参数必须是一个整数常量。如果给定两个参数,第一个参数指定第一个返回记录行的偏移量,第二个参数指定返回记录行的最大数目。
- 第一个参数"位置偏移量"是可选参数,指定从哪一行开始显示,如果不指定"位置偏移量",将会从表中的第一条记录开始(第一条记录的位置偏移量是 0,第二条记录的位置偏移量是 1,以此类推);第二个参数"行数"指定返回的记录数。

【例 4.64】 显示 tb_students_info 表查询结果的前 4 行,输入命令如下。

```
mysql > SELECT * FROM tb_students_info LIMIT 4;
+----+-------+---------+------+------+--------+------------+
| id | name  | dept_id | age  | sex  | height | login_date |
+----+-------+---------+------+------+--------+------------+
|  1 | Dany  |       1 | 25   | F    |    160 | 2015-09-10 |
|  2 | Green |       3 | 23   | M    |    185 | 2016-10-22 |
|  3 | Henry |       2 | 23   | F    |    158 | 2015-05-31 |
|  4 | Jane  |       1 | 22   | F    |    162 | 2016-12-20 |
+----+-------+---------+------+------+--------+------------+
4 rows in set (0.00 sec)
```

由结果可以看到,该语句没有指定返回记录的"位置偏移量"参数,显示结果从第一行开始,"行数"参数为4,因此返回的结果为表中的前4行记录。

若指定返回记录的开始位置,则返回结果为从"位置偏移量"参数开始的指定行数,"行数"参数指定返回的记录条数。

【例 4.65】 在 tb_students_info 表中,使用 LIMIT 子句返回从第 4 条记录开始的行数为 5 的记录,输入命令如下。

```
mysql > SELECT * FROM tb_students_info LIMIT 3,5;
+----+-------+---------+------+------+--------+--------------+
| id | name  | dept_id | age  | sex  | height | login_date   |
+----+-------+---------+------+------+--------+--------------+
|  4 | Jane  |       1 |   22 | F    |    162 | 2016 - 12 - 20 |
|  5 | Jim   |       1 |   24 | M    |    175 | 2016 - 01 - 15 |
|  6 | John  |       2 |   21 | M    |    172 | 2015 - 11 - 11 |
|  7 | Lily  |       6 |   22 | F    |    165 | 2016 - 02 - 26 |
|  8 | Susan |       4 |   23 | M    |    170 | 2015 - 10 - 01 |
+----+-------+---------+------+------+--------+--------------+
5 rows in set (0.00 sec)
```

由结果可以看到,该语句指示 MySQL 返回从第 4 条记录行开始的之后的 5 条记录,第一个数字"3"表示从第 4 行开始(位置偏移量从 0 开始,第 4 行的位置偏移量为 3),第二个数字 5 表示返回的行数。

带一个参数的 LIMIT 指定从查询结果的首行开始,唯一的参数表示返回的行数,即"LIMIT n"与"LIMIT $0,n$"等价。带两个参数的 LIMIT 可返回从任何位置开始的指定行数的数据。返回第一行位置的偏移量是 0。因此,"LIMIT 1,1"返回第 2 行,而不是第 1 行。

4.5.3　聚合函数查询

在一些数据库应用中,有时候并不需要返回实际表中的数据,而只是对数据进行统计。MySQL 提供一些查询功能,可以对获取的数据进行分析和报告。这些函数的功能有:计算数据表中记录行数的总数、计算某个字段列数据的总和,以及计算表中某个字段下的最大值、最小值或者平均值。本节将介绍这些函数以及如何使用它们。这些聚合函数的名称和作用如表 4-15 所示。

表 4-15　MySQL 聚合函数

函　　数	功 能 描 述
AVG()	返回某列的平均值
COUNT()	返回某列的行数
MAX()	返回某列的最大值
MIN()	返回某列的最小值
SUM()	返回某列的和

接下来将详细介绍各个函数的使用方法。GROUP BY 关键字通常需要与聚合函数一起使用。

1. COUNT()函数

COUNT()函数对于除" * "以外的任何参数,返回所选择聚合中非 NULL 值的行的数目；对于参数"＊"，返回选择聚合所有行的数目，包含 NULL 值的行。没有 WHERE 子句的 COUNT(＊)是经过内部优化的，能够快速地返回表中所有的记录总数。

【例 4.66】 通过查询求 tb_students_info 表中学生的总数。求学生数即为求符合要求的记录行数，一般利用 COUNT()函数实现，输入命令如下。

```
mysql> SELECT count(age) FROM tb_students_info;
+------------+
| count(age) |
+------------+
|         11 |
+------------+
1 row in set (0.00 sec)
```

2. SUM()和 AVG()函数

SUM()函数可以求出表中某个字段取值的总和，而 AVG()函数可以求出表中某个字段取值的平均值。

【例 4.67】 查询 score 表中学生的期末总成绩大于 270 分的学生学号、总成绩及平均成绩。

先按照 studentno 对 final 值进行分组，再分别使用 SUM()函数和 AVG()函数统计期末总成绩和平均值，然后进行期末总成绩大于 270 分学生的筛选，输入命令如下。

```
mysql> SELECT studentno 学号, SUM(final) 总分, AVG (final)  平均分
    -> FROM score
    -> GROUP BY studentno
    -> HAVING SUM (final)> 270
    -> ORDER BY studentno;
```

AVG()可以与 GROUP BY 一起使用，来计算每个分组的平均值。

3. MAX()函数和 MIN()函数

MAX()函数可以求出表中某个字段取值的最大值。MIN()函数可以求出表中某个字段取值的最小值。

【例 4.68】 在 tb_students_info 表中，查找最高和最低的身高信息，输入命令如下。

```
mysql> SELECT MAX(height) AS max_height,MIN(height) FROM tb_students_info;
+------------+-------------+
| max_height | MIN(height) |
+------------+-------------+
|        185 |         158 |
+------------+-------------+
1 row in set (0.00 sec)
```

MAX()函数不仅适用于查找数值类型，也可应用于字符类型。MAX()函数除了用来找出最大的列值或日期值之外，还可以返回任意列中的最大值，包括返回字符类型的最大值。在对字符类型数据进行比较时，按照字符的 ASCII 码值大小进行比较。在比较时，先比较第一个字母，如果相等，继续比较下一个字符，一直到两个字符不相等或者字符结束为止。例如，b 与 Y 比较时，b 为最大值；"bed"与"bca"比较时，"bed"为最大值。MIN()函数

与 MAX()函数类似,不仅适用于查找数值类型,也可应用于字符类型。

4. 利用 GROUP BY 子句与 WITH ROLLUP 一起进行统计

使用 MySQL 中的 WITH ROLLUP 关键字,可以在分组的统计数据的基础上再进行记录统计,即在所有查询出的分组记录之后增加一条记录,该记录计算查询出的所有记录的统计数量。

【例 4.69】 根据 dept_id 对 tb_students_info 表中的学生数据进行分组,并显示记录数量,输入命令如下。

```
mysql > SELECT dept_id,COUNT( * ) AS Total
    -> FROM tb_students_info GROUP BY dept_id WITH ROLLUP;
+---------+-------+
| dept_id | Total |
+---------+-------+
|       1 |     3 |
|       2 |     2 |
|       3 |     2 |
|       4 |     2 |
|       5 |     1 |
|       6 |     1 |
|    NULL |    11 |
+---------+-------+
7 rows in set (0.00 sec)
```

由结果可以看到,通过 GROUP BY 分组之后,在显示结果的最后面新添加了一行,该行 Total 列的值正好是上面所有数值之和。

4.5.4 连接查询

连接查询是关系数据库中常用的多表查询数据的模式,它可以根据各个表之间的逻辑关系,利用一个表中的数据选择其他表中的行,从而查询出存放在多个表中的不同实体的信息。当两个或多个表中存在相同意义的字段时,便可以通过这些字段设置查询条件实现多表连接查询。

MySQL 处理连接时,查询引擎从多种可能的方案中选择最高效的方案处理连接。尽管不同连接的物理执行可以采用多种不同的优化,但逻辑序列都是通过应用 FROM、WHERE 和 HAVING 子句中的连接条件和搜索条件实现。连接条件与 WHERE 和 HAVING 搜索条件组合,用于控制 FROM 子句引用的数据源中所选定的行。

连接条件中用到的字段可以不必具有相同的名称或相同的数据类型,但必须是类型兼容或可进行隐性转换的。MySQL 显式定义了连接操作,增强了查询的可读性,显式定义的关键字如下。

- INNER JOIN:内连接,结果只包含满足条件的列。
- LEFT JOIN:左外连接,结果包含满足条件的行及左侧表中的全部行。
- RIGHT JOIN:右外连接,结果包含满足条件的行及右侧表中的全部行。
- UNION:全外连接,结果包含左、右两表中的全部行。

1. 内连接查询

内连接是通过在查询中设置连接条件的方式,来移除查询结果集中某些数据行后的交叉连接。简单来说,就是利用条件表达式来消除交叉连接的某些数据行。

在 MySQL FROM 子句中使用关键字 INNER JOIN 连接两张表,并使用 ON 子句来设置连接条件。语法格式如下。

```
SELECT <列名 1,列名 2,…>
FROM <表名 1> INNER JOIN <表名 2> [ON 子句]
```

其中,<列名 1,列名 2,…>指示需要检索的列名;<表名 1><表名 2>表示进行内连接的两张表的表名。

内连接是系统默认的表连接,所以在 FROM 子句后可以省略 INNER 关键字,只用关键字 JOIN。使用内连接后,FROM 子句中的 ON 子句用来设置连接表的条件。

【例 4.70】　表 tb_students_info 和表 tb_departments 都包含相同数据类型的字段 dept_id,在两个表之间使用内连接查询,输入命令如下。

```
mysql > SELECT id, name, age, dept_name
    -> FROM tb_students_info INNER JOIN tb_departments
    -> ON tb_students_info.dept_id = tb_departments.dept_id;
+----+--------+------+-----------+
| id | name   | age  | dept_name |
+----+--------+------+-----------+
|  1 | Dany   |  25  | Computer  |
|  2 | Green  |  23  | Chinese   |
|  3 | Henry  |  23  | Math      |
|  4 | Jane   |  22  | Computer  |
|  5 | Jim    |  24  | Computer  |
|  6 | John   |  21  | Math      |
|  7 | Lily   |  22  | History   |
|  8 | Susan  |  23  | Econmy    |
|  9 | Thomas |  22  | Chinese   |
| 10 | Tom    |  23  | Econmy    |
| 11 | Anna   |  25  | English   |
+----+--------+------+-----------+
11 rows in set (0.00 sec)
```

在本例中,SELECT 后面指定的列分别属于两个不同的表,id、name、age 在表 tb_students_info 中,而 dept_name 在表 tb_departments 中。两个表之间的关系通过 INNER JOIN 指定。使用这种语法的时候,连接的条件使用 ON 子句给出,而不是 WHERE,ON 和 WHERE 后面指定的条件相同。

注意:因为 tb_students_info 表和 tb_departments 表中有相同的字段 dept_id,所以在比较的时候,需要完全限定表名(格式为"表名.列名"),如果只给出 dept_id,MySQL 将不知道指的是哪一个,并返回错误信息。

【例 4.71】　在 tb_students_info 表和 tb_departments 表之间,使用 INNER JOIN 语法进行内连接查询,输入命令如下。

```
mysql > SELECT id,name,age,dept_name
 -> FROM tb_students_info, tb_departments
 -> WHERE tb_students_info.dept_id = tb_departments.dept_id;
```

```
+----+--------+------+-----------+
| id | name   | age  | dept_name |
+----+--------+------+-----------+
|  1 | Dany   |   25 | Computer  |
|  2 | Green  |   23 | Chinese   |
|  3 | Henry  |   23 | Math      |
|  4 | Jane   |   22 | Computer  |
|  5 | Jim    |   24 | Computer  |
|  6 | John   |   21 | Math      |
|  7 | Lily   |   22 | History   |
|  8 | Susan  |   23 | Econmy    |
|  9 | Thomas |   22 | Chinese   |
| 10 | Tom    |   23 | Econmy    |
| 11 | Anna   |   25 | English   |
+----+--------+------+-----------+
11 rows in set (0.00 sec)
```

在这里,SELECT 语句与前面介绍的最大差别是:FROM 子句列出了两个表 tb_students_info 和 tb_departments,WHERE 子句在这里作为过滤条件,指明只有两个表中的 dept_id 字段值相等的时候才符合连接查询的条件。返回的结果可以看到,显示的记录是由两个表中不同列值组成的新记录。

注意:使用 WHERE 子句定义连接条件比较简单明了,而 INNER JOIN 语法是 ANSI SQL 的标准规范,使用 INNER JOIN 连接语法能够确保不会忘记连接条件,而且 WHERE 子句在某些时候会影响查询的性能。

如果在某个连接查询中,涉及的两个表都是同一个表,这种查询称为自连接查询。自连接是一种特殊的内连接,它是指相互连接的表在物理上为同一张表,但可以在逻辑上分为两张表。

【例 4.72】 假设有课程信息表 tb_course_info(cid, name, cpid, credit),其中,cpid 字段是课程号为 cid 的课程的先修课程号,求每一课程的间接先修课程。输入命令如下。

```
SELECT t1.cid, t1.name, t2.cpid
FROM tb_course_info AS t1, tb_course_info AS t2
WHERE t1.cpid = t2.cid
```

此处查询的两个表是相同的表,为了防止产生二义性,对表使用了别名,tb_course_info 表第 1 次出现的别名为 t1,第 2 次出现的别名为 t2,使用 SELECT 语句返回列时明确指出返回以 t1 为前缀的列的全名,WHERE 连接两个表,按照条件 t1.cpid=t2.cid 对数据进行过滤,返回所需数据。

2. 外连接查询

在 MySQL 内连接时,返回查询结果集合中的仅是符合查询条件和连接条件的行。但有时候需要包含没有关联的表中数据,即返回查询结果集合中的不仅包含符合连接条件的行,而且包括左表(左外连接或左连接)、右表(右外连接或右连接)或两个连接表(全外连接)中的所有数据行。MySQL 中外连接先将连接的表分为基表和参考表,再以基表为依据返回满足和不满足条件的记录。也就是说,外连接更加注重两张表之间的关系。按照连接表的顺序,可以分为左外连接和右外连接。

- LEFT JOIN(左连接)：返回包括左表中的所有记录和右表中连接字段相等的记录。
- RIGHT JOIN(右连接)：返回包括右表中的所有记录和左表中连接字段相等的记录。
- UNION(全外连接)：左表和右表所有的记录都显示,若两表没有对应匹配的字段则用 NULL 填充。

1) LEFT JOIN(左连接)

左连接在 FROM 子句中使用关键字 LEFT OUTER JOIN 或者 LEFT JOIN,用于接收该关键字左表(基表)的所有行,并用这些行与该关键字右表(参考表)中的行进行匹配,即匹配左表中的每一行及右表中符合条件的行。

在左外连接的结果集中,除了匹配的行之外,还包括左表中有但在右表中不匹配的行,对于这样的行,从右表中选择的列的值被设置为 NULL,即左外连接的结果集中的 NULL 值表示右表中没有找到与左表相符的记录。

【例 4.73】 在 tb_students_info 表和 tb_departments 表中查询所有学生,包括没有学院的学生,输入命令如下。

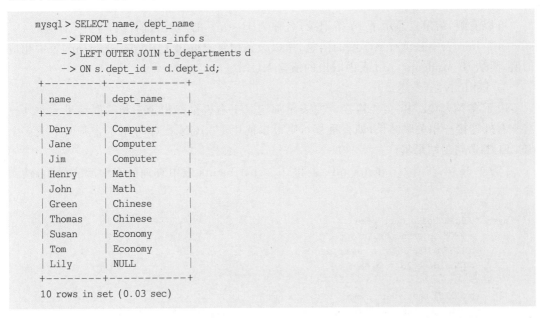

```
mysql > SELECT name, dept_name
    -> FROM tb_students_info s
    -> LEFT OUTER JOIN tb_departments d
    -> ON s.dept_id = d.dept_id;
+---------+-----------+
| name    | dept_name |
+---------+-----------+
| Dany    | Computer  |
| Jane    | Computer  |
| Jim     | Computer  |
| Henry   | Math      |
| John    | Math      |
| Green   | Chinese   |
| Thomas  | Chinese   |
| Susan   | Economy   |
| Tom     | Economy   |
| Lily    | NULL      |
+---------+-----------+
10 rows in set (0.03 sec)
```

结果显示了 10 条记录,name 为 Lily 的学生目前没有学院,因为对应的 tb_departments 表中并没有该学生的学院信息,所以该条记录只取出了 tb_students_info 表中相应的值,而 tb_departments 表中取出的值为 NULL。

2) RIGHT JOIN(右连接)

右连接在 FROM 子句中使用 RIGHT OUTER JOIN 或者 RIGHT JOIN 短语。与左外连接相反,右外连接以右表为基表,连接方法和左外连接相同。在右外连接的结果集中,除了匹配的行外,还包括在右表中但没有在左表中匹配的行,对于这样的行,从左表中选择的值被填充为 NULL。

【例 4.74】 在 tb_students_info 表和 tb_departments 表中查询所有学院,包括没有学生的学院,输入命令如下。

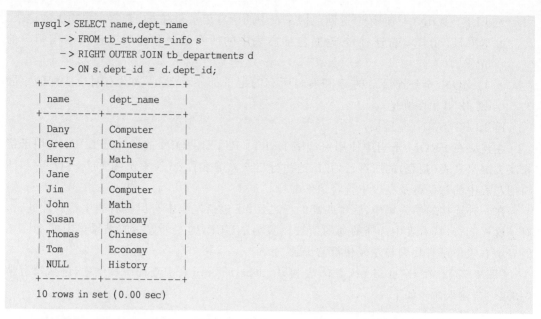

可以看到,结果只显示了 10 条记录,名称为 History 的学院目前没有学生,对应的 tb_students_info 表中并没有该学院的信息,所以该条记录只取出了 tb_departments 表中相应的值,而从 tb_students_info 表中取出的值为 NULL。

3) UNION(全外连接)

由于在 MySQL 中,全外连接=左表全部记录+右表全部记录+相关联结果=左外连接+右外连接-相关联结果(即去重复),则可以使用 UNION 操作符用于合并两个或多个 SELECT 语句的结果集。

【例 4.75】 在 tb_students_info 表和 tb_departments 表中查询所有学院和学生,输入命令如下。

```
mysql > SELECT name,dept_name
    -> FROM tb_students_info s
    -> LEFT OUTER JOIN tb_departments d
    -> ON s.dept_id = d.dept_id
    -> union
    -> SELECT name, dept_name
    -> FROM tb_students_info s
    -> RIGHT OUTER JOIN tb_departments d
    -> ON s.dept_id = d.dept_id;
+--------+-----------+
| name   | dept_name |
+--------+-----------+
| Dany   | Computer  |
| Green  | Chinese   |
| Henry  | Math      |
| Jane   | Computer  |
| Jim    | Computer  |
| John   | Math      |
| Lily   | NULL      |
| Susan  | Econmy    |
```

```
| Thomas    | Chinese    |
| Tom       | Econmy     |
| NULL      | History    |
+-----------+------------+
11 rows in set (0.00 sec)
```

4.5.5 子查询

子查询指一个查询语句嵌套在另一个查询语句内部的查询,这个特性从 MySQL 4.1 开始引入,在 SELECT 子句中先计算子查询,子查询结果作为外层另一个查询的过滤条件,查询可以基于一个表或者多个表。子查询中常用的操作符有 ANY(SOME)、ALL、IN 和 EXISTS。子查询可以添加到 SELECT、UPDATE 和 DELETE 语句中,而且可以进行多层嵌套。子查询也可以使用比较运算符,如"<"、"<="、">"、">="、"!="等。本节将介绍如何在 SELECT 语句中嵌套子查询。

1. IN 子查询

结合关键字 IN 所使用的子查询主要用于判断一个给定值是否存在于子查询的结果集中。其语法格式为

<表达式> [NOT] IN <子查询>

其中,<表达式>用于指定表达式。当表达式与子查询返回的结果集中的某个值相等时,返回 TRUE,否则返回 FALSE;若使用关键字 NOT,则返回的值正好相反。

<子查询>用于指定子查询。这里的子查询只能返回一列数据。对于比较复杂的查询要求,可以使用 SELECT 语句实现子查询的多层嵌套。

【例 4.76】 在 tb_departments 表中查询 dept_type 为 A 的学院 ID,并根据学院 ID 查询该学院学生的名字,输入命令如下。

```
mysql> SELECT name FROM tb_students_info
    -> WHERE dept_id IN
    -> (SELECT dept_id
    -> FROM tb_departments
    -> WHERE dept_type = 'A');
+-------+
| name  |
+-------+
| Dany  |
| Henry |
| Jane  |
| Jim   |
| John  |
+-------+
5 rows in set (0.01 sec)
```

上述查询过程可以分步执行。首先内层子查询查出 tb_departments 表中符合条件的学院 ID,单独执行内查询,输入命令如下。

```
mysql> SELECT dept_id
    -> FROM tb_departments
    -> WHERE dept_type = 'A';
+---------+
| dept_id |
+---------+
|       1 |
|       2 |
+---------+
2 rows in set (0.00 sec)
```

可以看到,符合条件的 dept_id 列的值有两个:1 和 2。然后执行外层查询,在 tb_students_info 表中查询 dept_id 等于 1 或 2 的学生的名字。嵌套子查询语句还可以写为如下形式,可以实现相同的效果,输入命令如下。

```
mysql> SELECT name FROM tb_students_info
    -> WHERE dept_id IN(1,2);
+-------+
| name  |
+-------+
| Dany  |
| Henry |
| Jane  |
| Jim   |
| John  |
+-------+
5 rows in set (0.03 sec)
```

上例说明在处理 SELECT 语句时,MySQL 实际上执行了两个操作过程,即先执行内层子查询,再执行外层查询,内层子查询的结果作为外部查询的比较条件。

【例 4.77】 与例 4.76 类似,但是在 SELECT 语句中使用 NOT IN 关键字,输入命令如下。

```
mysql> SELECT name FROM tb_students_info
    -> WHERE dept_id NOT IN
    -> (SELECT dept_id
    -> FROM tb_departments
    -> WHERE dept_type = 'A');
+--------+
| name   |
+--------+
| Green  |
| Lily   |
| Susan  |
| Thomas |
| Tom    |
+--------+
5 rows in set (0.04 sec)
```

2. 比较运算符子查询

比较运算符所使用的子查询主要用于对表达式的值和子查询返回的值进行比较运算。

其语法格式为

```
<表达式> { = | < | > | > = | < = | < = > | < > | != }
{ ALL | SOME | ANY} <子查询>
```

其中,<子查询>用于指定子查询；<表达式>用于指定要进行比较的表达式；ALL、SOME 和 ANY 是可选项,用于指定对比较运算的限制。

【例 4.78】　在 tb_departments 表中查询 dept_name 等于"Computer"的学院 id,然后在 tb_students_info 表中查询所有该学院的学生的姓名,输入命令如下。

```
mysql > SELECT name FROM tb_students_info
    -> WHERE dept_id =
    -> (SELECT dept_id
    -> FROM tb_departments
    -> WHERE dept_name = 'Computer');
+------+
| name |
+------+
| Dany |
| Jane |
| Jim  |
+------+
3 rows in set (0.00 sec)
```

【例 4.79】　在 tb_departments 表中查询 dept_name 不等于"Computer"的学院 id,然后在 tb_students_info 表中查询所有该学院的学生的姓名,输入命令如下。

```
mysql > SELECT name FROM tb_students_info
    -> WHERE dept_id <>
    -> (SELECT dept_id
    -> FROM tb_departments
    -> WHERE dept_name = 'Computer');
+--------+
| name   |
+--------+
| Green  |
| Henry  |
| John   |
| Lily   |
| Susan  |
| Thomas |
| Tom    |
+--------+
7 rows in set (0.00 sec)
```

ALL、SOME 和 ANY 运算都是对比较运算的进一步限制。关键字 ALL 用于指定表达式需要与子查询结果集中的每个值都进行比较,当表达式与每个值都满足比较关系时,会返回 TRUE,否则返回 FALSE；关键字 SOME 和 ANY 是同义词,表示表达式只要与子查询结果集中的某个值满足比较关系,就返回 TRUE,否则返回 FALSE。

为了演示 ALL、SOME 和 ANY 关键字的运算功能,定义两个表 tb1 和 tb2,输入如下命令。

```
CREATES table tb1 (num1 INT NOT NULL);
CREATES table tb2 (num2 INT NOT NULL);
```

分别向两个表中插入数据,输入如下命令。

```
INSERT INTO tb1 values (1), (5), (13), (27);
INSERT INTO tb2 values (6), (14), (11), (20);
```

【例 4.80】 返回 tb2 表的所有 num2 列,然后将 tb1 中的 num 1 的值与之进行比较,只要大于 num2 的任何一个值,即为符合查询条件的结果。输入如下命令。

```
mysql > SELECT num1 FROM tb1 WHERE num1 > ANY (SELECT num2 FROM tb2);
+-------+
| num1  |
+-------+
| 13    |
| 27    |
+-------+
```

在子查询中,返回的是 tb2 表的所有 num2 列结果(6,14,11,20),然后将 tb1 中的 num1 列的值与之进行比较,只要大于 num2 列的任意一个数即为符合条件的结果。

【例 4.81】 返回 tb1 表中比 tb2 表 num2 列所有值都大的值,输入命令如下。

```
mysql > SELECT num1 FROM tb1 WHERE num1 > ALL(SELECT num2 FROM tb2);
+-------+
| num1  |
+-------+
| 27    |
+-------+
```

在子查询中,返回的是 tb2 的所有 num2 列结果(6,14,11,20),然后将 tb1 中的 num1 列的值与之进行比较,大于所有 num2 列值的 num1 值只有 27,因此返回结果为 27。

3. EXIST 子查询

其语法格式为

```
EXIST <子查询>
```

- 关键字 EXIST 所使用的子查询主要用于判断子查询是否有结果,若子查询的结果集不为空,则返回 TRUE;否则返回 FALSE。
- <子查询>是一个任意的子查询,系统对子查询进行运算以判断它是否返回行,如果至少返回一行,那么 EXISTS 的结果为 TRUE,此时外层查询语句将进行查询;如果子查询没有返回任何行,那么 EXISTS 返回的结果是 FALSE,此时外层语句将不进行查询。

【例 4.82】 查询 tb_departments 表中是否存在 dept_id=1 的记录,如果存在,就查询 tb_students_info 表中的记录,输入如下命令。

```
mysql > SELECT * FROM tb_students_info
    -> WHERE EXISTS
    -> (SELECT dept_name
    -> FROM tb_departments
    -> WHERE dept_id = 1);
+----+--------+---------+------+------+--------+------------+
| id | name   | dept_id | age  | sex  | height | login_date |
+----+--------+---------+------+------+--------+------------+
|  1 | Dany   |       1 |   25 | F    |    160 | 2015-09-10 |
|  2 | Green  |       3 |   23 | F    |    158 | 2016-10-22 |
|  3 | Henry  |       2 |   23 | M    |    185 | 2015-05-31 |
|  4 | Jane   |       1 |   22 | F    |    162 | 2016-12-20 |
|  5 | Jim    |       1 |   24 | M    |    175 | 2016-01-15 |
|  6 | John   |       2 |   21 | M    |    172 | 2015-11-11 |
|  7 | Lily   |       6 |   22 | F    |    165 | 2016-02-26 |
|  8 | Susan  |       4 |   23 | F    |    170 | 2015-10-01 |
|  9 | Thomas |       3 |   22 | M    |    178 | 2016-06-07 |
| 10 | Tom    |       4 |   23 | M    |    165 | 2016-08-05 |
+----+--------+---------+------+------+--------+------------+
10 rows in set (0.00 sec)
```

由结果可以看到,内层查询结果表明 tb_departments 表中存在 dept_id=1 的记录,因此 EXSTS 表达式返回 TRUE,外层查询语句接收 TRUE 之后对表 tb_students_info 进行查询,返回所有的记录。

【例4.83】 查询 tb_departments 表中是否存在 dept_id=7 的记录,如果存在,就查询 tb_students_info 表中的记录,输入如下命令。

```
mysql > SELECT * FROM tb_students_info
    -> WHERE EXISTS
    -> (SELECT dept_name
    -> FROM tb_departments
    -> WHERE dept_id = 7);
Empty set (0.00 sec)
```

从结果可以看出,由于内层查询没有满足条件的记录,所以外层查询没有结果。

4.5.6 合并查询结果

用 UNION 操作符可以将多条 SELECT 语句的结果组合成单个结果集。合并多个查询结果集时,所有查询中的列数和列的顺序必须相同且数据类型必须兼容。各个 SELECT 语句之间使用 UNION 或 UNION ALL 关键字分隔。UNION 不使用关键字 ALL,执行的时候删除重复的记录,所有返回的行都是唯一的;使用关键字 ALL 的作用是不删除重复行也不对结果进行自动排序。基本语法格式如下。

```
SELECT_STATEMENT UNION [ALL] SELECT_STATEMENT
```

其中,SELECT_STATEMENT 表示 select 语句;UNION 指定组合多个结果集并返回为单个结果集;ALL 表示将所有行合并到结果中,包括重复的行,如果不指定,将删除重复的行。

【例 4.84】 在 tb_students_info 表中查询所有身高低于 160 的学生信息,查询 id 等于 1、2 和 3 的学生的信息,使用 UNION 连接查询结果,输入如下命令。

```
mysql> SELECT * FROM tb_students_info WHERE height < 165
    -> UNION ALL SELECT * FROM tb_students_info WHERE id IN (1, 2, 3);
+----+-------+---------+------+------+--------+------------+
| id | name  | dept_id | age  | sex  | height | login_date |
+----+-------+---------+------+------+--------+------------+
|  1 | Dany  |       1 |  25  | F    |    160 | 2015-09-10 |
|  2 | Green |       3 |  23  | F    |    158 | 2016-10-22 |
|  4 | Jane  |       1 |  22  | F    |    162 | 2016-12-20 |
|  1 | Dany  |       1 |  25  | F    |    160 | 2015-09-10 |
|  2 | Green |       3 |  23  | F    |    158 | 2016-10-22 |
|  3 | Henry |       2 |  23  | M    |    185 | 2015-05-31 |
+----+-------+---------+------+------+--------+------------+
```

可以看出,UNION 将多个 SELECT 语句的结果组合成一个结果集合。使用 UNION ALL 包含重复的行,在前面的例子中,分开查询时,两个返回结果中相同的记录。UNION 从查询结果集中自动去除了重复的行。

4.5.7 定义表和字段的别名

在前面介绍分组查询、聚合函数查询和嵌套子查询的章节中,读者注意到有的地方使用了 AS 关键字为查询结果中的某一列指定一个特定的名字。在内连接查询时,则对同一张表分别指定两个不同的名字,MySQL 查询中可以为字段或表取一个别名,在查询时,使用别名替代其指定的内容,本节将介绍如何为字段和表创建别名以及如何使用别名。

1. 为表取别名

在使用 MySQL 查询时,当表名很长或者执行一些特殊查询的时候,为了方便操作或者需要多次使用相同的表时,可以为表指定别名,用这个别名代替表原来的名称。为表取别名的基本语法格式为

```
<表名> [AS] <别名>
```

其中,
- <表名>指示数据中存储的数据表的名称。
- <别名>指示查询时指定的表的新名称。
- AS 关键字为可选参数。

【例 4.85】 为 tb_students_info 表取别名 stu,输入如下命令。

```
mysql> SELECT stu.name,stu.height
    -> FROM tb_students_info AS stu;
+--------+--------+
| name   | height |
+--------+--------+
| Dany   |    160 |
| Green  |    158 |
| Henry  |    185 |
| Jane   |    162 |
```

```
| Jim     |     175 |
| John    |     172 |
| Lily    |     165 |
| Susan   |     170 |
| Thomas  |     178 |
| Tom     |     165 |
+---------+---------+
10 rows in set (0.04 sec)
```

注意：在为表取别名时，要保证不能与数据库中的其他表的名称冲突。

【例 4.86】　为 tb_students_info 表和 tb_departments 表分别取别名，并进行连接查询，输入如下命令。

```
mysql > SELECT s.name, d.dept_name
    -> FROM tb_students_info AS s LEFT OUTER JOIN tb_departments AS d
    -> ON s.dept_id = d.dept_id;
+---------+-----------+
| name    | dept_name |
+---------+-----------+
| Dany    | Computer  |
| Jane    | Computer  |
| Jim     | Computer  |
| Henry   | Math      |
| John    | Math      |
| Green   | Chinese   |
| Thomas  | Chinese   |
| Susan   | Economy   |
| Tom     | Economy   |
| Lily    | NULL      |
+---------+-----------+
10 rows in set (0.03 sec)
```

由结果看到，MySQL 可以同时为多个表取别名，而且表别名可以放在不同的位置，如 WHERE 子句、SELECT 列表、ON 子句以及 ORDER BY 子句等。

在前面介绍内连接查询时指出自连接是一种特殊的内连接，在连接查询中的两个表都是同一个表，输入如下命令。

```
mysql > SELECT t1.id, t1.name
    -> FROM tb_students_info AS t1, tb_students_info AS t2
    -> WHERE t1.id = t2.id AND t2.id = '3';
+----+--------+
| id | name   |
+----+--------+
|  3 | Henry  |
+----+--------+
1 rows in set (0.00 sec)
```

在这里，如果不使用表别名，MySQL 将不知道引用的是哪个 tb_students_info 表实例，因此必须使用表别名进行区别。

2. 为字段取别名

利用 SELECT 语句查询数据时,输出一般显示创建表时定义的字段名。在有些情况下,显示的列名称会很长或者名称不够直观,MySQL 可以指定列的别名、替换字段或表达式,以增加结果集的可读性。为字段取别名的基本语法格式为

```
<列名> [AS] <列别名>
```

其中,<列名>为表中字段定义的名称;<列别名>为字段新的名称;AS 关键字为可选参数。

【例 4.87】 查询 tb_students_info 表,为 name 取别名 student_name,为 age 取别名 student_age,输入如下命令。

```
mysql > SELECT name AS student_name,
    -> age AS student_age
    -> FROM tb_students_info;
+--------------+-------------+
| student_name | student_age |
+--------------+-------------+
| Dany         |          25 |
| Green        |          23 |
| Henry        |          23 |
| Jane         |          22 |
| Jim          |          24 |
| John         |          21 |
| Lily         |          22 |
| Susan        |          23 |
| Thomas       |          22 |
| Tom          |          23 |
+--------------+-------------+
10 rows in set (0.00 sec)
```

注意:表别名只在执行查询时使用,并不在返回结果中显示,而列定义别名之后,将返回给客户机显示,显示的结果字段为字段列的别名。另外,也可以为 SELECT 子句中的计算字段取别名,例如,对使用 COUNT 聚合函数或者 CONCAT 等系统函数执行的结果字段取别名。

4.5.8　使用正则表达式查询

正则表达式通常用来检索或替换符合某个模式的文本内容,根据指定的匹配模式匹配文本中符合要求的特殊字符串。例如,从一个文本中提取电话号码,查找一篇文章中重复的单词或者替换用户输入的某些词语等。

正则表达式的查询能力比通配字符的查询能力更强大,而且更加灵活。正则表达式可以应用于非常复杂的查询。MySQL 中使用 REGEXP 关键字指定正则表达式的字符匹配模式,正则表达式的基本语法格式如下。

```
WHERE  字段名  REGEXP  '操作符'
```

MySQL 中 REGEXP 操作符的常用字符匹配如表 4-16 所示。

表 4-16　正则表达式常用字符匹配列表

选　　项	说　　明	示　　例
^	匹配文本的开始字符	^b：匹配以字母 b 为开头的字符串，如 big
$	匹配文本的结束字符	st$：匹配以 st 结尾的字符串，如 test
.	匹配任何单个字符	b.t：匹配任何 b 和 t 之间有一个字符的字符串，如 bit
*	匹配零个或多个其前面的字符	*n：匹配字符 n 前面有任意个字符的字符串，如 fn
+	匹配前面的字符 1 次或多次	ba+：匹配以 b 开头后面紧跟至少有一个 a，如 bay、bare、battle
<字符串>	匹配包含指定的字符串的文本	fa：字符串至少要包含 fa，如 fan
［字符集合］	匹配字符集合中的任何一个字符	[xz]：匹配 x 或 z，如 dizzy
［^］	匹配不在括号中的任何字符	[^abc]：匹配任何不包含 a、b 或 c 的字符串
字符串{n,}	匹配前面的字符串至少 n 次	b{2,}：匹配两个或更多的 b，如 bb、bbb
字符串{m,n}	匹配前面的字符串至少 m 次，至多 n 次；如果 n 为 0，m 为可选参数	b{2,4}：匹配至少 2 个 b，最多 4 个 b，如 bb、bbbb、bbb

下文将详细介绍在 MySQL 中如何使用正则表达式。

1. 查询以特定字符或字符串开头的记录

字符'^'匹配以特定字符或者字符串开头的记录。

【例 4.88】 查询 student 表中姓"赵"的学生的部分信息，输入如下命令。

```
mysql > select studentno,sname,birthdate, phone
    -> from student
    -> where sname regexp '^赵';
```

【例 4.89】 在 tb_departments 表中，查询 dept_name 字段以字母"C"开头的记录，输入如下命令。

```
mysql > SELECT * FROM tb_departments WHERE dept_name REGEXP '^C';
+---------+-----------+-----------+-----------+
| dept_id | dept_name | dept_call | dept_type |
+---------+-----------+-----------+-----------+
|       1 | Computer  | 11111     | A         |
|       3 | Chinese   | 33333     | B         |
+---------+-----------+-----------+-----------+
2 rows in set (0.05 sec)
```

在 tb_departments 表中有两条记录的 dept_name 字段值是以字母 C 开头的，返回结果有 2 条记录。

【例 4.90】 在 tb_departments 表中，查询 dept_name 字段以"Ch"开头的记录，输入如下命令。

```
mysql > SELECT * FROM tb_departments WHERE dept_name REGEXP '^Ch';
+---------+-----------+-----------+-----------+
| dept_id | dept_name | dept_call | dept_type |
```

```
+---------+------------+-----------+-----------+
|       3 | Chinese    | 33333     | B         |
+---------+------------+-----------+-----------+
1 row in set (0.03 sec)
```

只有 Chinese 是以"Ch"开头的,所以查询结果中只有 1 条记录。

2. 查询以特定字符或字符串结尾的记录

字符'$'匹配以特定字符或者字符串结尾的文本。

【例 4.91】 查询 student 表中学生电话号码尾数为 5 的学生部分信息。

```
mysql> select   studentno, sname, phone, Email from student where phone regexp '5 $';
```

【例 4.92】 在 tb_departments 表中,查询 dept_name 字段以字母"y"结尾的记录,输入如下命令。

```
mysql> SELECT * FROM tb_departments WHERE dept_name REGEXP 'y $';
+---------+------------+-----------+-----------+
| dept_id | dept_name  | dept_call | dept_type |
+---------+------------+-----------+-----------+
|       4 | Economy    | 44444     | B         |
|       5 | History    | 55555     | B         |
+---------+------------+-----------+-----------+
2 rows in set (0.00 sec)
```

在 tb_departments 表中有两条记录的 dept_name 字段值是以字母 y 结尾的,返回结果有 2 条记录。

【例 4.93】 在 tb_departments 表中,查询 dept_name 字段以"my"结尾的记录,输入如下命令。

```
mysql> SELECT * FROM tb_departments WHERE dept_name REGEXP 'my $';
+---------+------------+-----------+-----------+
| dept_id | dept_name  | dept_call | dept_type |
+---------+------------+-----------+-----------+
|       4 | Economy    | 44444     | B         |
+---------+------------+-----------+-----------+
1 row in set (0.00 sec)
```

只有 Economy 是以"my"结尾的,所以查询结果中只有 1 条记录。

3. 用符号'.'来替代字符串中的任意一个字符

用正则表达式来查询时,可以用'.'来替代字符串中的任意一个字符。

【例 4.94】 在 tb_departments 表中,查询 dept_name 字段值包含字母"o"与字母"y",且两个字母之间只有一个字母的记录,输入如下命令。

```
mysql> SELECT * FROM tb_departments WHERE dept_name REGEXP 'o.y';
+---------+------------+-----------+-----------+
| dept_id | dept_name  | dept_call | dept_type |
```

```
+---------+-----------+-----------+-----------+
|       4 | Economy   | 44444     | B         |
|       5 | History   | 55555     | B         |
+---------+-----------+-----------+-----------+
2 rows in set (0.00 sec)
```

查询语句中"o.y"指定匹配字符中要有字母 o 和 y,且两个字母之间包含单个字符,并不限定匹配的字符的位置和所在查询字符串的总长度,因此 Economy 和 History 都符合匹配条件。

【例 4.95】 要实现查询 tb_departments 表中 dept_name 字段中以"C"开头,以"er"结束的,中间包含 5 个字符的系信息,可以通过正则表达式查询来实现,输入如下命令。

```
mysql> SELECT * FROM tb_departments WHERE dept_name REGEXP '^C.....er$';
+---------+-----------+-----------+-----------+
| dept_id | dept_name | dept_call | dept_type |
+---------+-----------+-----------+-----------+
|       1 | Computer  | 11111     | A         |
+---------+-----------+-----------+-----------+
1 rows in set (0.00 sec)
```

其中,正则表达式中,'^'表示字符串的开始位置,'$'表示字符串的结束位置,'.'表示除'\n'以外的任何单个字符。

4. 使用"*"和"+"来匹配多个字符

星号"*"匹配前面的字符任意多次,包括 0 次;加号"+"匹配前面的字符至少一次。

【例 4.96】 在 tb_departments 表中,查询 dept_name 字段值包含字母"C",且"C"后面出现字母"h"的记录,输入如下命令。

```
mysql> SELECT * FROM tb_departments WHERE dept_name REGEXP '^Ch*';
+---------+-----------+-----------+-----------+
| dept_id | dept_name | dept_call | dept_type |
+---------+-----------+-----------+-----------+
|       1 | Computer  | 11111     | A         |
|       3 | Chinese   | 33333     | B         |
+---------+-----------+-----------+-----------+
2 rows in set (0.00 sec)
```

其中,星号"*"可以匹配任意多个字符,Computer 中字母 C 后面并没有出现字母 h,但是也满足匹配条件。

【例 4.97】 在 tb_departments 表中,查询 dept_name 字段值包含字母"C",且"C"后面出现字母"h"至少一次的记录,输入如下命令。

```
mysql> SELECT * FROM tb_departments WHERE dept_name REGEXP '^Ch+';
+---------+-----------+-----------+-----------+
| dept_id | dept_name | dept_call | dept_type |
+---------+-----------+-----------+-----------+
|       3 | Chinese   | 33333     | B         |
+---------+-----------+-----------+-----------+
1 row in set (0.00 sec)
```

"h+"匹配字母"h"至少一次,只有 Chinese 满足匹配条件。

5. 匹配指定字符串

正则表达式可以匹配指定字符串,只要这个字符串在查询文本中即可,若要匹配多个字符串,则多个字符串之间使用分隔符"|"隔开。

【例 4.98】 在 tb_departments 表中,查询 dept_name 字段值包含字符串"in"的记录,输入如下命令。

```
mysql> SELECT * FROM tb_departments WHERE dept_name REGEXP 'in';
+---------+-----------+-----------+-----------+
| dept_id | dept_name | dept_call | dept_type |
+---------+-----------+-----------+-----------+
|       3 | Chinese   | 33333     | B         |
+---------+-----------+-----------+-----------+
1 row in set (0.00 sec)
```

可以看到,dept_name 字段的 Chinese 中包含字符串"in",满足匹配条件。

【例 4.99】 在 tb_departments 表中,查询 dept_name 字段值包含字符串"in"或者"on"的记录,输入如下命令。

```
mysql> SELECT * FROM tb_departments WHERE dept_name REGEXP 'in|on';
+---------+-----------+-----------+-----------+
| dept_id | dept_name | dept_call | dept_type |
+---------+-----------+-----------+-----------+
|       3 | Chinese   | 33333     | B         |
|       4 | Economy   | 44444     | B         |
+---------+-----------+-----------+-----------+
2 rows in set (0.00 sec)
```

可以看到,dept_name 字段的 Chinese 中包含字符串"in",Economy 中包含字符串"on",满足匹配条件。

6. 匹配指定字符串中的任意一个

方括号"[]"指定一个字符集合,只匹配其中任何一个字符,即为所查找的文本。

【例 4.100】 在 tb_departments 表中,查询 dept_name 字段值包含字母"o"或者"e"的记录,输入如下命令。

```
mysql> SELECT * FROM tb_departments WHERE dept_name REGEXP '[io]';
+---------+-----------+-----------+-----------+
| dept_id | dept_name | dept_call | dept_type |
+---------+-----------+-----------+-----------+
|       1 | Computer  | 11111     | A         |
|       3 | Chinese   | 33333     | B         |
|       4 | Economy   | 44444     | B         |
|       5 | History   | 55555     | B         |
+---------+-----------+-----------+-----------+
4 rows in set (0.00 sec)
```

从查询结果可以看到,所有返回的记录的 dept_name 字段的值中都包含字母 o 或者 e,或者两个都有。

方括号"[]"还可以指定数值集合。

【例4.101】 在 tb_departments 表中,查询 dept_call 字段值中包含1、2 或者3的记录,输入如下命令。

```
mysql> SELECT * FROM tb_departments WHERE dept_call REGEXP '[123]';
+---------+-----------+-----------+-----------+
| dept_id | dept_name | dept_call | dept_type |
+---------+-----------+-----------+-----------+
|       1 | Computer  | 11111     | A         |
|       2 | Math      | 22222     | A         |
|       3 | Chinese   | 33333     | B         |
+---------+-----------+-----------+-----------+
3 rows in set (0.00 sec)
```

查询结果中,dept_call 字段值中有1、2、3三个数字中的一个即为匹配记录字段。匹配集合"[123]"也可以写成"[1-3]",即指定集合区间。例如,"[a-z]"表示集合区间为 a~z 的字母,"[0-9]"表示集合区间为所有数字。

7. 匹配指定字符以外的字符

"[^字符集合]"匹配不在指定集合中的任何字符。

【例4.102】 在 tb_departments 表中,查询 dept_name 字段值包含字母 a~t 以外的字符的记录,输入如下命令。

```
mysql> SELECT * FROM tb_departments WHERE dept_name REGEXP '[^a-t]';
+---------+-----------+-----------+-----------+
| dept_id | dept_name | dept_call | dept_type |
+---------+-----------+-----------+-----------+
|       1 | Computer  | 11111     | A         |
|       4 | Economy   | 44444     | B         |
|       5 | History   | 55555     | B         |
+---------+-----------+-----------+-----------+
3 rows in set (0.00 sec)
```

8. 使用{n,}或者{n,m}来指定字符串连续出现的次数

- "字符串{n,}"表示至少匹配 n 次前面的字符。
- "字符串{n,m}"表示匹配前面的字符串不少于 n 次,不多于 m 次。

例如,a{2,}表示字母 a 连续出现至少2次,也可以大于2次;a{2,4}表示字母 a 连续出现最少2次,最多不能超过4次。

【例4.103】 在 fruits 表中,查询 f_name 字段值出现字母'x'至少2次的记录,输入如下命令。

```
mysql> SELECT * FROM fruits WHERE f_name REGEXP 'x{2,}';
+---------+-----------+-----------+-----------+
| f_id    | s_id      | f_name    | f_price   |
+---------+-----------+-----------+-----------+
| b5      | 107       | xxxx      | 3.60      |
| m3      | 105       | xxtt      | 11.60     |
+---------+-----------+-----------+-----------+
```

可以看到,f_name 字段的"xxxx"包含 4 个字母'x',"xxtt"包含两个字母'x'均为满足匹配条件的记录。

【例 4.104】　在 fruits 表中,查询 f_name 字段值出现字符串"ba"最少 1 次,最多 3 次的记录,输入如下命令。

```
mysql> SELECT * FROM fruits WHERE f_name REGEXP 'ba{1,3}';
+----------+----------+----------+----------+
| f_id     | s_id     | f_name   | f_price  |
+----------+----------+----------+----------+
| m2       | 105      | xbabay   | 2.60     |
| t1       | 102      | banana   | 10.30    |
| t4       | 107      | xbababa  | 3.60     |
+----------+----------+----------+----------+
```

可以看到,f_name 字段的 xbabay 值中"ba"出现了 2 次,banana 中出现了 1 次,xbababa 中出现了 3 次,都满足匹配条件的记录。

4.5.9　综合实例——数据表的查询操作

SQL 语句可以分为两部分,一部分用来创建数据库对象,另一部分用来操作这些对象,本节详细介绍了操作数据库对象的数据表查询语句。通过本节的介绍,读者可以了解到 SQL 中的查询语言功能的强大,用户可以根据需要灵活使用。本节的综合案例将回顾这些查询语句。

1. 案例目的

根据不同条件对表进行查询操作,掌握数据表的查询语句。在 tb_test 数据库中建立两张表,employee 和 dept 表结构以及表中的记录,如表 4-17～表 4-20 所示。

表 4-17　employee 表结构

字　段　名	数　据　类　型	主　　键	外　　键	非　　空	唯　　一	自　　增
e_no	INT(11)	Y	N	Y	Y	N
e_name	VARCHAR(50)	N	N	Y	N	N
e_gender	CHAR(2)	N	N	N	N	N
dep_no	INT(11)	N	N	N	N	N
e_job	VARCHAR(50)	N	N	Y	N	N
e_salary	INT(11)	N	N	Y	N	N
hireDate	DATE	N	N	Y	N	N

表 4-18　dept 表结构

字　段　名	数　据　类　型	主　　键	外　　键	非　　空	唯　　一	自　　增
d_no	INT(11)	Y	Y	Y	Y	Y
d_name	VARCHAR(50)	N	N	Y	N	N
d_location	VARCHAR(100)	N	N	N	N	N

表 4-19　employee 表中的记录

e_no	e_name	e_gender	dept_no	e_job	e_salary	hireDate
1001	SMITH	m	20	CLERK	800	2005-1-121
1002	ALLEN	f	30	SALESMAN	1600	2003-05-12
1003	WARD	f	30	SALESMAN	1250	2003-05-12
1004	JONES	m	20	MANAGER	2975	1998-05-18
1005	MART1N	m	30	SALESMAN	1250	2001-06-12
1006	BLAKE	f	30	MANAGER	2850	1997-02-15
1007	CLARK	m	10	MANAGER	2450	2002-09-12
1008	SCOTT	m	20	ANALYSY	3000	2003-05-12
1009	KING	f	10	PRESIDENT	5000	1995-01-01
1010	TURNER	f	30	SALESMAN	1500	1997-10-12
1011	ADAMS	m	20	CLERK	1100	1999-10-05
1012	JAMES	f	30	CLERK	950	2008-06-15

表 4-20　dept 表中的记录

d_no	d_name	d_location
10	ACCOUNTING	ShangHai
20	RESEARCH	BeiJing
30	SALES	ShenZhen
40	OPERATIONS	FuJian

2. 案例操作过程

（1）创建数据表 employee 和 dept。

```
CREATE TABLE dept
(
d_no            INT NOT NULL PRIMARY KEY AUTO_INCREMENT,
d_name          VARCHAR(50),
d_location      VARCHAR(100)
);
```

由于 employee 表 dept_no 依赖于父表 dept 的主键 d_no，因此需要先创建 dept 表，然后创建 employee 表。

```
CREATE TABLE employee
(
e_no            INT NOT NULL PRIMARY KEY,
e_name          VARCHAR(100) NOT NULL,
e_gender        CHAR(2) NOT NULL,
dept_no         INT NOT NULL,
e_job           VARCHAR(100) NOT NULL,
e_salary        SMALLINT NOT NULL,
hireDate        DATE,
CONSTRAINT dno_fk FOREIGN KEY(dept_no)
REFERENCES dept(d_no)
);
```

（2）将指定记录分别插入两个表中。

向 dept 表中插入数据，SQL 语句如下。

```
INSERT INTO dept
VALUES (10, 'ACCOUNTING', 'ShangHai'),
(20, 'RESEARCH ', 'BeiJing '),
(30, 'SALES ', 'ShenZhen '),
(40, 'OPERATIONS ', 'FuJian ');
```

向 employee 表中插入数据，SQL 语句如下。

```
INSERT INTO employee
VALUES (1001, 'SMITH', 'm',20, 'CLERK',800,'2005 - 11 - 12'),
(1002, 'ALLEN', 'f',30, 'SALESMAN', 1600,'2003 - 05 - 12'),
(1003, 'WARD', 'f',30, 'SALESMAN', 1250,'2003 - 05 - 12'),
(1004, 'JONES', 'm',20, 'MANAGER', 2975,'1998 - 05 - 18'),
(1005, 'MARTIN', 'm',30, 'SALESMAN', 1250,'2001 - 06 - 12'),
(1006, 'BLAKE', 'f',30, 'MANAGER', 2850,'1997 - 02 - 15'),
(1007, 'CLARK', 'm',10, 'MANAGER', 2450,'2002 - 09 - 12'),
(1008, 'SCOTT', 'm',20, 'ANALYST', 3000,'2003 - 05 - 12'),
(1009, 'KING', 'f',10, 'PRESIDENT', 5000,'1995 - 01 - 01'),
(1010, 'TURNER', 'f',30, 'SALESMAN', 1500,'1997 - 10 - 12'),
(1011, 'ADAMS', 'm',20, 'CLERK', 1100,'1999 - 10 - 05'),
(1012, 'JAMES', 'm',30, 'CLERK', 950,'2008 - 06 - 15');
```

（3）在 employee 表中，查询所有记录的 e_no、e_name 和 e_salary 字段值，输入命令如下。

```
mysql> SELECT e_no, e_name, e_salary FROM employee;
+------+--------+----------+
| e_no | e_name | e_salary |
+------+--------+----------+
| 1001 | SMITH  |      800 |
| 1002 | ALLEN  |     1600 |
| 1003 | WARD   |     1250 |
| 1004 | JONES  |     2975 |
| 1005 | MARTIN |     1250 |
| 1006 | BLAKE  |     2850 |
| 1007 | CLARK  |     2450 |
| 1008 | SCOTT  |     3000 |
| 1009 | KING   |     5000 |
| 1010 | TURNER |     1500 |
| 1011 | ADAMS  |     1100 |
| 1012 | JAMES  |      950 |
+------+--------+----------+
12 rows in set (0.00 sec)
```

（4）在 employee 表中，查询 dept_no 等于 10 和 20 的所有记录，输入命令如下。

```
mysql> SELECT * FROM employee WHERE dept_no IN (10, 20);
+------+--------+----------+---------+-------+----------+----------+
| e_no | e_name | e_gender | dept_no | e_job | e_salary | hireDate |
```

```
+------+--------+----------+----------+----------+----------+----------+
| 1007 | CLARK  | m        |       10 | MANAGER  |     2450 | 2002-09-12|
| 1009 | KING   | f        |       10 | PRESIDENT|     5000 | 1995-01-01|
| 1001 | SMITH  | m        |       20 | CLERK    |      800 | 2005-11-12|
| 1004 | JONES  | m        |       20 | MANAGER  |     2975 | 1998-05-18|
| 1008 | SCOTT  | m        |       20 | ANALYST  |     3000 | 2003-05-12|
| 1011 | ADAMS  | m        |       20 | CLERK    |     1100 | 1999-10-05|
+------+--------+----------+----------+----------+----------+----------+
6 rows in set (0.01 sec)
```

（5）在 employee 表中，查询工资范围为 800～2500 的员工信息，输入命令如下。

```
mysql> SELECT * FROM employee WHERE e_salary BETWEEN 800 AND 2500;
+------+--------+----------+---------+----------+----------+-----------+
| e_no | e_name | e_gender | dept_no | e_job    | e_salary | hireDate  |
+------+--------+----------+---------+----------+----------+-----------+
| 1001 | SMITH  | m        |      20 | CLERK    |      800 | 2005-11-12|
| 1002 | ALLEN  | f        |      30 | SALESMAN |     1600 | 2003-05-12|
| 1003 | WARD   | f        |      30 | SALESMAN |     1250 | 2003-05-12|
| 1005 | MARTIN | m        |      30 | SALESMAN |     1250 | 2001-06-12|
| 1007 | CLARK  | m        |      10 | MANAGER  |     2450 | 2002-09-12|
| 1010 | TURNER | f        |      30 | SALESMAN |     1500 | 1997-10-12|
| 1011 | ADAMS  | m        |      20 | CLERK    |     1100 | 1999-10-05|
| 1012 | JAMES  | m        |      30 | CLERK    |      950 | 2008-06-15|
+------+--------+----------+---------+----------+----------+-----------+
8 rows in set (0.00 sec)
```

（6）在 employee 表中，查询部门编号为 20 的部门中的员工信息，输入命令如下。

```
mysql> SELECT * FROM employee WHERE dept_no = 20;
+------+--------+----------+---------+----------+----------+------------+
| e_no | e_name | e_gender | dept_no | e_job    | e_salary | hireDate   |
+------+--------+----------+---------+----------+----------+------------+
| 1001 | SMITH  | m        |      20 | CLERK    |      800 | 2005-11-12 |
| 1004 | JONES  | m        |      20 | MANAGER  |     2975 | 1998-05-18 |
| 1008 | SCOTT  | m        |      20 | ANALYST  |     3000 | 2003-05-12 |
| 1011 | ADAMS  | m        |      20 | CLERK    |     1100 | 1999-10-05 |
+------+--------+----------+---------+----------+----------+------------+
4 rows in set (0.00 sec)
```

（7）在 employee 表中，查询每个部门最高工资的员工信息，输入命令如下。

```
mysql> SELECT dept_no, MAX(e_salary) FROM employee GROUP BY dept_no;
+---------+---------------+
| dept_no | MAX(e_salary) |
+---------+---------------+
|      10 |          5000 |
|      20 |          3000 |
|      30 |          2850 |
+---------+---------------+
3 rows in set (0.00 sec)
```

（8）查询员工 BLAKE 所在部门和部门所在地，输入命令如下。

```
mysql > SELECT d_no, d_location FROM dept WHERE d_no =
    -> (SELECT dept_no FROM employee WHERE e_name = 'BLAKE');
+------+------------+
| d_no | d_location |
+------+------------+
|  30  | ShenZhen   |
+------+------------+
1 row in set (0.00 sec)
```

（9）使用连接查询，查询所有员工的部门和部门信息，输入命令如下。

```
mysql > SELECT e_no, e_name, dept_no, d_name,d_location
    -> FROM employee, dept WHERE dept.d_no = employee.dept_no;
+------+--------+---------+------------+------------+
| e_no | e_name | dept_no | d_name     | d_location |
+------+--------+---------+------------+------------+
| 1007 | CLARK  |    10   | ACCOUNTING | ShangHai   |
| 1009 | KING   |    10   | ACCOUNTING | ShangHai   |
| 1001 | SMITH  |    20   | RESEARCH   | BeiJing    |
| 1004 | JONES  |    20   | RESEARCH   | BeiJing    |
| 1008 | SCOTT  |    20   | RESEARCH   | BeiJing    |
| 1011 | ADAMS  |    20   | RESEARCH   | BeiJing    |
| 1002 | ALLEN  |    30   | SALES      | ShenZhen   |
| 1003 | WARD   |    30   | SALES      | ShenZhen   |
| 1005 | MARTIN |    30   | SALES      | ShenZhen   |
| 1006 | BLAKE  |    30   | SALES      | ShenZhen   |
| 1010 | TURNER |    30   | SALES      | ShenZhen   |
| 1012 | JAMES  |    30   | SALES      | ShenZhen   |
+------+--------+---------+------------+------------+
12 rows in set (0.00 sec)
```

（10）在 employee 表中计算每个部门各有多少名员工，输入命令如下。

```
mysql > SELECT dept_no, COUNT ( * ) FROM employee GROUP BY dept_no;
+---------+----------+
| dept_no | COUNT( * ) |
+---------+----------+
|    10   |    2     |
|    20   |    4     |
|    30   |    6     |
+---------+----------+
3 rows in set (0.01 sec)
```

（11）在 employee 表中，计算不同类型职工的总工资数，输入命令如下。

```
mysql > SELECT e_job, SUM(e_salary) FROM employee GROUP BY e_job;
+-----------+---------------+
| e_job     | SUM(e_salary) |
+-----------+---------------+
| CLERK     |      2850      |
| SALESMAN  |      5600      |
| MANAGER   |      8275      |
| ANALYST   |      3000      |
| PRESIDENT |      5000      |
```

```
+-----------+---------------+
5 rows in set (0.01 sec)
```

（12）在 employee 表中，计算不同部门的平均工资，输入命令如下。

```
mysql> SELECT dept_no, AVG(e_salary) FROM employee GROUP BY dept_no;
+---------+---------------+
| dept_no | AVG(e_salary) |
+---------+---------------+
|      10 |     3725.0000 |
|      20 |     1968.7500 |
|      30 |     1566.6667 |
+---------+---------------+
3 rows in set (0.01 sec)
```

（13）在 employee 表中，查询工资低于 1500 的员工信息，输入命令如下。

```
SELECT * FROM employee WHERE e_salary < 1500;
+------+--------+----------+---------+----------+----------+--------------+
| e_no | e_name | e_gender | dept_no | e_job    | e_salary | hireDate     |
+------+--------+----------+---------+----------+----------+--------------+
| 1001 | SMITH  | m        |      20 | CLERK    |      800 | 2005-11-12   |
| 1003 | WARD   | f        |      30 | SALESMAN |     1250 | 2003-05-12   |
| 1005 | MARTIN | m        |      30 | SALESMAN |     1250 | 2001-06-12   |
| 1011 | ADAMS  | m        |      20 | CLERK    |     1100 | 1999-10-05   |
| 1012 | JAMES  | m        |      30 | CLERK    |      950 | 2008-06-15   |
+------+--------+----------+---------+----------+----------+--------------+
5 rows in set (0.00 sec)
```

（14）在 employee 表中，将查询记录先按部门编号由高到低排列，再按员工工资由高到低排列，输入命令如下。

```
mysql> SELECT e_name,dept_no, e_salary
    -> FROM employee ORDER BY dept_no DESC, e_salary DESC;
+--------+---------+----------+
| e_name | dept_no | e_salary |
+--------+---------+----------+
| BLAKE  |      30 |     2850 |
| ALLEN  |      30 |     1600 |
| TURNER |      30 |     1500 |
| WARD   |      30 |     1250 |
| MARTIN |      30 |     1250 |
| JAMES  |      30 |      950 |
| SCOTT  |      20 |     3000 |
| JONES  |      20 |     2975 |
| ADAMS  |      20 |     1100 |
| SMITH  |      20 |      800 |
| KING   |      10 |     5000 |
| CLARK  |      10 |     2450 |
+--------+---------+----------+
12 rows in set (0.00 sec)
```

(15) 在 employee 表中查询员工姓名以字母'A'或'S'开头的员工的信息。输入命令及执行结果如下。

```
mysql > SELECT * FROM employee WHERE e_name REGEXP '^[as]';
+------+--------+----------+---------+----------+----------+--------------+
| e_no | e_name | e_gender | dept_no | e_job    | e_salary | hireDate     |
+------+--------+----------+---------+----------+----------+--------------+
| 1001 | SMITH  | m        |      20 | CLERK    |      800 | 2005-11-12   |
| 1002 | ALLEN  | f        |      30 | SALESMAN |     1600 | 2003-05-12   |
| 1008 | SCOTT  | m        |      20 | ANALYST  |     3000 | 2003-05-12   |
| 1011 | ADAMS  | m        |      20 | CLERK    |     1100 | 1999-10-05   |
+------+--------+----------+---------+----------+----------+--------------+
4 rows in set (0.02 sec)
```

(16) 在 employee 表中,查询到目前为止,工龄大于或等于 10 年的员工信息。输入命令及执行结果如下。

```
mysql > SELECT * FROM employee where YEAR(CURDATE()) - YEAR(hireDate) >= 10;
+------+--------+----------+---------+-----------+----------+--------------+
| e_no | e_name | e_gender | dept_no | e_job     | e_salary | hireDate     |
+------+--------+----------+---------+-----------+----------+--------------+
| 1001 | SMITH  | m        |      20 | CLERK     |      800 | 2005-11-12   |
| 1002 | ALLEN  | f        |      30 | SALESMAN  |     1600 | 2003-05-12   |
| 1003 | WARD   | f        |      30 | SALESMAN  |     1250 | 2003-05-12   |
| 1004 | JONES  | m        |      20 | MANAGER   |     2975 | 1998-05-18   |
| 1005 | MARTIN | m        |      30 | SALESMAN  |     1250 | 2001-06-12   |
| 1006 | BLAKE  | f        |      30 | MANAGER   |     2850 | 1997-02-15   |
| 1007 | CLARK  | m        |      10 | MANAGER   |     2450 | 2002-09-12   |
| 1008 | SCOTT  | m        |      20 | ANALYST   |     3000 | 2003-05-12   |
| 1009 | KING   | f        |      10 | PRESIDENT |     5000 | 1995-01-01   |
| 1010 | TURNER | f        |      30 | SALESMAN  |     1500 | 1997-10-12   |
| 1011 | ADAMS  | m        |      20 | CLERK     |     1100 | 1999-10-05   |
| 1012 | JAMES  | m        |      30 | CLERK     |      950 | 2008-06-15   |
+------+--------+----------+---------+-----------+----------+--------------+
12 rows in set (0.00 sec)
```

4.6 插入、更新与删除数据

存储在系统中的数据是数据库管理系统(DBMS)的核心,数据库被设计用来管理数据的存储、访问和维护数据的完整性。MySQL 中提供了功能丰富的数据库管理语句,包括有效地向数据库中插入数据的 INSERT 语句、更新数据的 UPDATE 语句以及当数据不再使用时删除数据的 DELETE 语句。本节将介绍在 MySQL 中如何使用这些语句操作数据。

4.6.1 插入数据

在使用数据库之前,数据库中必须要有数据,MySQL 中使用 INSERT 语句向数据库表中插入新的数据记录。可以插入的方式有:插入完整的记录,插入记录的一部分,插入多条记录,插入另一个查询的结果。下面将分别介绍这些内容。

1. 向表中的全部字段添加值

使用基本的 INSERT 语句插入数据，要求指定表名称和插入新记录中的值。基本语法格式为

```
INSERT INTO <表名> [ <列名 1> [ , … <列名 n>] ]
VALUES (值 1) [ … , (值 n) ];
```

- <表名>指定要插入数据的表名。
- <列名>指定要插入数据的列，若向表中的所有列插入数据，则全部的列名均可以省略，直接采用 INSERT <表名> VALUES(…)即可。
- VALUES 或 VALUE 子句指定每个列对应插入的数据。使用该语句时字段列和数据值的数量必须相同，而且数据的顺序要和列的顺序相对应。

本节将在 test_db 数据库中创建一个课程信息表 tb_courses，包含课程编号 course_id、课程名称 course_name、课程学分 course_grade 和课程备注 course_info，输入如下命令。

```
CREATE TABLE tb_courses
(
course_id INT NOT NULL AUTO_INCREMENT,
course_name CHAR(40) NOT NULL,
course_grade FLOAT NOT NULL,
course_info CHAR(100) NULL,
PRIMARY KEY(course_id)
);
```

向表中所有字段插入值的方法有两种：一种是指定所有字段名；另一种是完全不指定字段名。

【例 4.105】 在 tb_courses 表中插入一条新记录，course_id 值为 1，course_name 值为"Network"，course_grade 值为 3，info 值为"Computer Network"。

在执行插入操作之前，查看 tb_courses 表，输入如下命令。

```
mysql> SELECT * FROM tb_courses;
Empty set (0.00 sec)
```

查询结果显示当前表内容为空，没有数据，接下来执行插入数据的操作，输入如下命令。

```
mysql> INSERT INTO tb_courses
    -> (course_id,course_name,course_grade,course_info)
    -> VALUES(1,'Network',3,'Computer Network');
Query OK, 1 row affected (0.01 sec)
mysql> SELECT * FROM tb_courses;
+-----------+-------------+--------------+------------------+
| course_id | course_name | course_grade | course_info      |
+-----------+-------------+--------------+------------------+
|         1 | Network     |            3 | Computer Network |
+-----------+-------------+--------------+------------------+
1 row in set (0.00 sec)
```

可以看到插入记录成功。在插入数据时，指定了 tb_courses 表的所有字段，因此将为每

个字段插入新的值。

　　INSERT 语句后面的列名称顺序可以不是 tb_courses 表定义时的顺序,即插入数据时,不需要按照表定义的顺序插入,只要保证值的顺序与列字段的顺序相同就可以。

　　【例 4.106】 在 tb_courses 表中插入一条新记录,course_id 值为 2,course_name 值为"Database",course_grade 值为 3,info 值为"MySQL"。输入如下命令。

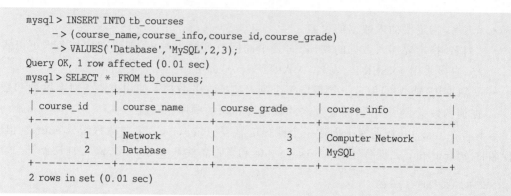

```
mysql > INSERT INTO tb_courses
    -> (course_name, course_info, course_id, course_grade)
    -> VALUES('Database', 'MySQL', 2, 3);
Query OK, 1 row affected (0.01 sec)
mysql > SELECT * FROM tb_courses;
+-----------+-------------+--------------+-------------------+
| course_id | course_name | course_grade | course_info       |
+-----------+-------------+--------------+-------------------+
|         1 | Network     |            3 | Computer Network  |
|         2 | Database    |            3 | MySQL             |
+-----------+-------------+--------------+-------------------+
2 rows in set (0.01 sec)
```

　　使用 INSERT 插入数据时,允许列名称列表 column_list 为空,此时值列表中需要为表的每一个字段指定值,并且值的顺序必须和数据表中字段定义时的顺序相同。

　　【例 4.107】 在 tb_courses 表中插入一条新记录,course_id 值为 3,course_name 值为"Java",course_grade 值为 4,info 值为"Jave EE"。输入如下命令。

```
mysql > INSERT INTO tb_courses
    -> VALUES(3, 'Java', 4, 'Java EE');
Query OK, 1 row affected (0.01 sec)
mysql > SELECT * FROM tb_courses;
+-----------+-------------+--------------+-------------------+
| course_id | course_name | course_grade | course_info       |
+-----------+-------------+--------------+-------------------+
|         1 | Network     |            3 | Computer Network  |
|         2 | Database    |            3 | MySQL             |
|         3 | Java        |            4 | Java EE           |
+-----------+-------------+--------------+-------------------+
3 rows in set (0.00 sec)
```

　　INSERT 语句中没有指定插入列表,只有一个值列表。在这种情况下,值列表为每个字段列指定插入的值,并且这些值的顺序必须和 tb_courses 表中字段定义的顺序相同。

　　注意:虽然使用 INSERT 插入数据时可以忽略插入数据的列名称,若值不包含列名称,则 VALUES 关键字后面的值不仅要求完整,而且顺序必须和表定义时列的顺序相同。如果表的结构被修改,对列进行增加、删除或者位置改变操作,这些操作将使得用这种方式插入数据时的顺序也同时改变。如果指定列名称,就不会受到表结构改变的影响。

　　2. 向表中指定字段添加值

　　为表的指定字段插入数据,是在 INSERT 语句中只向部分字段中插入值,而其他字段的值为表定义时的默认值。

　　【例 4.108】 在 tb_courses 表中插入一条新记录,course_name 值为"System",course_grade 值为 3,course_info 值为"Operation System",输入如下命令。

```
mysql > INSERT INTO tb_courses
    ->     (course_name,course_grade,course_info)
    ->     VALUES('System',3,'Operation System');
Query OK, 1 row affected (0.01 sec)
mysql > SELECT * FROM tb_courses;
+-----------+-------------+--------------+------------------+
| course_id | course_name | course_grade | course_info      |
+-----------+-------------+--------------+------------------+
|         1 | Network     |            3 | Computer Network |
|         2 | Database    |            3 | MySQL            |
|         3 | Java        |            4 | Java EE          |
|         4 | System      |            3 | Operation System |
+-----------+-------------+--------------+------------------+
4 rows in set (0.00 sec)
```

可以看到插入记录成功。如查询结果显示,这里的 course_id 字段自动添加了一个整数值 4。这时的 course_id 字段为表的主键,不能为空,系统自动为该字段插入自增的序列值。在插入记录时,如果某些字段没有指定插入值,MySQL 将插入该字段定义时的默认值。

【例 4.109】 在 tb_courses 表中插入一条新记录,course_name 值为"Computer",course_grade 值为 2,输入如下命令。

```
mysql > INSERT INTO tb_courses (course_name,course_grade)
    ->     VALUES('Computer',2);
Query OK, 1 row affected (0.01 sec)
mysql > SELECT * FROM tb_courses;
+-----------+-------------+--------------+------------------+
| course_id | course_name | course_grade | course_info      |
+-----------+-------------+--------------+------------------+
|         1 | Network     |            3 | Computer Network |
|         2 | Database    |            3 | MySQL            |
|         3 | Java        |            4 | Java EE          |
|         4 | System      |            3 | Operation System |
|         5 | Computer    |            2 | NULL             |
+-----------+-------------+--------------+------------------+
5 rows in set (0.00 sec)
```

可以看到,在本例插入语句中,没有指定 course_info 字段值,查询结果显示,course_info 字段在定义时默认为 NULL,因此系统自动为该字段插入空值。

说明:

(1) 使用 INSERT 语句可以向表中插入一行数据,也可以插入多行数据。一个同时插入多行记录的 INSERT 语句等同于多个单行插入的 INSERT 语句,但是多行的 INSERT 语句在处理过程中,效率更高。因为 MySQL 执行单条 INSERT 语句插入多行数据,比使用多条 INSERT 语句快,所以在插入多条记录时,最好选择使用单条 INSERT 语句的方式插入。

(2) VALUES 子句:包含各列需要插入的数据清单,数据的顺序必须与列的顺序一一对应。若在表名后没有给出列名,则必须在 VALUES 子句中要给出每一列(除 identity 和 timestamp 类型的列)的值,即使所对应列的值为空,其值也要置为 NULL,而不能省略,否则系统会出错。

(3) 如果向表中添加已经存在的学号记录(假设学号已被设置为主键),则会出现主键冲突。

3. 将查询结果插入表中

INSERT 语句还可以将查询的结果插入表中,INSERT INTO…SELECT…FROM 语句用于快速地从一个或多个表中取出数据,并将这些数据作为行数据插入另一个表中。基本语法格式如下。

```
INSERT INTO <表名 1> [列名列表 1]
SELECT [列名列表 2] FROM <表名 2> WHERE [条件];
```

- <表名 1>指定待插入数据的表;<列名列表 1>指定待插入表中要插入数据的哪些列;<表名 2>指定插入数据是从哪个表中查询出来的;<列名列表 2>指定数据来源表的查询列,该列表必须和<列名列表 1>中的字段个数相同且数据类型兼容。
- [条件]指定 SELECT 语句的查询条件。SELECT 子句返回的是一个查询到的结果集,INSERT 语句将这个结果集插入指定表中,因此,结果集中的每行数据的字段数、字段的数据类型都必须与被操作的表完全一致。

【例 4.110】 从 person_old 表中查询所有的记录,并将其插入 person 表中。

首先,在数据库 test_db 中创建一个与 tb_courses 表结构相同的数据表 tb_courses_new,创建表的 SQL 语句和执行过程如下。

```
mysql > CREATE TABLE tb_courses_new (
    - > course_id INT NOT NULL AUTO_INCREMENT,
    - > course_name CHAR (40) NOT NULL,
    - > course_grade FLOAT NOT NULL,
    - > course_info CHAR (100) NULL,
    - > PRIMARY KEY (course_id));
Query OK, 0 rows affected (0.08 sec)
mysql > SELECT * FROM tb_courses_new;
Empty set (0.00 sec)
```

接着从 tb_courses 表中查询所有的记录,并将其插入 tb_courses_new 表中。输入如下命令。

```
mysql >  INSERT INTO tb_courses_new
    - >  (course_id, course_name, course_grade, course_info)
    - >  SELECT course_id, course_name, course_grade, course_info
    - >  FROM tb_courses;
Query OK, 5 rows affected (0.01 sec)
Records: 5  Duplicates: 0  Warnings: 0
mysql >  SELECT * FROM tb_courses_new;
+-----------+--------------+---------------+-------------------+
| course_id | course_name  | course_grade  | course_info       |
+-----------+--------------+---------------+-------------------+
|         1 | Network      |             3 | Computer Network  |
|         2 | Database     |             3 | MySQL             |
|         3 | Java         |             4 | Java EE           |
|         4 | System       |             3 | Operation System  |
|         5 | Computer     |             2 | NULL              |
+-----------+--------------+---------------+-------------------+
5 rows in set (0.00 sec)
```

由结果可以看到，INSERT 语句执行后，tb_courses_new 表中的记录和 tb_courses 表中的记录完全相同，数据转移成功。这个例子中使用的两个表的定义相同，事实上，MySQL不关心 SELECT 返回的列名，它根据列的位置进行插入，SELECT 的第 1 列对应待插入表的第 1 列，第 2 列对应待插入表的第 2 列，等等。即使不同结果的表之间也可以方便地转移数据。

4.6.2　更新数据

　　表中有数据之后，接下来可以对数据进行更新操作，MySQL 中使用 UPDATE 语句更新表中的记录，可以更新特定的行或者同时更新所有的行。基本语法结构如下。

```
UPDATE <表名> SET 字段 1 = 值 1 [,字段 2 = 值 2… ] [ WHERE 子句 ]
[ORDER BY 子句] [LIMIT 子句]
```

- <表名>为指定更新的表名称。
- SET 子句用于指定表中要修改的列名及其列值。每个指定的列可以是表达式，也可以是该列对应的默认值。如果指定的是默认值，可用关键字 DEFAULT 表示列值。
- 更新多个列时，每个"列-值"对之间用逗号隔开，最后一列之后不需要逗号。
- WHERE 子句是可选项，用于限定表中要修改的行，若省略将修改表中所有的行。
- ORDER BY 子句是可选项，用于限定表中的行被修改的次序。
- LIMIT 子句是可选项，用于限定被修改的行数。

【例 4.111】　在 tb_courses_new 表中，更新所有行的 course_grade 字段值为 4，输入如下命令。

```
mysql > UPDATE tb_courses_new
    -> SET course_grade = 4;
Query OK, 4 rows affected (0.01 sec)
Rows matched: 5 Changed: 4 Warnings: 0
mysql > SELECT * FROM tb_courses_new;
+-----------+-------------+--------------+------------------+
| course_id | course_name | course_grade | course_info      |
+-----------+-------------+--------------+------------------+
|         1 | Network     |            4 | Computer Network |
|         2 | Database    |            4 | MySQL            |
|         3 | Java        |            4 | Java EE          |
|         4 | System      |            4 | Operation System |
|         5 | Computer    |            4 | NULL             |
+-----------+-------------+--------------+------------------+
5 rows in set (0.00 sec)
```

【例 4.112】　在 tb_courses 表中，更新 course_id 值为 2 的记录，将 course_grade 字段值改为 3.5，将 course_name 字段值改为"DB"，输入如下命令。

```
mysql > UPDATE tb_courses_new
    -> SET course_name = 'DB', course_grade = 3.5
    -> WHERE course_id = 2;
Query OK, 1 row affected (0.01 sec)
Rows matched: 1 Changed: 1 Warnings: 0
```

```
mysql > SELECT * FROM tb_courses_new;
+-----------+-------------+--------------+------------------+
| course_id | course_name | course_grade | course_info      |
+-----------+-------------+--------------+------------------+
|         1 | Network     |            4 | Computer Network |
|         2 | DB          |          3.5 | MySQL            |
|         3 | Java        |            4 | Java EE          |
|         4 | System      |            4 | Operation System |
|         5 | Computer    |            4 | NULL             |
+-----------+-------------+--------------+------------------+
5 rows in set (0.00 sec)
```

注意：保证 UPDATE 以 WHERE 子句结束，通过 WHERE 子句指定被更新的记录所需要满足的条件，如果忽略 WHERE 子句，MySQL 将更新表中所有的行。

4.6.3 删除数据

在 MySQL 中，可以使用 DELETE 语句来删除表的一行或者多行数据，语法格式为

```
DELETE FROM <表名> [WHERE 子句] [ORDER BY 子句] [LIMIT 子句]
```

- <表名>指定要执行删除操作的表。
- ORDER BY 子句是可选项，表示删除时，表中各行将按照子句中指定的顺序进行删除。
- WHERE 子句为可选项，表示为删除操作限定删除条件，如果没有 WHERE 子句，DELETE 语句将删除表中的所有记录。
- LIMIT 子句为可选项，用于告知服务器在控制命令被返回到客户机前被删除行的最大值。

【例 4.113】 删除 tb_courses_new 表中的全部数据，输入如下命令。

```
mysql > DELETE FROM tb_courses_new;
Query OK, 5 rows affected (0.01 sec)
mysql > SELECT * FROM tb_courses_new;
Empty set (0.00 sec)
```

该指令将根据条件删除表中的数据。

【例 4.114】 在 tb_courses_new 表中，删除 course_id 为 4 的记录，输入如下命令。

```
mysql > DELETE FROM tb_courses
    -> WHERE course_id = 4;
Query OK, 1 row affected (0.01 sec)
mysql > SELECT * FROM tb_courses;
+-----------+-------------+--------------+------------------+
| course_id | course_name | course_grade | course_info      |
+-----------+-------------+--------------+------------------+
|         1 | Network     |            3 | Computer Network |
|         2 | Database    |            3 | MySQL            |
|         3 | Java        |            4 | Java EE          |
|         5 | Computer    |            2 | NULL             |
+-----------+-------------+--------------+------------------+
4 rows in set (0.00 sec)
```

从运行结果可以看出,course_id 为 4 的记录已经被删除。数据删除后将不能恢复,因此,在执行删除之前一定要对数据做好备份。

4.6.4 综合实例——记录的增、删、改操作

对 MySQL 数据表中数据的插入、更新和删除操作是非常重要的操作,本节的综合案例包含对数据表中数据的基本操作,包括记录的插入、更新和删除。

1. 案例目的

掌握表数据基本操作。创建表 books,对数据表进行插入、更新和删除操作。books 表结构以及表中的记录如表 4-21 和表 4-22 所示。

表 4-21　books 表结构

字 段 名	数 据 类 型	主键	外键	非空	唯一	自增
id	INT(11)	Y	N	Y	Y	Y
name	VARCHAR(50)	N	N	Y	N	N
authors	VARCHAR(100)	N	N	Y	N	N
price	FLOAT	N	N	Y	N	N
pubdate	YEAR	N	N	Y	N	N
note	VARCHAR(255)	N	N	N	N	N
num	INT(11)	N	N	Y	N	N

表 4-22　books 表中的记录

id	name	authors	price	pubdate	note	num
1	Tale of AAA	Dickes	23	1995	novel	11
2	EmmaT	Jane lura	35	1993	joke	22
3	Story of Jane	Jane Tim	40	2001	novel	0
4	Lovey Day	George Byron	20	2005	novel	30
5	Old Land	Honore Sara	30	2010	law	0
6	The Battle	Upton Sara	33	1999	medicine	40
7	Rose Hood	Richard haggard	28	2008	cartoon	28

2. 案例操作过程

(1) 创建数据表 books,并按表 4-21 结构定义各个字段。

输入如下命令。

```
mysql > CREATE TABLE books
    -> (
    -> id INT (11) NOT NULL PRIMARY KEY,
    -> name VARCHAR (50) NOT NULL,
    -> authors VARCHAR (100) NOT NULL,
    -> price   FLOAT NOT NULL,
    -> pubdate YEAR NOT NULL,
    -> note VARCHAR (255) NULL,
    -> num INT (11) NOT NULL DEFAULT 0
    -> );
Query OK, 0 rows affected (0.05 sec)
```

（2）将表 4-22 中的记录插入 books 表中，分别使用不同的方法插入记录。

当表创建完成后，使用 SELECT 语句查看表中的数据，输入如下命令。

```
mysql> SELECT * FROM books;
Empty set (0.00 sec)
```

可以看到，当前表中为空，没有任何数据，下面向表中插入记录。指定所有字段名称插入记录，输入如下命令。

```
mysql> INSERT INTO books
    -> (id, name, authors, price, pubdate, note, num)
    -> VALUES (1, 'Tale of AAA', 'Dickes', 23, '1995', 'novel',11);
Query OK, 1 row affected (0.01 sec)
```

语句执行成功，插入了一条记录。不指定字段名称插入记录，输入如下命令。

```
mysql> INSERT INTO books
    -> VALUES (2, 'EmmaT', 'Jane lura', 35, '1993', 'joke', 22);
Query OK, 1 row affected (0.01 sec)
```

语句执行成功，插入了一条记录。

使用 SELECT 语句查看当前表中的数据，输入如下命令。

```
mysql> select * from books;
+----+-------------+------------+-------+---------+-------+-----+
| id | name        | authors    | price | pubdate | note  | num |
+----+-------------+------------+-------+---------+-------+-----+
|  1 | Tale of AAA | Dickes     |    23 |    1995 | novel | 11  |
|  2 | EmmaT       | Jane lura  |    35 |    1993 | joke  | 22  |
+----+-------------+------------+-------+---------+-------+-----+
2 rows in set (0.00 sec)
```

可以看到，两条语句分别成功插入了两条记录。

（3）同时插入多条记录。

使用 INSERT 语句将剩下的多条记录插入表中，输入如下命令。

```
mysql> INSERT INTO books VALUES
(3, 'Story of Jane', 'Jane Tim', 40, '2001', 'novel', 0),
(4, 'Lovey Day', 'George Byron', 20, '2005', 'novel',  30),
(5, 'Old Land', 'Honore Sara', 30,  '2010', 'law',   0),
(6, 'The Battle', 'Upton Sara', 33,  '1999', 'medicine',  40),
(7, 'Rose Hood', 'Richard haggard', 28, '2008', 'cartoon', 28);
Query OK, 5 rows affected (0.01 sec)
Records: 5 Duplicates: 0 Warnings: 0
```

（4）将小说类型（novel）的书的价格都增加 5。

执行该操作的 SQL 语句为

```
mysql> UPDATE books SET price = price + 5 WHERE note = 'novel';
Query OK, 3 rows affected (0.00 sec)
Rows matched: 3 Changed: 3 Warnings: 0
```

由结果可以看到,该语句对 3 条记录进行了更新,使用 SELECT 语句查看更新结果。

```
mysql > SELECT id, name, price, note FROM books WHERE note = 'novel';
+----+----------------+-------+-------+
| id | name           | price | note  |
+----+----------------+-------+-------+
|  1 | Tale of AAA    |    28 | novel |
|  3 | Story of Jane  |    45 | novel |
|  4 | Lovey Day      |    25 | novel |
+----+----------------+-------+-------+
3 rows in set (0.00 sec)
```

对比可知,price 的值都在原来的价格之上增加了 5。

(5) 将名称为 EmmaT 的书的价格改为 40,并将 note 改为 drama。修改语句为

```
mysql > UPDATE books SET price = 40, note = 'drama' WHERE name = 'EmmaT';
Query OK, 1 row affected (0.01 sec)
Rows matched: 1 Changed: 1   Warnings: 0
```

结果显示修改了一条记录,使用 SELECT 语句查看执行结果。

```
mysql > SELECT name, price, note FROM books WHERE name = 'EmmaT';
+-------+-------+-------+
| name  | price | note  |
+-------+-------+-------+
| EmmaT |    40 | drama |
+-------+-------+-------+
1 row in set (0.00 sec)
```

可以看到,price 和 note 字段的值已经改变,修改操作成功。

(6) 删除库存为 0 的记录,输入如下命令。

```
DELETE FROM books WHERE mum = 0
```

删除之前使用 SELECT 语句查看当前记录。

```
mysql > SELECT * FROM books WHERE num = 0;
+----+----------------+--------------+-------+---------+-------+-----+
| id | name           | authors      | price | pubdate | note  | num |
+----+----------------+--------------+-------+---------+-------+-----+
|  3 | Story of Jane  | Jane Tim     |    45 |    2001 | novel |   0 |
|  5 | Old Land       | Honore Sara  |    30 |    2010 | law   |   0 |
+----+----------------+--------------+-------+---------+-------+-----+
2 rows in set (0.00 sec)
```

可以看到,当前有两条记录的 num 值为 0,使用 DELETE 语句删除这两条记录,输入如下命令。

```
mysql > DELETE FROM books WHERE num = 0;
Query OK, 2 rows affected (0.01 sec)
```

语句执行成功,查看操作结果,输入如下命令。

```
mysql > SELECT * FROM books WHERE num = 0;
Empty set (0.00 sec)
```

可以看到,查询结果为空,表中已经没有库存量为 0 的记录。

4.7　索引

索引是由数据库表中一列或多列组合而成的一种特殊的数据库结构,利用索引可提高数据库中特定数据的查询速度。本节将介绍与索引相关的内容,包括索引的含义和特点、索引的分类、设置索引的原则以及如何创建和删除索引。

4.7.1　MySQL 中的索引

在 MySQL 中,所有的数据类型都可以被索引。MySQL 的索引是为了加速对数据进行检索而创建的一种分散的、物理的数据结构。索引是依赖于表或视图建立的,提供了数据库中编排表中数据的内部方法。表的存储由两部分组成,一部分是表的数据页面,另一部分是索引页面,索引就存放在索引页面上。索引包含从表或视图中一个或多个列生成的键,以及映射到指定数据行的存储位置指针。

1. 索引的含义和特点

索引是一个单独的、存储在磁盘上的数据库结构,它们包含着对数据表里所有记录的引用指针。使用索引可以快速找出在某个或多个列中有一特定值的行,为列建立索引是提高查询操作速度的最佳途径。

例如,数据库中有两万条记录,现在要执行这样一个查询: SELECT * FROM table where num=10 000。如果没有索引,必须遍历整个表,直到 num 等于 10 000 的这一行被找到为止;如果在 num 列上创建索引,MySQL 不需要任何扫描,直接在索引里面找 10 000,就可以得知这一行的位置。可见,索引的建立可以提高数据库的查询速度。

在数据库中使用索引的优点如下。

(1) 加速数据检索,索引能够以一列或多列值为基础实现快速查找数据行。

(2) 优化查询,查询优化器是依赖于索引起作用的,索引能够加速连接、排序和分组等操作。

(3) 强制实施行的唯一性,通过给表的某列创建唯一索引,可以保证该列的数据不重复。

(4) 在使用分组和排序子句进行数据查询时,也可以显著减少查询中分组和排序的时间。

需要注意的是,索引并不是越多越好,要正确认识索引的重要性和设计原则,创建合适的索引。增加索引也有许多不利,主要表现在如下几方面。

(1) 创建索引和维护索引要耗费时间,并且随着数据量的增加所耗费的时间也会增加。

(2) 索引需要占磁盘空间,除了数据表占数据空间之外,每个索引还要占一定的物理空间,如果有大量的索引,索引文件可能比数据文件更快占用完磁盘空间。

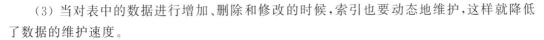

（3）当对表中的数据进行增加、删除和修改的时候，索引也要动态地维护，这样就降低了数据的维护速度。

2. 索引的分类

索引是在存储引擎中实现的，因此，每种存储引擎的索引都不一定完全相同，并且每种存储引擎也不一定支持所有索引类型。可以根据存储引擎定义每个表的最大索引数和最大索引长度，所有存储引擎支持每个表至少 16 个索引，总索引长度至少为 256B，大多数存储引擎有更高的限制。

MySQL 中索引的存储类型有两种：B-树索引和 Hash 索引，具体和表的存储引擎相关。MyISAM 和 InnoDB 存储引擎只支持 B-树索引；MEMORY/HEAP 存储引擎可以支持 B-树索引和 Hash 索引。索引的类型和存储引擎有关，每种存储引擎所支持的索引类型不一定完全相同。根据存储方式的不同，MySQL 中常用的索引在物理上分为以下两类。

1）B-树索引

B-树索引又称为 BTREE 索引，目前大部分的索引都是采用 B-树索引来存储的。B-树索引是一个典型的数据结构，其包含的组件主要有以下几个。

- 叶子节点：包含的条目直接指向表里的数据行。叶子节点之间彼此相连，一个叶子节点有一个指向下一个叶子节点的指针。
- 分支节点：包含的条目指向索引里其他的分支节点或者叶子节点。
- 根节点：一个 B-树索引只有一个根节点，实际上就是位于树的最顶端的节点。

基于这种树状数据结构，表中的每一行都会在索引上有一个对应值。因此，在表中进行数据查询时，可以根据索引值一步一步地定位到数据所在的行。B-树索引可以进行全键值、键值范围和键值前缀查询，也可以对查询结果进行 ORDER BY 排序。但 B-树索引必须遵循左边前缀原则，要考虑以下几点约束。

- 查询必须从索引的最左边的列开始。
- 查询不能跳过某一索引列，必须按照从左到右的顺序进行匹配。
- 存储引擎不能使用索引中范围条件右边的列。

2）Hash 索引

哈希（Hash）一般翻译为"散列"，也有直接音译成"哈希"的，就是把任意长度的输入（又称为预映射）通过散列算法变换成固定长度的输出，该输出就是散列值。MySQL 目前仅有 MEMORY 存储引擎和 HEAP 存储引擎支持这类索引。其中，MEMORY 存储引擎可以支持 B-树索引和 Hash 索引，且将 Hash 当成默认索引。

Hash 索引不是基于树状的数据结构查找数据，而是根据索引列对应的哈希值的方法获取表的记录行。Hash 索引的最大特点是访问速度快，但也存在下面一些缺点。

- MySQL 需要读取表中索引列的值来参与散列计算，散列计算是一个比较耗时的操作。也就是说，相对于 B-树索引来说，建立 Hash 索引会耗费更多的时间。
- 不能使用 Hash 索引排序。
- Hash 索引只支持等值比较，如"="""IN（）"或"<=>"。
- Hash 索引不支持键的部分匹配，因为在计算 Hash 值的时候是通过整个索引值来计算的。

3）其他索引

按照分类标准的不同,MySQL 中的索引在逻辑上有多种分类形式,MySQL 的索引通常包括普通索引(INDEX)、唯一性索引(UNIQUE)、主键索引(PRIMARY KEY)、全文索引(FULLTEXT)和空间索引(SPATIAL)等类型。

- 普通索引(INDEX)：普通索引是 MySQL 中的基本索引类型,允许在定义索引的列中插入重复值和空值。
- 唯一性索引(UNIQUE)：索引列的值必须唯一,可以允许有空值。如果是组合索引,则列组合后的值必须唯一。在一个表上可以创建多个 UNIQUE 索引。主键索引是一种特殊的唯一索引,不允许有空值。
- 主键索引(PRIMARY KEY)：是一种特殊的唯一索引,不允许有空值。通常在建表的时候同时创建主键索引,也可通过修改表的方法增加主键,但每个表只能有一个主键索引。
- 全文索引(FULLTEXT)：全文索引是指在定义索引的列上支持值的全文查找,允许在这些索引列中插入重复值和空值。该索引只能对 CHAR、VARCHAR 或者 TEXT 类型的列编制索引,并且只能在 MyISAM 表中编制,即 MySQL 中只有 MyISAM 存储引擎支持全文索引。
- 空间索引(SPATIAL)：空间索引是对空间数据类型的字段建立的索引,MySQL 中的空间数据类型有 4 种,分别是 GEOMETRY、POINT、LINESTRING 和 POLYGON。对于初学者来说,这类索引很少会用到。
- 如果按照创建索引键值的列数分类,索引还可以分为单列索引和组合索引。单列索引即一个索引只包含单个列,一个表可以有多个单列索引。组合索引指在表的多个字段组合上创建的索引,只有在查询条件中使用了这些字段的左边字段时,索引才会被使用,使用组合索引时遵循最左前缀集合。

3. 设置索引的原则

在数据表中创建索引,为使索引的使用效率更高,必须考虑在哪些字段上创建索引和创建什么类型的索引。首先要了解以下常用的基本原则。

(1) 一个表创建大量索引,会影响 INSERT、UPDATE 和 DELETE 语句的性能。应避免对经常更新的表创建过多的索引,要限制索引的数目。

(2) 若一个表的数据量很大,并且对表数据的更新较少而查询较多,可以创建多个索引来提高性能。在包含大量重复值的列上创建索引,查询的时间会较长。

(3) 经常需要排序、分组和联合操作的字段一定要建立索引,即将用于 JOIN、WHERE 判断和 ORDER BY 排序的字段上创建索引。

(4) 在视图上创建索引可以显著提升查询性能。

(5) 尽量不要对数据库中某个含有大量重复的值的字段建立索引,在这样的字段上建立索引有可能降低数据库的性能。

(6) 在主键上创建索引,在 InnoDB 中如果通过主键来访问数据效率是非常高的。每个表上只能创建一个主键索引。

(7) 要限制索引的数目,对于不再使用或者很少使用的索引要及时删除。

(8) InnoDB 数据引擎的索引键最长支持 767B,MYISAM 数据引擎支持 1000B。

4.7.2　创建索引

MySQL 支持多种方法在单个或多个列上创建索引：在创建表的定义语句 CREATE TABLE 中指定索引列，使用 ALTER TABLE 语句在存在的表上创建索引，或者使用 CREATE INDEX。本节下面将详细讲解这些创建索引的方法。

1. 创建表的时候创建索引

使用 CREATE TABLE 创建表时，除了可以定义列的数据类型，还可以定义主键约束、外键约束或者唯一性约束。无论哪种约束，在定义约束的同时相当于在指定列上创建了一个索引。创建表时创建索引的基本语法格式如下。

```
CREATE TABLE <表名> [字段名,数据类型 [完整性约束条件], …]
[UNIQUE | FULLTEXT | SPATIAL ] [INDEX | KEY ] [索引名] (<列名>[长度]) [ASC | DESC]
```

- UNIQUE、FULLTEXT 和 SPATIAL 为可选参数，分别表示唯一索引、全文索引和空间索引。
- INDEX 与 KEY 为同义词，两者作用相同，用来指定创建索引。
- 字段名为需要创建索引的字段列，该列必须从数据表中定义的多个列中选择。
- 索引名指定索引的名称，为可选参数，如果不指定，MySQL 默认字段名为索引值。
- 长度为可选参数，表示索引的长度，只有字符串类型的字段才能指定索引长度。
- ASC 或 DESC 指定升序或者降序的索引值存储。

1）创建普通索引

普通索引是最基本的索引类型，没有唯一性之类的限制，其作用只是加快对数据的访问速度。语法格式为

```
INDEX [<索引名>] [<索引类型>] (<列名>, …)
```

在 CREATE TABLE 语句中添加此语句，表示在创建新表的同时创建该表的索引。

【例 4.115】　创建一个表 tb_stu_info，在该表的 height 字段创建一般索引。输入如下命令。

```
CREATE TABLE tb_stu_info
  (
id INT NOT NULL,
name CHAR (45) DEFAULT NULL,
dept_id INT DEFAULT NULL,
age INT DEFAULT NULL,
height INT DEFAULT NULL,
INDEX(height)
);
```

该语句执行完毕之后，使用 SHOW CREATE TABLE 查看表结构，输入如下命令。

```
mysql > SHOW CREATE TABLE tb_stu_info\G;
*************************** 1. row ***************************
          Table: tb_stu_info
```

```
Create Table: CREATE TABLE 'tb_stu_info' (
  'id' int (11) NOT NULL,
  'name' char (45) DEFAULT NULL,
  'dept_id' int (11) DEFAULT NULL,
  'age' int (11) DEFAULT NULL,
  'height' int (11) DEFAULT NULL,
  KEY 'height' ('height')
) ENGINE = InnoDB DEFAULT CHARSET = utf8mb4 COLLATE = utf8mb4_0900_ai_ci
1 row in set (0.00 sec)
```

由结果可以看到,tb_stu_info 表的 height 字段上成功建立索引,其索引名称 height 为 MySQL 自动添加。

2) 创建唯一索引

创建唯一索引的主要原因是减少查询索引列操作的执行时间,尤其适用于较庞大的数据表。它与前面的普通索引类似,不同的就是:索引列的取值必须唯一,但允许有空值。如果是组合索引,则组合列的取值必须唯一。

【例 4.116】 创建一个表 tb_stu_info2,在该表的 height 字段上使用 UNIQUE 关键字创建唯一索引。输入如下命令。

```
CREATE TABLE tb_stu_info2
(
id INT NOT NULL,
name CHAR (45) DEFAULT NULL,
dept_id INT DEFAULT NULL,
age INT DEFAULT NULL,
height INT DEFAULT NULL,
UNIQUE INDEX(height)
);
```

该语句执行完毕之后,查看表结构的结果如下。

```
mysql > SHOW CREATE TABLE tb_stu_info2\G
*************************** 1. row ***************************
         Table: tb_stu_info2
Create Table: CREATE TABLE 'tb_stu_info2' (
  'id' int (11) NOT NULL,
  'name' char (45) DEFAULT NULL,
  'dept_id' int (11) DEFAULT NULL,
  'age' int (11) DEFAULT NULL,
  'height' int (11) DEFAULT NULL,
  UNIQUE KEY 'height' ('height')
) ENGINE = InnoDB DEFAULT CHARSET = utf8mb4 COLLATE = utf8mb4_0900_ai_ci
1 row in set (0.00 sec)
```

由结果可以看到,height 字段上已经成功建立了一个名为 height 的唯一索引。

3) 创建组合索引

组合索引是在多个字段上创建一个索引。组合索引可起几个索引的作用,但是使用时并不是随便查询哪个字段都可以使用索引,而是遵从"最左前缀",即利用索引中最左边的列来匹配行,这样的列称为最左前缀;如果列不构成索引最左面的前缀,则 MySQL 不能使用局部索引。

【例 4.117】 创建表 tb_stu_info3,在表中的 id、name 和 age 字段上建立组合索引,输入如下命令。

```
CREATE TABLE tb_stu_info3
(
id INT NOT NULL,
name CHAR (45) NOT NULL,
dept_id INT DEFAULT NULL,
age INT NOT NULL,
height INT DEFAULT NULL,
INDEX MultiIdx (id, name, age)
);
```

使用 SHOW CREATE TABLE 指令查看表结构,结果如下。

```
mysql> SHOW CREATE TABLE tb_stu_info3 \G
*************************** 1. row ***************************
         Table: tb_stu_info3
Create Table: CREATE TABLE 'tb_stu_info3' (
  'id' int (11) NOT NULL,
  'name' char (45) NOT NULL,
  'dept_id' int (11) DEFAULT NULL,
  'age' int (11) NOT NULL,
  'height' int (11) DEFAULT NULL,
  KEY 'MultiIdx' ('id', 'name', 'age')
) ENGINE = InnoDB DEFAULT CHARSET = utf8mb4 COLLATE = utf8mb4_0900_ai_ci
1 row in set (0.00 sec)
```

由结果可以看到,id、name 和 age 字段上已经成功建立了一个名为 MultiIdx 的组合索引。由 id、name 和 age 三个字段构成的索引,索引行中按 id/name/age 的顺序存放,索引可以搜索下面字段组合:(id,name,age)(id,name)或者 id;而(age)或者(name,age)组合则不能使用索引查询。

2. 在已经存在的表上创建索引

在已经存在的表中创建索引,可以使用 ALTER TABLE 语句或者 CREATE INDEX 语句,这里将介绍如何使用 ALTER TABLE 和 CREATE INDEX 语句在已知表字段上创建索引。

1) 使用 CREATE INDEX 语句

可以使用专门用于创建索引的 CREATE INDEX 语句在一个已有的表上创建索引,但该语句不能创建主键。语法格式为

```
CREATE [UNIQUE | FULLTEXT | SPATIAL ] <索引名> ON <表名> (<列名> [<长度>] [ ASC | DESC])
```

其中,<索引名>指定索引名,一个表可以创建多个索引,但每个索引在该表中的名称是唯一的;<表名>指定要创建索引的表名;<列名>指定要创建索引的列名,通常可以考虑将查询语句中在 JOIN 子句和 WHERE 子句里经常出现的列作为索引列;<长度>为可选项,指定使用列前 length 个字符来创建索引;ASC|DESC 为可选项,ASC 指定索引按照升序

来排列,DESC 指定索引按照降序来排列,默认为 ASC。

【例 4.118】 在 tb_stu_info2 表的 name 字段上建立名为 NameIdx 的普通索引,输入如下命令。

```
CREATE INDEX NameIdx ON tb_stu_info2(name);
```

语句执行完毕之后,将在 tb_stu_info2 表中创建名称为 NameIdx 的普通索引。在 MySQL 中,读者除了使用 SHOW CREATE TABLE 语句查看 tb_stu_info2 表中的索引外,还可以使用 SHOW INDEX 语句查看表中创建的索引。语法格式为

```
SHOW INDEX FROM <表名> [ FROM <数据库名>]
```

其中,<表名>指定要显示索引的表;<数据库名>指定要显示的表所在的数据库。

【例 4.119】 使用 SHOW INDEX 语句查看表 tb_stu_info2 的索引信息,输入如下命令。

```
mysql > SHOW INDEX FROM tb_stu_info2\G
***************************** 1. row *****************************
        Table: tb_stu_info2
    Non_unique: 0
      Key_name: height
 Seq_in_index: 1
  Column_name: height
    Collation: A
  Cardinality: 0
     Sub_part: NULL
       Packed: NULL
         Null: YES
   Index_type: BTREE
      Comment:
Index_comment:
      Visible: YES
   Expression: NULL
***************************** 2. row *****************************
        Table: tb_stu_info2
    Non_unique: 1
      Key_name: NameIdx
 Seq_in_index: 1
  Column_name: name
    Collation: A
  Cardinality: 0
     Sub_part: NULL
       Packed: NULL
         Null: YES
   Index_type: BTREE
      Comment:
Index_comment:
      Visible: YES
   Expression: NULL
2 rows in set (0.01 sec)
```

SHOW INDEX 语句返回了一个结果表,该表有如下几个字段,每个字段所显示的内容说明如下。

- Table:表的名称。
- Non_unique:用于显示该索引是否是唯一索引。若不是唯一索引,则该列的值显示为 1;若是唯一索引,则该列的值显示为 0。
- Key_name:索引的名称。
- Seq_in_index:索引中的列序列号,从 1 开始计数。
- Column_name:列名称。
- Collation:显示列以何种顺序存储在索引中。在 MySQL 中,升序显示值“A”(升序),若显示为 NULL,则表示无分类。
- Cardinality:显示索引中唯一值数目的估计值。基数根据被存储为整数的统计数据计数,所以即使对于小型表,该值也没有必要是精确的。基数越大,当进行联合时,MySQL 使用该索引的机会就越大。
- Sub_part:若列只是被部分编入索引,则为被编入索引的字符的数目。若整列被编入索引,则为 NULL。
- Packed:指示关键字如何被压缩。若没有被压缩,则为 NULL。
- Null:用于显示索引列中是否包含 NULL。若列含有 NULL,则显示为 YES;若没有,则该列显示为 NO。
- Index_type:显示索引使用的类型和方法(BTREE、FULLTEXT、HASH、RTREE)。
- Comment:显示注释说明。

【例 4.120】　在 books 的 id 字段上建立名称为 UniqidIdx 的唯一索引,输入如下命令。

```
CREATE UNIQUE INDEX UniqidIdx ON books(id);
```

语句执行完毕之后,将在 books 中创建名称为 UniqidIdx 的唯一索引。

【例 4.121】　在 books 的 note 字段上建立单列索引,输入如下命令。

```
CREATE INDEX BkcmtIdx ON book (note(50));
```

语句执行完毕之后,将在 books 表的 note 字段上建立一个名为 BkcmtIdx 的单列索引,长度为 50。

【例 4.122】　在 books 表的 authors 和 note 字段上建立组合索引,SQL 语句如下。

```
CREATE INDEX BkAuAndInfoIdx ON book ( authors (20), note(50));
```

语句执行完毕之后,将在 books 表的 authors 和 note 字段上建立了一个名为 BkAuAndInfoIdx 的组合索引,authors 的索引序号为 1,长度为 20,note 的索引序号为 2,长度为 50。

2) 使用 ALTER TABLE 语句创建索引

CREATE INDEX 语句可以在一个已有的表上创建索引,ALTER TABLE 语句也可以在一个已有的表上创建索引。在使用 ALTER TABLE 语句修改表的同时,可以向已有的表添加索引。ALTER TABLE 创建索引的基本语法如下。

```
ALTER TABLE <表名>  ADD [UNIQUE ｜ FULLTEXT ｜ SPATIAL ] [ INDEX ｜ KEY ] [索引名] (<列名>[长
度]) [ASC ｜ DESC]
```

与创建表时创建索引的语法不同的是,在这里使用了 ALTER TABLE 和 ADD 关键字,在 ALTER TABLE 语句中添加 ADD 语法成分,表示在修改表的同时为该表添加索引。
说明:

- 只有表的所有者才能给表创建索引。索引的名称必须符合 MySQL 的命名规则,且必须是表中唯一的。
- 主键索引必定是唯一的,唯一性索引不一定是主键。一个表上只有一个主键,但可以有一个或者多个唯一性索引。
- 当给表创建 UNIQUE 约束时,MySQL 会自动创建唯一索引。创建唯一索引时,应保证创建索引的列不包括重复的数据,并且没有两个或两个以上的空值(NULL)。因为创建索引时将两个空值也视为重复的数据,如果有这种数据,必须先将其删除,否则索引不能被成功创建。
- 若要查看表中已经创建索引的情况,可以使用 SHOW INDEX FROM TABLE NAME 语句实现。

【例 4.123】 删除表 tb_stu_info2,重新建立表 tb_stu_info2,在 tb_stu_info2 表中使用 CREATE INDEX 语句,在该表的 id 字段上建立名称为 UniqidIdx 的唯一索引。使用 SHOW INDEX 语句查看表中的索引,输入如下命令。

```
mysql > drop table tb_stu_info2;
Query OK, 0 rows affected (0.02 sec)
mysql > CREATE TABLE tb_stu_info2(id INT NOT NULL, name CHAR(45) DEFAULT NULL, dept_id INT
DEFAULT NULL, age INT DEFAULT NULL, height INT DEFAULT NULL);
Query OK, 0 rows affected (0.02 sec)
mysql > ALTER TABLE tb_stu_info2 ADD UNIQUE INDEX UniqidIdx (id);
Query OK, 0 rows affected (0.03 sec)
Records: 0 Duplicates: 0 Warnings: 0
mysql > SHOW INDEX FROM tb_stu_info2\G
*************************** 1. row ***************************
        Table: tb_stu_info2
   Non_unique: 0
     Key_name: UniqidIdx
 Seq_in_index: 1
  Column_name: id
    Collation: A
  Cardinality: 0
     Sub_part: NULL
       Packed: NULL
         Null:
   Index_type: BTREE
      Comment:
Index_comment:
      Visible: YES
   Expression: NULL
1 row in set (0.01 sec)
```

可以看到 Non_unique 属性值为 0，表示名称为 UniqidIdx 的索引为唯一索引，创建唯一索引成功。

4.7.3　删除索引

索引一旦创建，将由数据库自动管理和维护。例如，向表中插入、更新和删除一条记录时，数据库会自动在索引中做出相应的修改。实际过程中，当 MySQL 执行查询时，查询优化器会对可用的多种数据检索方法的成本进行估计，从中选用最有效的查询计划。

当不再需要索引时，可以使用 DROP INDEX 语句或 ALTER TABLE 语句来对索引进行删除。

1. 使用 DROP INDEX 语句

语法格式：

```
DROP INDEX <索引名> ON <表名>
```

其中，<索引名>指定要删除的索引名；<表名>指定该索引所在的表名。

2. 使用 ALTER TABLE 语句

根据 ALTER TABLE 语句的语法可知，该语句也可以用于删除索引。具体使用方法是将 ALTER TABLE 语句的语法中部分指定为以下子句中的某一项。

- DROP PRIMARY KEY：表示删除表中的主键。一个表只有一个主键，主键也是一个索引。
- DROP INDEX index_name：表示删除名称为 index_name 的索引。
- DROP FOREIGN KEY fk_symbol：表示删除外键。

注意：如果删除的列是索引的组成部分，那么在删除该列时，也会将该列从索引中删除；如果组成索引的所有列都被删除，那么整个索引将被删除。

【例 4.124】　删除表 tb_stu_info 中的索引 height，输入如下命令。

```
mysql > DROP INDEX height ON tb_stu_info;
Query OK, 0 rows affected (0.01 sec)
Records: 0 Duplicates: 0 Warnings: 0

mysql > SHOW CREATE TABLE tb_stu_info\G
*************************** 1. row ***************************
        Table: tb_stu_info
Create Table: CREATE TABLE 'tb_stu_info' (
  'id' int (11) NOT NULL,
  'name' char (45) DEFAULT NULL,
  'dept_id' int (11) DEFAULT NULL,
  'age' int (11) DEFAULT NULL,
  'height' int (11) DEFAULT NULL
) ENGINE = InnoDB DEFAULT CHARSET = utf8mb4 COLLATE = utf8mb4_0900_ai_ci
1 row in set (0.00 sec)
```

【例 4.125】　删除表 tb_stu_info2 中名称为 id 的索引，输入如下命令。

```
mysql > ALTER TABLE tb_stu_info2 DROP INDEX id;
Query OK, 0 rows affected (0.02 sec)
```

```
Records: 0 Duplicates: 0 Warnings: 0

mysql > SHOW CREATE TABLE tb_stu_info2\G
*************************** 1. row ***************************
       Table: tb_stu_info2
Create Table: CREATE TABLE 'tb_stu_info2' (
  'id' int (11) NOT NULL,
  'name' char (45) DEFAULT NULL,
  'dept_id' int (11) DEFAULT NULL,
  'age' int (11) DEFAULT NULL,
  'height' int (11) DEFAULT NULL
) ENGINE = InnoDB DEFAULT CHARSET = utf8mb4 COLLATE = utf8mb4_0900_ai_ci
1 row in set (0.00 sec)
```

4.7.4 综合实例——索引的操作

索引是提高数据库性能的 4 个强有力的工具,本节主要介绍了 MySQL 中索引的相关概念,包括索引的种类和各种索引的创建方法,如创建表的同时创建索引,以及使用ALTER TABLE 或者 CREATE INDEX 语句创建索引。在这里,通过一个综合案例,让读者掌握索引的使用。

1. 案例目的

创建数据库 index_test 按照下面表结构在 index_test 数据库中创建两个数据表 test_table1 和 test_table2,如表 4-23 和表 4-24 所示,并按照操作过程完成对数据表的基本操作。

表 4-23 test_table1 表结构

字 段 名	数 据 类 型	主键	外键	非空	唯一	自增
id	INT(10)	N	N	Y	Y	Y
name	CHAR(50)	N	N	Y	N	N
address	CHAR(50)	N	N	N	N	N
description	CHAR(50)	N	N	N	N	N

表 4-24 test_table2 表结构

字 段 名	数 据 类 型	主键	外键	非空	唯一	自增
id	INT(10)	Y	N	Y	Y	N
firstname	CHAR(50)	N	N	Y	N	N
middlename	CHAR(50)	N	N	Y	N	N
lastname	CHAR(50)	N	N	Y	N	N
birth	DATE	N	N	Y	N	N
title	CHAR(100)	N	N	N	N	N

2. 案例操作过程

(1) 登录 MySQL 数据库。

打开 Windows 命令行,输入登录用户名和密码。

```
C:\> mysql - h localhost - u root - p
Enter password: **
```

（2）创建数据库。

创建数据库 index_test，输入如下命令。

```
mysql > CREATE DATABASE index_test;
Query OK, 1 row affected (0.01 sec)
```

（3）创建表 employee。

```
CREATE TABLE employee
(
id INT (10) NOT NULL AUTO_INCREMENT,
name CHAR (50) NOT NULL,
address CHAR (50),
description CHAR (50),
UNIQUE INDEX UniqIdx(id),
INDEX MultiColIdx (name (20), address (30)),
INDEX ComIdx (description (30))
);
```

输入如下命令。

```
mysql > use index_test
Database changed
mysql > CREATE TABLE employee
    -> (
    -> id INT (10) NOT NULL AUTO_INCREMENT,
    -> name CHAR (50) NOT NULL,
    -> address CHAR (50),
    -> description CHAR (50),
    -> UNIQUE INDEX UniqIdx(id),
    -> INDEX MultiColIdx (name (20), address (30)),
    -> INDEX ComIdx (description (30))
    -> );
Query OK, 0 rows affected (0.07 sec)
```

使用 SHOW 语句查看索引信息，输入如下命令。

```
mysql > SHOW CREATE table employee \G
*************************** 1. row ***************************
        Table: employee
Create Table: CREATE TABLE 'employee' (
  'id' int (10) NOT NULL AUTO_INCREMENT,
  'name' char (50) NOT NULL,
  'address' char (50) DEFAULT NULL,
  'description' char (50) DEFAULT NULL,
  UNIQUE KEY 'UniqIdx' ('id'),
  KEY 'MultiColIdx' ('name' (20), 'address' (30)),
  KEY 'ComIdx' ('description' (30))
) ENGINE = InnoDB DEFAULT CHARSET = utf8mb4 COLLATE = utf8mb4_0900_ai_ci
1 row in set (0.01 sec)
```

由结果可以看出，employee 表成功创建了 3 个索引，分别是在 id 字段上名称为 UniqIdx 的唯一索引；在 name 和 address 字段上的组合索引，两个索引列的长度分别为 20 个字符和 30 个字符；在 description 字段上长度为 30 的普通索引。

（4）创建表 employee1，存储引擎为 MyISAM，输入如下命令。

```
mysql > CREATE TABLE employee1
    -> (
    -> id INT (10) NOT NULL PRIMARY KEY,
    -> firstname CHAR (50) NOT NULL,
    -> middlename CHAR (50) NOT NULL,
    -> lastname CHAR (50) NOT NULL,
    -> birth DATE NOT NULL,
    -> title CHAR (100)
    -> );
Query OK, 0 rows affected (0.02 sec)
```

（5）使用 ALTER TABLE 语句在表 employee1 的 birth 字段上，建立名称为 ComDateIdx 的普通索引。

```
mysql > ALTER TABLE employee1 ADD INDEX ComDateIdx(birth);
Query OK, 0 rows affected (0.01 sec)
Records:  0  Duplicates:  0  Warnings: 0
```

（6）使用 ALTER TABLE 语句在表 employee1 的 id 字段添加名称为 UniqIdx 的唯一索引，并以降序排列。

```
mysql > ALTER TABLE employee1 ADD UNIQUE INDEX UniqIdx ( id desc);
Query OK, 0 rows affected (0.02 sec)
Records: 0 Duplicates: 0 Warnings: 0
```

（7）使用 CREATE INDEX 在 firstname、middlename 和 lastname 三个字段上建立名称为 MuItiColIdx 的组合索引。

```
mysql > CREATE INDEX MuItiColIdx ON employee1 (firstname, middlename, lastname);
Query OK, 0 rows affected (0.02 sec)
Records: 0 Duplicates: 0 Warnings: 0
```

（8）使用 ALTER TABLE 语句删除表 employee1 中名称为 UniqIdx 的唯一索引。

```
mysql > ALTER TABLE employee1 DROP INDEX UniqIdx;
Query OK, 0 rows affected (0.02 sec)
Records: 0 Duplicates: 0 Warnings: 0
```

（9）使用 DROP INDEX 语句删除表 employee1 中名称为 MuItiColIdx 的组合索引。

```
mysql > DROP INDEX MuItiColIdx ON employee1;
Query OK, 0 rows affected (0.03 sec)
Records: 0 Duplicates: 0 Warnings: 0
```

🔳 小结 ◆

本章主要讲解了 MySQL 数据库的创建和删除操作，MySQL 的数字、字符串、日期和时间数据类型，数据库中表的创建、查看、删除和修改等基本操作，MySQL 中数学、字符串、条件判断、系统信息、日期和数据等常用的函数，MySQL 的数据查询操作、数据维护操作，MySQL 中索引的维护操作。

用户需要掌握每种操作方法的参数及含义，并加以反复练习才能掌握 MySQL 数据库的操作。

习题

一、简答和运算题

1. MySQL 中的小数如何表示？不同表示方法之间有什么区别？

2. BLOB 和 TEXT 分别适合于存储什么类型的数据？

3. 说明 ENUM 和 SET 类型的区别以及在什么情况下适用。

4. 在 MySQL 中执行如下算术运算：$(9-7)*4, 8+15/3, 17 DIV 2, 39\%12$。

5. 在 MySQL 中执行如下比较运算：$36>27, 15>=8, 40<50, 15<=15, NULL<=>$ $NULL, NULL<=>1, 5<=>5$。

6. 在 MySQL 中执行如下逻辑运算：$4\&\&8, -2||NULL, NULL\ XOR\ 0, 0\ XOR\ 1, !2$。

7. 在 MySQL 中执行如下位运算：$13\&17, 20|8, 14\textasciicircum20, \sim16$。

8. 简述实体完整性有哪些。

9. 简述索引分为哪几类。

10. 简述索引的作用。

11. 简述域完整性有哪些。

12. 简述引用完整性的作用。

二、操作题

新建如图 4-4 所示的 Teaching 数据库，在该库中建立以下 5 个表，表之间的关系及字段添加如图 4-5 所示的数据，写出相应操作的 SQL 代码。

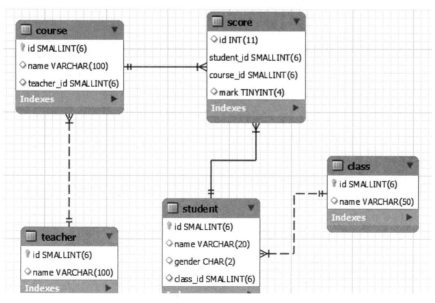

图 4-4　数据库 Teaching 各表之间的关系图

class 表

id	name
1	软件工程1班
2	计算机科学技术1班
3	网络工程1班

teacher 表

id	name
1	老虎
2	小马
3	大牛

course 表

id	name	teacher_id
1	数据结构	1
2	Java语言	2
3	数据库原理	3
4	C语言	1

student 表

id	name	gender	class_id
1	牡丹	女	1
2	柳树	男	2
3	玫瑰	女	3
4	月季	女	1
5	小草	男	2
6	风清	男	3
7	月明	女	1

score 表

id	student_id	course_id	mark
1	1	2	79
2	2	1	58
3	2	3	66
4	2	4	80
5	3	1	63
6	3	4	95
7	4	2	88
8	4	3	62
9	5	2	59
10	5	4	100
11	1	1	55
12	3	2	81
13	4	4	50
14	5	3	77
15	1	4	58
16	1	3	91
17	6	1	75
18	4	1	80
19	2	2	75

图 4-5　数据库 Teaching 各表的数据

1. 查询所有的课程名称以及对应的任课老师姓名。

2. 查询学习课程"数据结构"比课程"C 语言"成绩低的学生的学号。

3. 查询平均成绩大于 65 分的同学的 id 和平均成绩(保留两位小数)。

4. 查询平均成绩大于 65 分的同学的姓名和平均成绩(保留两位小数)。

5. 查询所有同学的姓名、选课数、总成绩。

6. 查询没学过"大牛"老师课的同学的姓名。

7. 查询学过"老虎"老师所教的全部课程的同学的姓名。

8. 查询有课程成绩小于 60 分的同学的姓名。

9. 查询选修了全部课程的学生姓名。

10. 查询至少有一门课程与"小草"同学所学课程相同的同学姓名。

11. 查询至少有一门课程和"小草"同学所学课程不相同的同学姓名。

12. 查询各科成绩最高和最低的分,以如下形式显示:课程 id,最高分,最低分。

13. 查询只选修了一门课程的学生的学号和姓名。

14. 查询每门课程的平均成绩,结果按平均成绩升序排列,平均成绩相同时,按课程 id 降序排列。

15. 按平均成绩倒序显示所有学生的"数据库原理""Java 语言""C 语言"三门的课程成绩,按如下形式显示:学生 id、数据库原理、Java 语言、C 语言、课程数、平均分。

第5章

MySQL编程语言

MySQL 程序设计结构是在 SQL 标准的基础上增加了一些程序设计语言的元素,其中包括变量、运算符、表达式、流程控制以及函数等内容。为了便于 MySQL 代码维护,以及提高 MySQL 代码的重用性,MySQL 开发人员将频繁使用的业务逻辑封装成诸如触发器、存储过程、函数等存储程序。

本章首先介绍了 MySQL 编程的基础知识,然后讲解了存储过程和存储函数的实现方法,最后介绍了 MySQL 触发器的使用。

5.1 运算符

运算符用于运算 MySQL 的表达式,它可以针对一个或以上操作数进行运算。当 MySQL 数据库中的表结构确立后,表中的数据所代表的意义就已经确定。而通过 MySQL 运算符进行运算,可以获得表结构以外的另一种数据。根据运算符功能的不同,可将 MySQL 的运算符分为 4 大类:算术运算符、比较运算符、逻辑运算符、位运算符。本节即将介绍各种运算符的特点和使用方法。

5.1.1 算术运算符

算术运算符是 SQL 中最基本的运算符,用于两个操作数之间执行算术运算。MySQL 中的算术运算符有+(加)、-(减)、*(乘)、/(除)、%(求余)以及 div(求商)6 种运算符,如表 5-1 所示。

表 5-1 MySQL 中的算术运算符

算术运算符	说　　明	算术运算符	说　　明
+	加法运算	/	除法运算,返回商
-	减法运算	%	求余运算,返回余数
*	乘法运算	div	求商运算

【例 5.1】 在当前数据库中创建表 tmp,定义一个数据类型为 INT 的字段 num,插入值 64,对 num 值进行算术运算。

首先,创建表 tmp,输入如下命令。

```
CREATE TABLE tmp (num INT);
```

向字段 num 插入数据 64,输入如下命令。

```
INSERT INTO tmp value(64);
```

接下来,对 num 值进行加法和减法运算,输入如下命令。

```
mysql> select num, num + 10, num − 3 + 5, num + 5 − 3, num + 36.7 FROM tmp;
+-------+----------+------------+------------+------------+
| num   | num + 10 | num − 3 + 5 | num + 5 − 3 | num + 36.7 |
+-------+----------+------------+------------+------------+
|   64  |    74    |     66     |     66     |   100.7    |
+-------+----------+------------+------------+------------+
```

【例 5.2】 对 num 进行乘法和除法运算,输入如下命令。

```
mysql> select num, num * 2, num /2, num/3, num % 3 FROM tmp;
+-------+---------+---------+----------+---------+
| num   | num * 2 | num /2  | num/3    | num % 3 |
+-------+---------+---------+----------+---------+
|   64  |   128   | 32.0000 | 21.3333  |    1    |
+-------+---------+---------+----------+---------+
1 row in set (0.00 sec)
```

通过观察计算结果可以看到,对 num 进行除法运算的时候,由于 64 无法被 3 整除,因此 MySQL 对 num/3 求商的结果保存到了小数点后面 4 位,结果为 21.3333;64 除以 3 的余数为 1,因此取余运算 num ％ 3 的结果为 1。

在数学运算时,除数为 0 的除法是没有意义的,因此除法运算中除数不能为 0,如果被 0 整除,则返回结果为 NULL。

【例 5.3】 若用 0 除 num,输入如下命令。

```
mysql> SELECT num, num / 0, num % 0 FROM tmp;
+-------+---------+---------+
| num   | num / 0 | num % 0 |
+-------+---------+---------+
|   64  |  NULL   |  NULL   |
+-------+---------+---------+
1 row in set (0.00 sec)
```

可见,对 num 进行除法求商、求余运算的结果均为 NULL。

5.1.2 比较运算符

比较运算符(又称关系运算符)用于比较操作数之间的大小关系,其运算结果要么为 TRUE,要么为 FALSE,否则为 NULL(不确定)。MySQL 中比较运算符经常在 SELECT 的查询条件子句中使用,用来查询满足指定条件的记录。比较结果为真,则返回 1,为假则返回 0,比较结果不确定则返回 NULL。MySQL 中的比较运算符如表 5-2 所示。

1. 等于运算符"="

"="用来比较两边的操作数是否相等,若相等返回 1,不相等返回 0。具体的语法规则如下。

表 5-2　MySQL 中的比较运算符

运　算　符	作　　　用
=	等于
<=>	安全等于
<>(!=)	不等于
<=	小于或等于
>=	大于或等于
>	大于
IS NULL	判断一个值是否为 NULL
IS NOT NULL	判断一个值是否不为 NULL
LEAST	在有两个或多个参数时,返回最小值
GREATEST	当有两个或多个参数时,返回最大值
BETWEEN AND	判断一个值是否落在两个值之间
ISNULL	与 IS NULL 作用相同
IN	判断一个值是 IN 列表中的任意一个值
NOT IN	判断一个值不是 IN 列表中的任意一个值
LIKE	通配符匹配
REGEXP	正则表达式匹配

- 若有一个或两个操作数为 NULL,则比较运算的结果为 NULL。
- 若两个操作数都是字符串,则按照字符串进行比较。
- 若两个操作数均为整数,则按照整数进行比较。
- 若一个操作数为字符串,另一个操作数为数字,MySQL 自动将字符串转换为数字后再进行比较。

【例 5.4】　使用“＝”进行相等判断,输入如下命令。

```
mysql > SELECT 1 = 0, '2' = 2, 2 = 2, '0.02' = 0, 'b' = 'b', (1 + 3) = (2 + 2), NULL = NULL;
+-------+---------+-------+------------+-----------+-------------------+-------------+
| 1 = 0 | '2' = 2 | 2 = 2 | '0.02' = 0 | 'b' = 'b' | (1 + 3) = (2 + 2) | NULL = NULL |
+-------+---------+-------+------------+-----------+-------------------+-------------+
|     0 |       1 |     1 |          0 |         1 |                 1 |        NULL |
+-------+---------+-------+------------+-----------+-------------------+-------------+
1 row in set (0.01 sec)
```

可以看出,在进行比较之前,MySQL 自动进行了转换,把字符 '2' 转换成了数字 2,则 2＝2 和 '2'＝2 的返回值相同,都为 1;表达式 'b'＝'b' 为相同的字符比较,返回值为 1;表达式 1＋3 和表达式 2＋2 的结果都为 4,结果相等,返回值为 1;由于“＝”不能用于空值 NULL 的判断,因此返回值为 NULL。

2. 安全等于运算符“<=>”

该运算符“<=>”和“＝”运算符都是执行比较操作,与“＝”的区别是它可以判断 NULL 值,具体的语法规则如下。

- 当两个操作数均为 NULL 时,返回值为 1。
- 若一个操作数不为 NULL,另一个操作码为 NULL 时,返回值为 0 而不是 NULL。

【例 5.5】 用运算符"<=>"进行安全等于判断,输入如下命令。

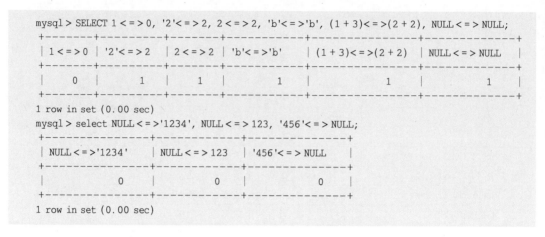

```
mysql > SELECT 1<=>0, '2'<=>2, 2<=>2, 'b'<=>'b', (1+3)<=>(2+2), NULL<=>NULL;
+-------+---------+-------+----------+---------------+-------------+
| 1<=>0 | '2'<=>2 | 2<=>2 | 'b'<=>'b' | (1+3)<=>(2+2) | NULL<=>NULL |
+-------+---------+-------+----------+---------------+-------------+
|     0 |       1 |     1 |        1 |             1 |           1 |
+-------+---------+-------+----------+---------------+-------------+
1 row in set (0.00 sec)
mysql > select NULL<=>'1234', NULL<=>123, '456'<=>NULL;
+---------------+------------+--------------+
| NULL<=>'1234' | NULL<=>123 | '456'<=>NULL |
+---------------+------------+--------------+
|             0 |          0 |            0 |
+---------------+------------+--------------+
1 row in set (0.00 sec)
```

3. 不等于运算符"<>"或者"!="

"<>"或者"!="用于判断数字、字符串、表达式不相等的判断。如果不相等,返回值为1;否则返回值为0。这两个运算符不能用于判断空值 NULL。

【例 5.6】 用"<>"和"!="进行不相等判断,输入如下命令。

```
mysql >  SELECT 'good'<>'god', 1<>2, 4!=4, 5.5!=5, (1+3)!=(2+1), NULL<>NULL;
+---------------+------+------+--------+--------------+------------+
| 'good'<>'god' | 1<>2 | 4!=4 | 5.5!=5 | (1+3)!=(2+1) | NULL<>NULL |
+---------------+------+------+--------+--------------+------------+
|             1 |    1 |    0 |      1 |            1 |       NULL |
+---------------+------+------+--------+--------------+------------+
1 row in set (0.00 sec)
```

由结果可以看到,两个不等于运算符作用相同,都可以进行数字、字符串、表达式的比较判断。

4. 小于运算符"<"和小于或等于运算符"<="

"<"(或"<=")运算符用来判断左边的操作数是否小于(或小于或等于)右边的操作数,如果小于(或小于或等于),返回值为1;否则,返回值为0;但这两个运算符不能用于判断空值 NULL。

5. 大于运算符">"和大于或等于运算符">="

">"(或">=")运算符用于判断左边的操作数是否大于(或大于或等于)右边的操作数,如果大于(或大于或等于),返回值为1;否则返回值为0,但是不能用于判断空值 NULL。

【例 5.7】 分别使用"<""<="">"和">="进行判断,输入如下命令。

```
mysql > SELECT 'good'<'god',1<=2, 4>4,5>=5,(1+3)>(2+1),NULL<NULL;
+---------------+------+-----+------+-------------+-----------+
| 'good'<'god'  | 1<=2 | 4>4 | 5>=5 | (1+3)>(2+1) | NULL<NULL |
+---------------+------+-----+------+-------------+-----------+
|             0 |    1 |   0 |    1 |           1 |      NULL |
+---------------+------+-----+------+-------------+-----------+
1 row in set (0.00 sec)
```

6. IN、NOT IN 运算符

IN 运算符用于判断操作数是否为 IN 列表的其中一个值,如果是,返回值为 1;否则返回值为 0。

NOT IN 运算符用于判断表达式是否为 IN 列表中的其中一个值,如果不是,返回值为 1;否则返回值为 0。

【例 5.8】　分别使用 IN 和 NOT IN 运算符进行判断,输入如下命令。

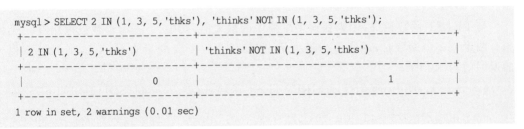

```
mysql > SELECT 2 IN (1, 3, 5,'thks'), 'thinks' NOT IN (1, 3, 5,'thks');
+---------------------------+-----------------------------------+
| 2 IN (1, 3, 5,'thks')     | 'thinks' NOT IN (1, 3, 5,'thks')  |
+---------------------------+-----------------------------------+
|                        0  |                                1  |
+---------------------------+-----------------------------------+
1 row in set, 2 warnings (0.01 sec)
```

7. IS NULL、IS NOT NULL 运算符

IS NULL 检验一个值是否为 NULL,如果为 NULL,返回值为 1,否则返回值为 0;IS NOT NULL 检验一个值是否为非 NULL,如果是,那么返回值为 1;否则返回值为 0。

【例 5.9】　使用 IS NULL 和 IS NOT NULL 判断 NULL 值和非 NULL 值,输入如下命令。

```
mysql > SELECT NULL IS NULL, ISNULL(NULL), ISNULL(10), 10 IS NOT NULL;
+---------------+---------------+-------------+-----------------+
| NULL IS NULL  | ISNULL(NULL)  | ISNULL(10)  | 10 IS NOT NULL  |
+---------------+---------------+-------------+-----------------+
|            1  |            1  |          0  |              1  |
+---------------+---------------+-------------+-----------------+
1 row in set (0.00 sec)
```

由结果可以看到,IS NULL 和 ISNULL 的作用相同,只是格式不同,ISNULL 和 IS NOT NULL 的返回值正好相反。

8. BETWEEN AND 运算符

语法格式为

```
expr BETWEEN min AND max
```

假如 expr 大于或等于 min 且小于或等于 max,则 BETWEEN 的返回值为 1,否则返回值为 0。

【例 5.10】　使用 BETWEEN AND 进行区间判断,输入如下命令。

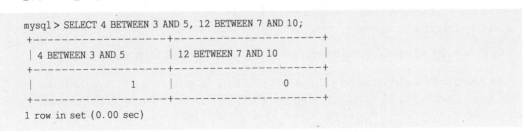

```
mysql > SELECT 4 BETWEEN 3 AND 5, 12 BETWEEN 7 AND 10;
+-------------------+---------------------+
| 4 BETWEEN 3 AND 5 | 12 BETWEEN 7 AND 10 |
+-------------------+---------------------+
|                1  |                  0  |
+-------------------+---------------------+
1 row in set (0.00 sec)
```

由结果可以看到,4在端点值区间内时,BETWEEN AND 表达式返回值为1;12并不在指定区间内,因此返回值为0。注意,对于字符串类型的比较,按字母表中字母顺序进行比较。

9. LEAST(值1,值2,…,值n)函数

其中,值n表示参数列表中有n个值,在有两个或多个参数的情况下,返回最小值。假如任意一个自变量为 NULL,则 LEAST 函数的返回值为 NULL。

10. GREATEST(值1,值2,…,值n)函数

与 LEAST 函数相反,用来获得多个值中的最大值,其中,n表示参数列表中有n个值。当有两个或多个参数时,返回值为最大值,假如任意一个自变量为 NULL,则 GREATEST 的返回值为 NULL。

【例5.11】 使用 LEAST 和 GREATEST 函数进行大小判断,SQL 语句如下。

```
mysql > SELECT LEAST (13, 3.0, 103.5), LEAST ('a', 'd', 'f'), LEAST (20, NULL);
+----------------------+----------------------+------------------+
| LEAST (13, 3.0,103.5) | LEAST ('a', 'd', 'f') | LEAST (20, NULL) |
+----------------------+----------------------+------------------+
|                  3.0 |                    a |             NULL |
+----------------------+----------------------+------------------+
1 row in set (0.00 sec)
mysql > SELECT GREATEST (13, 3.0, 103.5), GREATEST ('a', 'd', 'f'), GREATEST(20, NULL);
+-------------------------+-------------------------+-------------------+
| GREATEST (13, 3.0, 103.5) | GREATEST ('a', 'd', 'f') | GREATEST(20, NULL) |
+-------------------------+-------------------------+-------------------+
|                   103.5 |                      f |              NULL |
+-------------------------+-------------------------+-------------------+
1 row in set (0.00 sec)
```

由结果可以看到,当参数中是整数或者浮点数时,LEAST 将返回其中最小的值,而 GREATEST 返回其中的最大值;当参数为字符串时,LEAST 返回字母表中顺序最靠前的字符,而 GREATEST 返回字母表中顺序最靠后的字符;当比较值列表中有 NULL 时,不能判断大小,返回值为 NULL。

11. LIKE 运算符

LIKE 运算符用来匹配字符串,语法格式为

```
expr LIKE 匹配条件
```

如果 expr 满足匹配条件,则返回值为 1(TRUE);如果不匹配,则返回值为 0(FALSE)。若 expr 或匹配条件中任何一个为 NULL,则结果为 NULL。LIKE 运算符在进行匹配时,可以使用下面两种通配符。

- %:匹配任何数目的字符,甚至包括零字符。
- _:只能匹配一个字符。

【例5.12】 使用运算符 LIKE 进行字符串匹配运算,输入命令如下。

```
mysql > SELECT 'mylib' LIKE 'myli_','mylib' LIKE '% b', 'tear' LIKE 't_ _', 's' LIKE NULL;
+------------------+---------------+------------------+---------------+
| 'mylib' LIKE 'myli_' | 'mylib' LIKE '% b' | 'tear' LIKE 't_ _' | 's' LIKE NULL |
```

```
+------------------+------------------+------------------+------------------+
|                1 |                1 |                0 |             NULL |
+------------------+------------------+------------------+------------------+
1 row in set (0.00 sec)
```

由结果可以看出,'mylib' 表示匹配以 mylib 开头的长度为 5 个字符的字符串,'mylib' 正好是 5 个字符,满足匹配条件返回 1;'%b' 表示匹配以字母 b 结尾的字符串,'mylib' 满足匹配条件,匹配成功返回 1;'t_ _' 表示匹配以 t 开头的长度为 3 个字符的字符串,而'tear' 长度为 4,不满足匹配条件,因此返回 0;字符 's' 与 NULL 匹配时,结果为 NULL。

12. REGEXP 正则表达式

REGEXP 正则表达式用来匹配字符串,语法格式为

expr REGEXP 匹配条件

如果 expr 满足匹配条件,返回 1;如果不满足,则返回 0;若 expr 或匹配条件任意一个为 NULL,则结果为 NULL。

REGEXP 正则表达式在进行匹配时,常用的有下面几种通配符。

- ^：匹配字符串的开始位置,如 '^a' 表示以字母 a 开头的字符串。
- $：匹配字符串的结束位置,如 'X$' 表示以字母 X 结尾的字符串。
- .：这个字符就是英文半角的句号,它匹配任何一个字符,包括回车、换行等。
- [...]：匹配在方括号内的任何一个字符。如 '[abc]' 匹配 a、b 或 c 任意单个字符。
- -：使用'-'可以指定命名字符的范围,如 '[a-z]' 匹配 a～z 的任何一个字母,而 '[0-9]' 匹配 0～9 任何一位数字。
- *：匹配零个或多个在它前面的字符,在它之前必须有内容。如 'x*' 匹配任何长度的 x 字符,'[0-9]*' 匹配任何长度的数字,而 '*' 匹配任何长度的任何字符。

【例 5.13】　使用正则表达式 REGEXP 进行字符串匹配运算,输入如下命令。

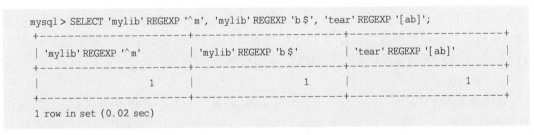

```
mysql> SELECT 'mylib' REGEXP '^m', 'mylib' REGEXP 'b$', 'tear' REGEXP '[ab]';
+---------------------+---------------------+----------------------+
| 'mylib' REGEXP '^m' | 'mylib' REGEXP 'b$' | 'tear' REGEXP '[ab]' |
+---------------------+---------------------+----------------------+
|                   1 |                   1 |                    1 |
+---------------------+---------------------+----------------------+
1 row in set (0.02 sec)
```

由结果可以看出,匹配字符串为'mylib','^m' 表示匹配任何以字母 m 开头的字符串,'mylib' 满足条件返回 1;'b$' 表示任何以字母 b 结尾的字符串,'mylib' 以 b 结尾满足匹配条件返回 1;'[ab]' 匹配任何包含字母 a 或者 b 的字符串,字符串 'tear' 中虽然没有字母 b 但有字母 a,因此满足匹配条件返回 1。

5.1.3　逻辑运算符

逻辑运算符(又称布尔运算符)对布尔类型操作数进行运算,在 SQL 中逻辑运算结果为 TRUE、FALSE 或 NULL。在 MySQL 中它们体现为 1(TRUE)、0(FALSE)和空(NULL),

其中大多数都可以和 SQL 通用。MySQL 中的逻辑运算符如表 5-3 所示。

表 5-3　MySQL 中的逻辑运算符

运　算　符	作　　用	运　算　符	作　　用
NOT 或 !	逻辑非	OR 或 ||	逻辑或
AND 或 &&	逻辑与	XOR	逻辑异或

1. 与运算

"&&"或者"AND"是"与"运算的两种表达方式。如果所有操作数不为 0 且不为空值(NULL),则结果返回 1;如果存在任何一个操作数为 0,则结果返回 0;如果存在一个操作数为 NULL 且没有操作数为 0,则结果返回 NULL。"与"运算符支持多个操作数同时进行运算,按照运算优先级顺序执行。

2. 或运算

"\|\|"或者"OR"表示"或"运算。所有操作数中存在任何一个非 0 数据时,运算结果返回 1;如果操作数中不包含非 0 的数据,但包含 NULL 时,运算结果返回 NULL;如果操作数中只有 0 时,运算结果返回 0。"或"运算符支持多个操作数同时进行运算,按照运算优先级顺序执行。

【例 5.14】　分别使用与运算符和或运算符进行逻辑运算,输入命令如下。

```
mysql> SELECT 1 AND - 1, 1 && 0, 1 && NULL, 0 && NULL, 1 || 0, 1 || NULL, 0 || NULL;
+----------+--------+-----------+-----------+--------+-----------+-----------+
| 1 AND - 1 | 1 && 0 | 1 && NULL | 0 && NULL | 1 || 0 | 1 || NULL | 0 || NULL |
+----------+--------+-----------+-----------+--------+-----------+-----------+
|        1 |      0 |      NULL |         0 |      1 |         1 |      NULL |
+----------+--------+-----------+-----------+--------+-----------+-----------+
1 row in set (0.00 sec)
```

由结果可以看到,表达式"1 AND -1"中没有 0 或者 NULL,因此结果为 1;表达式"1 && 0"中有操作数 0,因此结果为 0;表达式"1 && NULL"中虽然有 NULL,但是没有操作数 0,返回结果为 NULL;表达式 0 && NULL 有 0,所以结果为 0;表达式"1 || 0"中包含非 0 的值 1,返回结果为 1;"1 || NULL"中虽然有 NULL,但是有操作数 1,返回结果为 1;"0 || NULL"中有 0 值,并且有 NULL,返回结果为 NULL。

3. 非运算

"!"或者 NOT 表示"非"运算。通过"非"运算,将返回与操作数相反的结果。如果操作数是非 0 的数字,结果返回 0;如果操作数是 0,结果返回 1;如果任何一个操作数是 NULL,结果返回 NULL。

【例 5.15】　利用非运算符进行逻辑判断,输入如下命令。

```
mysql> SELECT NOT 12, NOT (3 - 3), NOT NULL, NOT (NOT NULL);
+--------+-------------+----------+----------------+
| NOT 12 | NOT (3 - 3) | NOT NULL | NOT (NOT NULL) |
+--------+-------------+----------+----------------+
|      0 |           1 |     NULL |           NULL |
+--------+-------------+----------+----------------+
1 row in set (0.00 sec)1
```

4. 异或运算

XOR 表示"异或"运算。当其中一个操作数是真而另外一个操作数是假时,运算返回结果为真;当两个操作数都是真或都是假时,运算返回结果为假。即两个操作数不同时,结果为真;操作数相同时,结果为假。有任意一个操作数为 NULL 时,结果返回 NULL。

【例 5.16】 使用异或运算符"XOR"进行逻辑判断,输入如下命令。

```
mysql > SELECT 1 XOR 1, 0 XOR 0, 1 XOR 0, 1 XOR NULL, NULL XOR NULL;
+---------+---------+---------+-------------+----------------+
| 1 XOR 1 | 0 XOR 0 | 1 XOR 0 | 1 XOR NULL  | NULL XOR NULL  |
+---------+---------+---------+-------------+----------------+
|       0 |       0 |       1 |        NULL |           NULL |
+---------+---------+---------+-------------+----------------+
1 row in set (0.00 sec)
```

由结果可以看到,表达式"1 XOR 1"和"0 XOR 0"中运算符两边的操作数相同,返回结果为 0;表达式"1 XOR 0"中两边的操作数不同,返回结果为 1;表达式"1 XOR NULL"和"NULL XOR NULL"中有操作数为 NULL,则返回结果为 NULL。

5.1.4 位运算符

位运算符对二进制类型数据进行运算,如果不是二进制类型的数,系统将自动进行类型转换为二进制之后再运算,运算结果为二进制类型数据。使用 SELECT 语句显示运算结果时,系统将其自动转换为十进制数显示。MySQL 中的位运算符如表 5-4 所示。

表 5-4　MySQL 中的位运算符

运　算　符	作　用	运　算　符	作　用
&	按位与	～	按位取反
|	按位或	>>	位右移
^	按位异或	<<	位左移

1. 位与运算符 &

位与运算"&"是对两个操作数的二进制数,按对应数位做逻辑"与"操作。例如,表达式 2&3,由于 2 的二进制数为 10,3 的二进制数为 11,10&11 的结果为 10,即结果为十进制整数 2。表达式 2&3&4,其中 2 的二进制为 010,3 的二进制为 011,4 的二进制为 100,010&011&100 的结果为 0。

2. 位或运算符 |

位或运算"|"是对两个操作数的二进制数,按对应数位做逻辑"或"操作。即对应的二进制位只要有一个或全为 1,则该位的运算结果为 1,否则为 0。

3. 位异或运算符 ^

位异或运算符"^"是对两个操作数的二进制数,按对应数位进行"异或"操作。即当两个操作数对应位的二进制数不同时,位结果为 1;当对应位相同时,位结果为 0。

4. 位取反运算符 ～

位取反运算符"～"是对两个操作数的二进制数,按对应数位做"非"操作,这里的操作数只能是一位,1 的位取反得值为 0,而 0 的位取反得值为 1。

【例 5.17】 使用位与、位或和位异或运算符运算,输入如下命令。

```
mysql > SELECT 10 | 15, 10 & 15, 10 ^ 15, 5 & ～1, ～1;
+--------+--------+--------+--------+---------------------+
| 10 | 15  | 10 & 15 | 10 ^ 15 | 5 & ～1 | ～1                 |
+--------+--------+--------+--------+---------------------+
|     15 |     10 |      5 |      4 |18446744073709551614 |
+--------+--------+--------+--------+---------------------+
1 row in set (0.00 sec)
```

十进制数据 10 的二进制数值为 1010,15 的二进制数值为 1111,按位或运算之后,结果为 1111,即十进制整数 15;同理,这两个数按位与运算之后,结果为 1010,即十进制整数 10;按位异或运算之后,结果为 0101,即十进制整数 5;表达式 5&～1 中,由于取反运算符"～"的优先级高于位与运算符"&",因此先对 1 取反操作,取反之后,除了最低位为 0 其他位都为 1,然后再与十进制数值 5 进行与运算,结果为 0100,即十进制整数 4。

在 MySQL 中,常量数字默认会以 8B 来表示,8B 就是 64b,常量 1 的二进制表示为 63 个"0"加"1",按位取反的值为 63 个"1"加一个"0",转换为二进制后就是 18446744073709551614。

5. 位右移运算符>>

位右移运算符">>"是对操作数向右移动指定的位数,右移指定位数之后,右边低位的数值将被移出并丢弃,左边高位空出的位置用 0 补齐。

语法格式为: expr >> n

这里的 n 为指定 expr 要移位的位数。

6. 位左移运算符<<

位左移运算符"<<"是操作数向左移动指定的位数。左移指定位数之后,左边高位的数值将被移出并丢弃,右边低位空出的位置用 0 补齐。

语法格式为: expr << n

这里的 n 为指定 expr 要移位的位数。

【例 5.18】 使用位左移和位右移运算符进行运算,输入如下命令。

```
mysql > SELECT  1 << 2,4 << 2,1 >> 1,16 >> 2;
+------+------+------+-------+
| 1 << 2 | 4 << 2 | 1 >> 1 | 16 >> 2 |
+------+------+------+-------+
|     4 |    16 |     0 |      4 |
+------+------+------+-------+
1 row in set (0.00 sec)
```

从结果可以看出,1 的二进制值为 0001,左移两位之后变成 0100,即十进制整数 4;十进制 4 左移两位之后变成 0001 0000,即变成十进制的 16;十进制整数 1 的二进制值为 0001,右移 1 位之后变成 0000,即十进制整数 0;十进制整数 16 的二进制值为 0001 0000,右移两位之后变成 0000 0100,即变成十进制整数 4。

5.1.5　运算符的优先级

运算符的优先级决定了不同的运算符在表达式中计算的先后顺序,表 5-5 列出了 MySQL 中的各类运算符及其优先级。

表 5-5　运算符按优先级由低到高排列

优先级顺序(由低到高)	运　算　符
1	=(赋值运算),:=
2	‖,OR
3	XOR
4	&&,AND
5	NOT
6	BETWEEN,CASE,WHEN,THEN,ELSE
7	=(比较运算),<=>,>=,>,<=,<,<>,!=,IS,LIKE,REGEXP,IN
8	‖
9	&
10	<<,>>
11	-,+
12	*,/(DIV),%(MOD)
13	^
14	-(负号),~(按位取反)
15	!

可以看出,不同运算符的优先级是不同的。可用如下顺口溜记忆:先单目,后双目;先算术,后关系,再逻辑;同等级别从左向右顺序算,括号最优先。

一般情况下,级别高的运算符先进行计算,如果级别相同,MySQL 表达式按从左到右的顺序依次计算。当然,在无法确定优先级的情况下,可以使用半角圆括号( )来改变优先级,并且这样会使计算过程更加清晰。

5.1.6　MySQL 中的变量

MySQL 中的变量分为全局变量、会话变量、用户变量和局部变量。

1. 全局变量

MySQL 服务器维护了许多系统变量来控制其运行的行为,在服务器启动时会使用这些内置的变量和配置文件中的变量来初始化整个 MySQL 服务器的运行环境,这些变量通常就是人们所说的全局变量,全局变量的名称前加@@。

这些变量大部分是可以由 root 用户通过 SET 命令直接在运行时来修改的,一旦 MySQL 服务器重新启动,所有修改都被还原。如果修改了配置文件,想恢复最初的设置,只需要将配置文件还原,重新启动 MySQL 服务器,一切都可以恢复原始状态。

查询所有的全局变量指令为

```
show global variables;
```

但一般不会这么用,因为全局变量太多了,大概有 500 多个,通常使用 like 控制过滤条件,输入如下命令。

```
mysql > show global variables like 'sql%';
+------------------------+------------------------+
| Variable_name          | Value                  |
+------------------------+------------------------+
| sql_auto_is_null       | OFF                    |
| sql_big_selects        | ON                     |
| sql_buffer_result      | OFF                    |
| sql_log_off            | OFF                    |
| sql_mode               |                        |
| sql_notes              | ON                     |
| sql_quote_show_create  | ON                     |
| sql_require_primary_key| OFF                    |
| sql_safe_updates       | OFF                    |
| sql_select_limit       | 18446744073709551615   |
| sql_slave_skip_counter | 0                      |
| sql_warnings           | OFF                    |
+------------------------+------------------------+
12 rows in set, 1 warning (0.00 sec)
```

使用以下 SQL 指令,可以查询指定名称的全局变量。

```
select  @@全局变量名;
```

例如,查询 sql_mode 和 sql_notes 两个全局变量的值,输入如下命令。

```
mysql > select  @@sql_mode;
+------------------------------------------------+
| @@sql_mode                                     |
+------------------------------------------------+
| STRICT_TRANS_TABLES,NO_ENGINE_SUBSTITUTION     |
+------------------------------------------------+
1 row in set (0.00 sec)
mysql > select  @@sql_notes;
+-------------+
| @@sql_notes |
+-------------+
|           1 |
+-------------+
1 row in set (0.00 sec)
```

2. 会话变量

当有客户机连接到 MySQL 服务器的时候,MySQL 服务器会将这些全局变量的大部分复制一份作为这个连接客户机的会话变量,这些会话变量与客户机连接绑定,连接的客户机可以修改其中允许修改的变量,但是当连接断开时这些会话变量将全部消失,重新连接时会从全局变量中重新复制一份。

查询所有会话变量的指令是:

```
show session variables;
```

也可以添加过滤条件,查询部分会话变量,输入如下命令。

```
mysql > show session variables like 'sql % ';
+---------------------------+--------------------------------------------------+
| Variable_name             | Value                                            |
+---------------------------+--------------------------------------------------+
| sql_auto_is_null          | OFF                                              |
| sql_big_selects           | ON                                               |
| sql_buffer_result         | OFF                                              |
| sql_log_bin               | ON                                               |
| sql_log_off               | OFF                                              |
| sql_mode                  | STRICT_TRANS_TABLES,NO_ENGINE_SUBSTITUTION       |
| sql_notes                 | ON                                               |
| sql_quote_show_create     | ON                                               |
| sql_require_primary_key   | OFF                                              |
| sql_safe_updates          | OFF                                              |
| sql_select_limit          | 18446744073709551615                             |
| sql_slave_skip_counter    | 0                                                |
| sql_warnings              | OFF                                              |
+---------------------------+--------------------------------------------------+
13 rows in set, 1 warning (0.00 sec)
```

　　由于会话变量复制于全局变量,所以它也是以@@开头的。它与客户机连接有关,无论怎样修改,当连接断开后,一切都会还原,下次连接时又是一次新的开始。查询特定的会话变量,可以使用以下三种形式的 SQL 指令,输入如下命令。

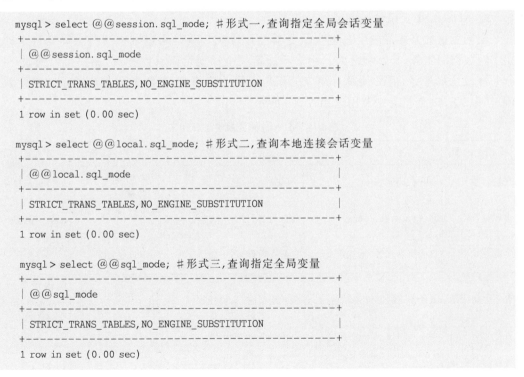

```
mysql > select @@session.sql_mode; #形式一,查询指定全局会话变量
+----------------------------------------------+
| @@session.sql_mode                           |
+----------------------------------------------+
| STRICT_TRANS_TABLES,NO_ENGINE_SUBSTITUTION   |
+----------------------------------------------+
1 row in set (0.00 sec)

mysql > select @@local.sql_mode; #形式二,查询本地连接会话变量
+----------------------------------------------+
| @@local.sql_mode                             |
+----------------------------------------------+
| STRICT_TRANS_TABLES,NO_ENGINE_SUBSTITUTION   |
+----------------------------------------------+
1 row in set (0.00 sec)

mysql > select @@sql_mode; #形式三,查询指定全局变量
+----------------------------------------------+
| @@sql_mode                                   |
+----------------------------------------------+
| STRICT_TRANS_TABLES,NO_ENGINE_SUBSTITUTION   |
+----------------------------------------------+
1 row in set (0.00 sec)
```

3. 用户变量

MySQL 中用户是通过建立与服务器连接的方式来使用数据库服务资源的,一个连接

就是一个会话,因此,除了会话变量外,用户还可以自己定义的变量。用户变量名用@开头,当连接断开时用户变量失效,用户变量的定义和使用相比会话变量来说简单许多。

查询用户变量的指令是:

```
select @用户变量名;
```

可以使用 set 命令对用户变量赋值,使用 select 查询用户变量,输入如下命令。

```
mysql > set @count = 1; ♯创建用户变量 count,并赋初值 1
Query OK, 0 rows affected (0.00 sec)
mysql > set @sum = 0; ♯创建用户变量 sum,并赋初值 0
Query OK, 0 rows affected (0.00 sec)
mysql > select @count,@sum; ♯查询用户变量 count 和 sum
+--------+------+
| @count | @sum |
+--------+------+
|      1 |    0 |
+--------+------+
1 row in set (0.00 sec)
```

4. 局部变量

MySQL 中使用 DECLARE 关键字定义局部变量,局部变量通常出现在存储过程和存储函数中,用于计算中间结果、交换数据等,当存储过程或函数执行完,局部变量的生命周期也就结束了。

5. MySQL 中变量的区别

全局变量的有效范围是在整个服务器上,MySQL 就是通过维护这些全局变量来提供相应的数据库服务,其影响最大。用户不能定义全局变量而只能查看,用户可以通过 SET 命令修改全局变量,但必须具有相应的用户权限才能修改,当服务器重启时系统恢复默认值。MySQL 的变量类型及用法如表 5-6 所示。

表 5-6 MySQL 的变量类型及用法

操作类型	全局变量	会话变量	用户变量	局部变量(参数)
变量名称	global variables	session variables	user-defined variables	local variables
出现位置	命令行、函数、存储过程	命令行、函数、存储过程	命令行、函数、存储过程	函数、存储过程
定义方式	只能查看修改,不能定义	只能查看修改,不能定义	@用户变量	declare 局部变量 类型;
有效生命周期	服务器重启时恢复默认值	断开连接时,变量释放	断开连接时,变量释放	调用函数或存储过程的结束,变量无效
查看所有变量	show global variables;	show session variables;		
查看部分变量	show global variables like 'sql%';	show session variables like 'sql%';		
查看指定变量	select @global. sql_mode; select @@ sql_mode;	show session variables like 'sql%';	select @var;	select aa;

续表

操作类型	全局变量	会话变量	用户变量	局部变量(参数)
设置指定变量	set global sql_mode=''; set@@global. sql_mode='';	set session sql_mode = ''; set local sql_mode = ''; set session. sql_mode=''; set @@local. sql_mode = ''; set @@sql_mode = ''; set sql_mode = '';	set @v=1; set @v=2; select 8 into @v;	set a=10; set a=101; select 5 into a;

　　会话变量的修改通常只会影响当前连接,但是有个别一些变量是例外的,修改它们也需要较高的权限,如 binlog_format 和 sql_log_bin,设置这些变量的值将影响当前会话的二进制日志记录,也有可能对服务器复制和备份的完整性产生更广泛的影响。

　　对于用户变量和局部变量,可以根据实际应用的需求直接进行修改,它的定义和使用全都由用户自己掌握。

■ 5.2　流程控制语句 ◆

　　流程控制语句用来根据条件控制语句的执行,通常在存储过程和函数中使用。在 MySQL 中,常用控制流程的语句有 IF 语句、CASE 语句、LOOP 语句、WHILE 语句、REPEAT 语句、LEAVE 语句和 ITERATE 语句。它们可以进行流程控制,每个流程中可能包含一个单独语句,或者是使用 BEGIN…END 构造的复合语句,并且可以嵌套。

5.2.1　IF 语句

　　IF 语句包含多个条件判断,根据条件表达式的值,确定执行不同的语句块,IF 语句的语法格式如下。

```
IF 条件表达式 1 THEN 语句块 1;
    [ELSEIF 条件表达式 2 THEN 语句块 2] …
    [ELSE 语句块 n]
END IF;
```

　　IF 语句用来进行条件判断,根据不同的条件执行不同的操作。该语句在执行时首先判断 IF 后的条件是否为真,如果为真,则执行 THEN 后的语句,如果为假则继续判断 ELSEIF 语句直到为真为止,当以上都不满足时则执行 ELSE 语句后的内容,IF 语句需要使用 END IF 来结束。

　　【例 5.19】　IF 语句的示例,输入如下命令。

```
CREATE PROCEDURE 'test_if'(val int)
BEGIN
  IF val IS NULL THEN SELECT 'val is NULL';
    ELSE SELECT 'val is not NULL';
  END IF;
END
```

　　该例判断 val 值是否为空,如果 val 值为空,输出字符串"val is NULL";否则输出字符串"val is not NULL"。

5.2.2 CASE 语句

CASE 语句用于实现比 IF 语句分支更为复杂的条件判断,CASE 语句为多分支语句结构,该语句首先从 WHEN 后的 VALUE 中查找与 CASE 后的 VALUE 相等的值,如果查找到则执行该分支的内容,否则执行 ELSE 后的内容。CASE 有两种语句格式,第一种格式如下。

```
CASE 表达式
    WHEN value1 THEN 语句块 1;
    [WHEN value2 THEN 语句块 2;]
    …
    [ELSE 语句块 n;]
END CASE;
```

CASE 的另一种语法表示形式为

```
CASE
    WHEN 表达式 1 THEN 语句块 1;
    [WHEN 表达式 2   THEN 语句块 2;]
    …
    [ELSE 语句块 n;]
END CASE;
```

其中,表达式参数表示条件判断语句;语句块参数表示不同条件的执行语句。在语句中,WHEN 语句将被逐个执行,直到某个表达式为真,则执行对应 THEN 关键字后面的语句块。如果没有条件匹配,ELSE 子句里的语句块将被执行。

注意:MySQL 中的 CASE 语句与 C 语言、Java 语言等高级程序设计语言不同,在高级程序设计语言中,每个 CASE 的分支需使用"break"跳出,而 MySQL 无须使用"break"语句。

【例 5.20】 使用 CASE 流程控制语句的第二种格式,判断 number 是否小于 0、大于 0 或者等于 0,输入如下命令。

```
CREATE PROCEDURE 'test_case'( number int)
BEGIN
  CASE
    WHEN number < 0 THEN SELECT 'number is less than 0';
    WHEN number > 0 THEN SELECT 'number is greater than 0';
   ELSE SELECT 'number is 0';
  END CASE;
END
```

5.2.3 WHILE 语句

WHILE 循环语句执行时首先判断指定的表达式是否为真,当条件表达式的值为 true 时,则执行循环体内的语句,直到条件表达式的值为 false。WHILE 语句的语法格式如下。

```
[循环标签:] WHILE 条件表达式 DO
    循环体;
END WHILE [循环标签];
```

【例 5.21】 使用 WHILE 循环语句,求解前 n 项的和。输入如下命令。

```
CREATE PROCEDURE 'test_while'(n int)
BEGIN
  DECLARE i INT DEFAULT 1;
  DECLARE s INT DEFAULT 0;
  WHILE i <= n DO
    SET s = s + i;
    SET i = i + 1;
  END WHILE;
  SELECT i,s;
END
```

5.2.4 LEAVE 和 ITERATE 跳转语句

MySQL 提供了 LEAVE 和 ITERATE 两个跳转语句。

LEAVE 语句: 主要用于跳出循环控制。其语法格式如下。

```
LEAVE label;
```

其中,参数 label 表示循环的标志,可以用在循环语句内,或者以 BEGIN 和 END 包裹起来的程序体内,表示跳出循环或者跳出程序体的操作,类似于 C 语言中的 break 语句。

ITEATE 语句: ITERATE 只能用在 LOOP、REPEAT 和 WHILE 循环语句内,表示重新开始循环,即将执行转到循环开始处,类似于 C 语言中的 continue 语句。其语句格式如下。

```
ITERATE label;
```

该语句的格式与 LEAVE 相同,功能区别在于: LEAVE 语句是离开一个循环,而 ITERATE 语句是重新开始该循环。

5.2.5 LOOP 语句

LOOP 语句用来循环执行某些语句,与 IF 和 CASE 语句相比,LOOP 只是创建一个循环操作的过程,并不进行条件判断。LOOP 内的语句一直重复执行直到循环被退出。由于 LOOP 循环语句本身没有停止循环的语句,可以使用 LEAVE 或 ITERATE 子句改变程序流向。LOOP 语句的基本格式如下。

```
[循环标签:] LOOP
    循环体;
    IF 条件表达式 THEN LEAVE [循环标签];
    END IF;
END LOOP;
```

【例 5.22】 使用 LOOP 循环结合 LEAVE 和 ITERATE 语句,改变程序流程。输入如下命令。

```
CREATE PROCEDURE 'test_loop'()
BEGIN
    DECLARE num INT DEFAULT 0;
    my_loop:LOOP
        SET num = num + 1;
        IF num < 10
            THEN ITERATE my_loop;
        ELSEIF num > 15
            THEN LEAVE my_loop;
        END IF;
        SELECT num;
    END LOOP my_loop;
END
```

可以看出,num 的初值赋为 0,my_loop 循环执行 num 加 1 的操作。当 num 小于 10 时,使用 ITERATE 语句直接回到 my_loop 循环开始处,执行加 1 操作;当 num 大于或等于 10 时,输出 num 的值,继续 my_loop 循环,因此屏幕上输出 10～15;当 num 等于 16 时,使用 LEAVE 语句结束 my_loop 循环。

5.2.6 REPEAT 语句

REPEAT 语句创建一个有条件判断的循环过程,每次循环体执行完毕之后,将会对条件表达式进行判断,如果表达式为真,则循环结束;否则重复执行循环体中的语句。REPEAT 循环都以 END REPEAT 结束。REPEAT 语句的语法格式如下。

```
[循环标签:] REPEAT
        循环体;
UNTIL 条件表达式
END REPEAT [循环标签];
```

【例 5.23】 REPEAT 语句示例,输入如下命令。

```
CREATE PROCEDURE 'test_repeat'()
BEGIN
    DECLARE id INT DEFAULT 0;
    REPEAT
        SET id = id + 1;
        SELECT id;
        UNTIL id >= 16
    END REPEAT;
END
```

可以看出,循环执行 id 加 1 的操作。当 id 值小于 16 时,循环重复执行;当 id 值大于或等于 16 时,退出循环。

5.3 存储过程和存储函数

如果在实现用户的某些需求时,需要编写一组复杂的 SQL 语句来实现,并且用户经常调用这些需求时,可以将这组复杂的 SQL 语句集提前编写在数据库中,通过用户调用来执行。这些提前编写好的 SQL 语句集称为存储程序,MySQL 的存储程序有存储过程和函数。

1. 存储过程

存储过程(PROCEDURE)是为了完成特定功能的一组 SQL 语句集,存储在数据库中,经过第一次编译后,以后将不需要再次编译而直接可调用。用户通过指定存储过程的名字和参数(如果该存储过程有参数)来执行它。调用存储过程可以简化应用开发人员的很多工作,减少数据在数据库服务器和应用之间的传输,提高数据处理的效率。存储过程参数包括 in、out、inout 三种模式。

2. 存储函数

存储函数(FUNCTION)是一组 SQL 语句集,带函数名、参数。存储函数和存储过程的结构类似,但必须有一个 RETURN 子句来返回结果。使用函数可以减少很多工作量,降低数据在数据库服务器和应用之间的传输,提高数据处理的效率。函数的参数类型只有 in 一种模式,函数必须有返回值。

3. 存储过程和存储函数的区别

1)形式上的不同

存储过程和存储函数统称为存储程序,两者的语法很相似,但却是不同的内容。存储函数限制比较多,如不能用临时表,只能用表变量;而存储过程的限制就相对比较少,所实现的功能更复杂一些。

2)返回值不同

存储函数将向调用者返回一个且仅有一个结果值;而存储过程将返回一个或多个结果集,或者仅实现某种效果或动作而无须返回结果。

3)调用方式不同

存储函数嵌入在 SQL 语句中使用,可以在 SELECT 中调用,就像内置函数一样,如 cos()、sin();而存储过程使用 call 进行调用。

4)参数的模式不同

存储函数的参数模式只有 IN 一种;而存储过程的参数有 IN、OUT、INOUT 三种模式。

5.3.1 创建存储过程和用户自定义函数

1. 创建存储过程

创建存储过程是通过 CREATE PROCEDURE 语句来创建的,其基本语法格式为

```
CREATE PROCEDURE sp_name ( [proc_parameter] ) [characteristics … ] routine_body
```

各选项说明:
- CREATE PROCEDURE:创建存储过程的命令。

- sp_name：存储过程名称。
- proc_parameter：指定存储过程的参数列表，列表中每项参数的形式为

```
[ IN | OUT | INOUT ]  param_name  type
```

其中，IN 模式参数只是从外部传入存储过程内部，可以是常数或变量，是值传递方式；OUT 模式的参数是在存储过程内部使用，输出给外部的，只能是变量，是引用传递方式。即使外部传入有值的参数，该参数的值也会被先清空才会进入内部，因此该模式的参数只能输出无法输入；INOUT 模式参数既可以输入也可以输出。param_name 表示参数名称。type 表示参数的类型，该类型可以是 MySQL 数据库中的任意类型。

- routine_body：代码的内容，使用 BEGIN…END 来表示 SQL 代码的开始和结束。
- characteristics：用于指定存储过程的特性，有以下取值。

LANGUAGE SQL：说明 routine_body 部分是由 SQL 语句组成的，当前系统支持的语言为 SQL，SQL 是 LANGUAGE 特性的唯一值。

[NOT] DETERMINISTIC：指明存储过程执行的结果是否确定。DETERMINISTIC 表示结果是确定的，每次执行存储过程时，相同的输入会得到相同的输出；NOT DETERMINISTIC 表示结果是不确定的，相同的输入可能得到不同的输出；如果没有指定任意一个值，系统默认为 NOT DETERMINISTIC。

{CONTAINS SQL | NO SQL | READS SQL DATA | MODIFIES SQL DATA}：该短语指明存储过程能否通过 SQL 语句修改数据的特性，其中，CONTAINS SQL 表明子程序包含 SQL 语句；NO SQL 表明子程序不包含 SQL 语句；READS SQL DATA 说明子程序包含读数据的语句；MODIFIES SQL DATA 表明子程序包含写数据的语句。默认情况下，系统会指定为 CONTAINS SQL。

SQL SECURITY {DEFINER | INVOKER}：该短语指明谁有权限来执行，其中，DEFINER 表示只有定义者才能执行；INVOKER 表示拥有权限的调用者可以执行。默认情况下，系统指定为 DEFINER。

COMMENT 'string'：字符串 string 表示注释信息，用来描述存储过程或函数。

【例 5.24】 创建查看 course 表的存储过程，输入如下命令。

```
mysql > USE tb_test;
Database changed
mysql > DELIMITER //
mysql > CREATE PROCEDURE proc( )
    -> BEGIN
    -> SELECT * FROM  tb_courses;
    -> END //
Query OK, 0 rows affected (0.01 sec)
mysql > DELIMITER ;
```

可以看出，"DELIMITER //"语句的作用是将 MySQL 的结束符设置为"//"，因为 MySQL 默认的语句结束符号为分号";"，为了避免与存储过程中 SQL 语句结束符相冲突，需要使用 DELIMITER 改变存储过程的结束符，并以"END //"结束存储过程。存储过程定义完毕之后再使用"DELIMITER ;"恢复默认结束符。DELIMITER 也可以指定其他符

号为结束符,但应该避免使用反斜杠"\"字符,因为反斜线是 MySQL 的转义字符。

【例 5.25】　创建名称为 CountProc 的存储过程,输入如下命令。

```
CREAT PROCEDURE CountProc(OUT param INT )
    BEGIN
      SELECT COUNT( * ) INTO param FROM tb_courses;
    END;
```

上述代码的作用是创建一个获取 tb_courses 表记录条数的存储过程,存储过程的名称是 CountProc,COUNT(*)计算后把结果放入传出参数 param 中,调用者可以从该参数中得到处理结果。

2. 存储函数

创建存储函数使用"CREATE FUNCTION"语句,语法格式为

```
CREATE FUNCTION func_name ([param_name   type ])
RETURNS type
[characteristic… ] routine_body
```

- CREATE　FUNCTION 为用来创建存储函数的关键字。
- func_name 表示存储函数的名称。
- func_parameter 短语为存储过程的参数列表,type 表示参数的类型,该类型可以是 MySQL 数据库中的任意类型。
- RETURNS type 短语表示函数返回数据的类型。
- characteristic 短语指定存储函数的特性,取值与存储过程相同,这里不再赘述。

使用 MySQL 创建、调用存储过程、函数以及触发器的时候会有错误符号为 1418 错误。[Errors] 1418-This function has none of DETERMINISTIC, NO SQL, or READS SQL DATA in its declaration and binary logging is enabled (you * might * want to use the less safe log_bin_trust_function_creators variable)

通过查阅相关资料,可知当 binlog 启用时,创建的函数必须声明类型。因为 binlog 需要知道这个函数创建的类型,否则同步数据时将会产生不一致现象。所以如果 MySQL 开启了 binlog,用户就必须指定如下函数类型。

- DETERMINISTIC:表示该函数运行结果是不确定的。
- NO SQL:表示该函数没有 SQL 语句,当然也不会修改数据。
- READS SQL DATA:表示该函数只是读取数据,当然也不会修改数据。
- MODIFIES SQL DATA:表示该函数将要修改数据。
- CONTAINS SQL:表示该函数包含 SQL 语句。

为了解决这个问题,MySQL 强制要求:在主服务器上,除非子程序被声明为确定性的或者不更改数据,否则创建或者替换子程序将被服务器拒绝。这意味着当创建一个子程序的时候,必须要么声明它是确定性的,要么声明是否会改变数据。

声明方式有以下三种。

1) 声明是否是确定性的

DETERMINISTIC 和 NOT DETERMINISTIC 指出一个子程序是否对给定的输入总

是产生同样的结果。如果没有给定该声明选项,则系统默认是 NOT DETERMINISTIC,因此必须明确使用 DETERMINISTIC 来声明一个存储函数是确定性的。

2）声明是否会改变数据

CONTAINS SQL, NO SQL, READS SQL DATA, MODIFIES SQL 用来指出子程序是读数据还是写数据的。无论是 NO SQL 还是 READS SQL DATA 都指出,子程序没有改变数据,但是必须明确地指定其中一个,如果没有任何指定,默认的指定是 CONTAINS SQL。

3）是否信任子程序的创建者

禁止创建、修改子程序时对 SUPER 权限的要求,设置 log_bin_trust_routine_creators 全局系统变量为 1。具体设置方法有如下三种。

- 在客户机上执行 SET GLOBAL log_bin_trust_function_creators=1。
- MySQL 启动时,加上 log-bin-trust-function-creators 选项,参数设置为 1。
- 在 MySQL 配置文件 my. ini 的[mysqld]段加上 log-bin-trust-function-creators=1。

【例 5.26】 创建一个存储函数 get_num,该函数插入一条值为(6,'Newcourse',10)的新记录后,返回 tb_courses 表的记录数,输入命令如下。

```
1.    CREATE FUNCTION 'get_num'()
2.      RETURNS int
3.    --   READS SQL DATA          #如果没有此短语,将产生 1418 错误
4.    --   DETERMINISTIC            #如果没有此短语,将产生 1418 错误
5.    BEGIN
6.       declare a int;
7.         INSERT INTO tb_courses (course_id,course_name,course_grade)
8.         VALUES(6,'Newcourse',10);
9.       select count( * ) into a from tb_courses;
10.   RETURN a;
11.   END
```

可以看出,如果注释掉第 3、4 行代码,将会产生 1418 错误,必须从这两行代码选任一行,才能消除这个错误,这就是根据上述的方式 1)和方式 2)做的对应修改。

也可以直接使用方式 3),先做设置,再按如下代码创建函数,就能消除错误 1418,输入如下命令。

```
SET GLOBAL log_bin_trust_function_creators = 1;        #先执行此行代码,信任子程序创建者
CREATE FUNCTION 'test_fun3'()
  RETURNS int
BEGIN
    declare a int;
    INSERT INTO tb_courses (course_id,course_name,course_grade)
     VALUES(6,'Newcourse',10);
    select count( * ) into a from tb_courses;
    RETURN a;
END
```

3. 存储过程或函数中使用变量

变量可以在子程序中声明并使用,这些变量的作用范围是在 BEGIN…END 程序中。

1）定义变量

在存储过程中通过 DECLARE 语句定义变量，定义变量的格式如下。

```
DECLARE var_name[,varname]  date_type  [DEFAULT value];
```

- var_name 为局部变量的名称。
- DEFAULT value 子句给变量提供一个默认值，默认值可以是一个常数，还可以为一个表达式。如果没有 DEFAULT 子句，初始值为 NULL。

2）为变量赋值

定义后的变量可以通过 SELECT…INTO var_list 进行赋值，语法如下。

```
SELECT col_name [, … ] INTO  var_name [, … ] table_expr;
```

- SELECT 指令把选定的列直接存储到对应位置指定的变量中。
- col_name 表示字段名称。
- var_name 表示定义的变量名称。
- table_expr 表示查询条件表达式包括表名称和 WHERE 子句。

【例 5.27】 MySQL 存储过程中使用变量，输入命令如下。

```
mysql> use tb_test;                    ♯打开 tb_test t 数据库,在 tb_test 数据库中创建存储过程
Database changed
mysql> delimiter //                              ♯声明使用//作为命令结束标记
mysql> create procedure sp1(v_sid int)           ♯创建存储过程
    -> begin
    -> declare xname varchar(10) default 'dayi123';   ♯局部变量 xname
    -> declare xsex int;                          ♯局部变量 xsex
    -> select xname, xsex;
    -> end //
Query OK, 0 rows affected (0.01 sec)
```

MySQL 中还可以使用 SET 语句对多个局部变量进行赋值，具体格式如下。

```
SET var_name1 = expr1 [, var_name2 = expr2] … ;
```

- 这些参数变量可以是子程序内部声明的变量、系统变量或者用户变量。

【例 5.28】 声明三个会话变量，分别为 var1、var2 和 var3，数据类型为 INT，使用 SET 为变量赋值，输入如下命令。

```
mysql> SET @var1 = 10, @var2 = 20;
Query OK, 0 rows affected (0.00 sec)
mysql> SET @var3 = @var1 + @var2;
Query OK, 0 rows affected (0.01 sec)
mysql> select @var1,@var2,@var3;
+-------+-------+-------+
| @var1 | @var2 | @var3 |
+-------+-------+-------+
|   10  |   20  |   30  |
+-------+-------+-------+
1 row in set (0.00 sec)1 row in set (0.00 sec)
```

5.3.2 调用存储过程和存储函数

存储过程和函数有多种调用方法。存储过程使用 CALL 语句调用,而存储函数的调用与 MySQL 中预定义的函数的调用方式相同,可以直接使用 SELECT 语句进行调用。

1. 调用存储过程

存储过程是通过 CALL 语句进行调用的,语法格式如下。

```
CALL [dbname.]sp_name ([parameter[, … ]]);
```

- CALL 语句调用一个已经存在于当前数据库中的存储过程。
- sp_name 为存储过程名称。
- parameter 为存储过程的参数,如果调用其他数据库的存储过程,则必须在存储过程前加上[dbname.]的前缀。

【例 5.29】 调用当前数据库中名为 sp1 的存储过程,输入如下命令。

```
mysql > call sp1(1);
+---------+------+
| xname   | xsex |
+---------+------+
| dayi123 | NULL |
+---------+------+
1 row in set (0.01 sec)
Query OK, 0 rows affected (0.01 sec)
```

2. 调用存储函数

在 MySQL 中,用户自定义的存储函数与 MySQL 内部函数是同一性质的。区别在于,存储函数是用户自己定义并存储于当前数据库中,而内部函数是 MySQL 的开发者定义的,存储在服务器上。函数是用 SELECT 语句调用的,语法格式如下。

```
SELECT [dbname.]fn_name ([parameter[, … ]]) ;
```

- [dbname.]fn_name( ):为调用的函数名,若是调用其他数据库中的函数,则在函数名前添加[dbname.]前缀。
- [parameter[,…]]:为调用的实参列表,实参个数与类型必须与定义一致,各实参之间用逗号分隔。

【例 5.30】 创建并调用当前数据库中的 get_area 函数,并传入两个参数,输入如下命令。

```
mysql > USE 'test_db';
Database changed
mysql > DELIMITER $$
mysql > USE 'test_db' $$
Database changed
mysql > CREATE FUNCTION 'get_area' (a int,b int)
    -> RETURNS INTEGER
    -> DETERMINISTIC
    -> BEGIN
```

```
        -> RETURN a * b;
        -> END $$
Query OK, 0 rows affected (0.01 sec)
mysql> DELIMITER ;
mysql> select get_area(3,4);
+--------------------+
| get_area(3,4)      |
+--------------------+
|                 12 |
+--------------------+
1 row in set (0.00 sec)
```

5.3.3　查看存储过程和存储函数

MySQL 存储了存储过程和函数的状态信息，用户可以使用 SHOW STATUS 语句或 SHOW CREATE 语句来查看，也可直接从系统的 information_schema 数据库中查询。

1. 使用 SHOW STATUS 语句查看存储过程和函数的状态

SHOW STATUS 语句可以查看存储过程和函数的状态，其基本语法结构如下。

```
SHOW {PROCEDURE | FUNCTION} STATUS [LIKE 'pattern']
```

- PROCEDURE 参数标识查询存储过程，FUNCTION 表示查询存储函数。
- LIKE 'pattern' 参数可以过滤出与通配符 'pattern' 相匹配的存储过程或存储函数。
- 该语句返回子程序的特征，如数据库、名字、类型、创建者及创建和修改日期。如果没有指定样式，将列出所有存储过程和函数的信息。

2. 使用 SHOW CREATE 语句查看存储过程和函数的定义

除了 SHOW STATUS 之外，MySQL 还可以使用 SHOW CREATE 语句查看存储过程和函数的状态。其语法如下。

```
SHOW CREATE {PROCEDURE | FUNCTION} sp_name
```

- PROCEDURE 和 FUNCTION 分别表示查看存储过程和函数。
- sp_name 参数表示匹配存储过程或函数的名称。

该语句类似于 SHOW CREATE TABLE，返回一个已命名子程序的创建 SQL 代码字符串。

3. 从 information_schema. Routines 表中查看存储过程和函数的信息

MySQL 中存储过程和函数的信息存储在 information_schema 数据库下的 Routines 表中。因此，可以通过查询该表的记录来查询存储过程和函数的信息。其基本语法形式如下。

```
SELECT * FROM information_schema.Routines WHERE ROUTINE_NAME = 'sp_name';
```

ROUTINE_NAME 字段中存储的是存储过程和函数的名称，可以是字符串常量或变量。

5.3.4　修改存储过程和存储函数

可以使用 ALTER 语句修改存储过程或函数的某些特征。其语法格式如下。

```
ALTER {PROCEDURE | FUNCTION} sp_name [characteristic…]
```

其中,sp_name 参数表示存储过程或函数的名称；characteristic 参数指定存储函数的特性,可能的取值如下。

- CONTAINS SQL：表示子程序包含 SQL 语句,但不包含读或写数据的语句。
- NO SQL：表示子程序中不包含 SQL 语句。
- READS SQL DATA：表示子程序中包含读数据的语句。
- MODIFIES SQL DATA：表示子程序中包含写数据的语句。
- SQL SECURITY { DEFINER | INVOKER }：指明是定义者或调用者有权限来执行。
- DEFINER：表示只有定义者自己才能够执行。
- INVOKER：表示调用者可以执行。
- COMMENT：'注释内容'表示注释信息。

【例 5.31】 修改存储过程 CountProc 的定义。将读写权限改为 MODIFIES SQL DATA,并指明调用者可以执行,输入如下命令。

```
ALTER PROCEDURE CountProc MODIFIES SQL DATA SQL SECURITY INVOKER;
```

5.3.5　删除存储过程和存储函数

删除存储过程、存储函数主要使用 DROP 语句,其语法结构如下。

```
DROP {PROCEDURE | FUNCTION} [IF EXISTS] sp_name
```

其中,sp_name 为要删除的存储过程或函数的名称。IF EXISTS 子句是一个 MySQL 的扩展,表示如果当前数据库已经存在该存储过程或函数,则进行删除。

【例 5.32】 删除存储过程 CountProc,输入如下命令。

```
mysql > DROP PROCEDURE CountProc;
Query OK, 0 rows affected (0.00 sec)
```

5.3.6　综合实例——存储过程和存储函数的使用

实例 1：分别使用存储过程和存储函数实现根据输入的年份、月份和当前系统的年份比较,不满 1 年按 1 年计算,多出 1 年 11 个月也按 1 年计算。

创建存储过程,输入如下命令。

```
DELIMITER $$
USE 'tb_test' $$
DROP PROCEDURE IF EXISTS 'sp_calc_year' $$
CREATE PROCEDURE 'sp_calc_year'(IN Y INT, IN M INT, OUT Diff INT)
BEGIN
    # declare current date default now();
    DECLARE c_y INT DEFAULT 0;
    DECLARE c_m INT DEFAULT 0;
```

```
    SET c_y = YEAR(NOW());
    SET c_m = MONTH(NOW());
    IF c_y > Y THEN
         IF c_m < M THEN
           SET c_y = c_y - 1;
         END IF;
         SET Diff = c_y - Y;
         IF Diff = 0 THEN
           SET Diff = 1;
         END IF;
    ELSE
         SET Diff = 1;
    END IF;
    END $$
DELIMITER ;
```

调用存储过程，输入如下命令。

```
mysql > SET @p_inY = 2011;
Query OK, 0 rows affected (0.00 sec)
mysql > SET @p_inM = 10;
Query OK, 0 rows affected (0.00 sec)
mysql > SET @p_out = 0;
Query OK, 0 rows affected (0.00 sec)
mysql > CALL sp_calc_year(@p_inY,@p_inM,@p_out);
Query OK, 0 rows affected (0.00 sec)
mysql > SELECT @p_out;
+--------+
| @p_out |
+--------+
|   10   |
+--------+
1 row in set (0.00 sec)
```

创建函数的代码如下。

```
DELIMITER $$
CREATE FUNCTION 'tb_test','sp_calc_ym'(Y INT, M INT)
   RETURNS INT
 DETERMINISTIC
  BEGIN
     DECLARE c_y INT DEFAULT 0;
     DECLARE c_m INT DEFAULT 0;
     DECLARE Diff INT DEFAULT 1;
     SET c_y = YEAR(NOW());
     SET c_m = MONTH(NOW());
     IF c_y > Y THEN
          IF c_m < M THEN
             SET c_y = c_y - 1;
          END IF;
          SET Diff = c_y - Y;
          IF Diff = 0 THEN
            SET Diff = 1;
```

```
            END IF;
        ELSE
            SET Diff = 1;
        END IF;
        RETURN Diff;
    END $$
DELIMITER ;
```

调用函数的 SQL 代码及运行结果如下。

```
mysql > SELECT 'sp_calc_ym'(2011,10);
+------------------------+
| 'sp_calc_ym'(2011,10)  |
+------------------------+
|                    10  |
+------------------------+
1 row in set (0.00 sec)
```

实例 2: 求 sum 以内所有奇数之和。

(1) 创建存储过程。

```
DROP procedure IF EXISTS 'example_iterate';
DELIMITER $$
USE 'tb_test' $$
CREATE DEFINER = 'root'@'localhost' PROCEDURE 'example_iterate'(inout sum INT)
BEGIN
    DECLARE i INT DEFAULT 0;
    DECLARE s INT DEFAULT 0;
        loop_label: LOOP
        SET i = i + 1;
        IF i > sum THEN
            LEAVE loop_label;              #退出整个循环
        END IF;
        IF (i mod 2) THEN
            SET s = s + i;
        ELSE
            ITERATE loop_label;            #结束本次循环,转到循环开始处
        END IF;
    END LOOP;
    SET sum = s;
END $$
DELIMITER ;
```

(2) 调用存储过程。

```
set @sum = 10;                           #给参数赋初值
call example_iterate(@sum);              #调用存储过程
```

(3) 执行效果如下。

```
mysql > select @sum;
+------+
| @sum |
```

```
+------+
|  25  |
+------+
1 row in set (0.00 sec)
```

5.4　MySQL 触发器

MySQL 从 5.0.2 版本开始支持触发器(TRIGGER),触发器是数据库对象之一,该对象类似于函数,需要声明才能使用。但是触发器的执行不是由程序调用,也不是由手工启动,而是由事件来触发、激活从而实现执行的。

那么为什么要使用触发器呢? 下面以教学管理中的一个实例进行说明。

1. 统计更新

在学生表中拥有学生姓名字段、学生总数字段,每当添加一条学生信息时,学生的总数就必须同时更改。

2. 数值校验

在学生表中还会有学生姓名的缩写、学生住址等字段,添加学生信息时,往往需要检查电话、邮箱等格式是否正确。

3. 参照完整性

当学生选修了某门课程后,若该门课程被取消了,则该学生选修该门课程的记录也应随之取消;那么应该何时删除此条选修记录,又由谁来发出删除此条记录的指令呢?

上面的例子具有这样的特点,即在表内数据发生改变时,需要自动处理其他相关联的一系列活动,这就是数据库的完整性。可以使用第 4 章所讲的"外键"约束来实现,而本节主要介绍的是使用触发器来实现数据库的完整性。

可以把要处理的这一系列活动封装为触发器,当数据库执行这些语句的时候就会激发触发器执行相应的操作。触发器是表内的独立命名对象,当表上出现特定事件时,将激活该对象,可以在创建表时定义,也可以在表创建后再独立定义。

本节的示例数据库采用第 4 章习题中的 Teaching 数据库,为了使用触发器实现数据完整性,必须将所有表外键去除,可重新创建 5 个表,输入如下命令。

```
Create database Teaching;                # 创建数据库 Teaching
Use Teaching;                            # 打开数据库 Teaching
CREATE TABLE 'class'                     # 创建 class 表,主键为 id
   ( 'id' smallint(6) NOT NULL,
     'name' varchar(50) DEFAULT NULL,
     PRIMARY KEY ('id')
);
CREATE TABLE 'student'                   # 创建 student 表,主键为 id
  ( 'id' smallint(6) NOT NULL,
   'name' varchar(20) DEFAULT NULL,
   'gender' char(2) DEFAULT NULL,
   'class_id' smallint(6) DEFAULT NULL,
   PRIMARY KEY ('id')
);
```

```
CREATE TABLE 'teacher'                         #创建 teacher 表,主键为 id
  ( 'id' smallint(6) NOT NULL,
   'name' varchar(100) DEFAULT NULL,
  PRIMARY KEY ('id')
) ;
CREATE TABLE 'course'                          #创建 course 表,主键为 id
( 'id' smallint(6) NOT NULL,
   'name' varchar(100) DEFAULT NULL,
   'teacher_id' smallint(6) DEFAULT NULL,
   PRIMARY KEY ('id')
) ;
CREATE TABLE 'score'                           #创建 score 表,主键为 id
  ( 'id' int(11) DEFAULT NULL,
   'student_id' smallint(6) NOT NULL,
   'course_id' smallint(6) NOT NULL,
   'mark' tinyint(4) DEFAULT NULL,
   PRIMARY KEY ('id')
);
```

为 Teaching 数据库添加示例数据,输入如下指令。

```
Use Teaching;                  #打开数据库 Teaching,添加如下示例数据
INSERT INTO 'class' ('id', 'name') VALUES ('1', '软件工程 1 班');
INSERT INTO 'class' ('id', 'name') VALUES ('2', '计算机科学技术 1 班');
INSERT INTO 'class' ('id', 'name') VALUES ('3', '网络工程 1 班');

INSERT INTO 'teacher' ('id', 'name') VALUES ('1', '老虎');
INSERT INTO 'teacher' ('id', 'name') VALUES ('2', '小马');
INSERT INTO 'teacher' ('id', 'name') VALUES ('3', '大牛');

INSERT INTO 'course' ('id', 'name', 'teacher_id') VALUES ('1', '数据结构', '1');
INSERT INTO 'course' ('id', 'name', 'teacher_id') VALUES ('2', 'Java 语言', '2');
INSERT INTO 'course' ('id', 'name', 'teacher_id') VALUES ('3', '数据库原理', '3');
INSERT INTO 'course' ('id', 'name', 'teacher_id') VALUES ('4', 'C 语言', '1');
INSERT INTO 'student' ('id', 'name', 'gender', 'class_id') VALUES ('1', '牡丹', '女', '1');
INSERT INTO 'student' ('id', 'name', 'gender', 'class_id') VALUES ('2', '柳树', '男', '2');
INSERT INTO 'student' ('id', 'name', 'gender', 'class_id') VALUES ('3', '玫瑰', '女', '3');
INSERT INTO 'student' ('id', 'name', 'gender', 'class_id') VALUES ('4', '月季', '女', '1');
INSERT INTO 'student' ('id', 'name', 'gender', 'class_id') VALUES ('5', '小草', '男', '2');
INSERT INTO 'student' ('id', 'name', 'gender', 'class_id') VALUES ('6', '风清', '男', '3');
INSERT INTO 'student' ('id', 'name', 'gender', 'class_id') VALUES ('7', '月明', '女', '1');

INSERT INTO 'score' ('id', 'student_id', 'course_id', 'mark') VALUES ('1', '1', '2', '79');
INSERT INTO 'score' ('id', 'student_id', 'course_id', 'mark') VALUES ('2', '2', '1', '58');
INSERT INTO 'score' ('id', 'student_id', 'course_id', 'mark') VALUES ('3', '2', '3', '66');
INSERT INTO 'score' ('id', 'student_id', 'course_id', 'mark') VALUES ('4', '2', '4', '80');
INSERT INTO 'score' ('id', 'student_id', 'course_id', 'mark') VALUES ('5', '3', '1', '63');
INSERT INTO 'score' ('id', 'student_id', 'course_id', 'mark') VALUES ('6', '3', '4', '95');
INSERT INTO 'score' ('id', 'student_id', 'course_id', 'mark') VALUES ('7', '4', '2', '88');
INSERT INTO 'score' ('id', 'student_id', 'course_id', 'mark') VALUES ('8', '4', '3', '62');
INSERT INTO 'score' ('id', 'student_id', 'course_id', 'mark') VALUES ('9', '5', '2', '59');
INSERT INTO 'score' ('id', 'student_id', 'course_id', 'mark') VALUES ('10', '5', '4', '100');
INSERT INTO 'score' ('id', 'student_id', 'course_id', 'mark') VALUES ('11', '1', '1', '55');
```

```
INSERT INTO 'score'('id', 'student_id', 'course_id', 'mark') VALUES ('12', '3', '2', '81');
INSERT INTO 'score'('id', 'student_id', 'course_id', 'mark') VALUES ('13', '4', '4', '50');
INSERT INTO 'score'('id', 'student_id', 'course_id', 'mark') VALUES ('14', '5', '3', '77');
INSERT INTO 'score'('id', 'student_id', 'course_id', 'mark') VALUES ('15', '1', '4', '58');
INSERT INTO 'score'('id', 'student_id', 'course_id', 'mark') VALUES ('16', '1', '3', '91');
INSERT INTO 'score'('id', 'student_id', 'course_id', 'mark') VALUES ('17', '6', '2', '75');
INSERT INTO 'score'('id', 'student_id', 'course_id', 'mark') VALUES ('18', '4', '1', '80');
INSERT INTO 'score'('id', 'student_id', 'course_id', 'mark') VALUES ('19', '2', '2', '75');
```

5.4.1　创建触发器

触发器是针对表的 INSERT、DELETE 和 UPDATE 这三种操作进行的,触发器可以建立在表上,也可以建立在视图上。触发器的执行不需要使用 CALL 语句来调用,也不需要手动启动,只要当预定义的 INSERT、DELETE 和 UPDATE 事件发生的时候,就会被 MySQL 自动调用。

建立在表上的触发器会在表数据发生改变时触发,而建立在视图上的触发器会在视图数据改变时触发。**注意**:视图触发器仅在该视图进行 SQL 语句执行时才会触发,当其所依赖的基本表的数据发生改变时会引起视图数据的变化,但不会触发该视图触发器。

1. 创建简单触发器

当触发器程序只有一条执行语句时,可以创建如下语法格式的简单触发器。

```
CREATE TRIGGER trigger_name trigger_time trigger_event
ON tb_name FOR EACH ROW trigger_stmt;
```

- trigger_name 标识触发器名称,可以由用户自行指定。
- trigger_time 为触发时机,可以指定为 before 或 after;trigger_event 为触发事件,包括 INSERT、UPDATE 和 DELETE。
- tb_name 为建立触发器的表名,即在哪张表上建立触发器。
- trigger_stmt 是触发器执行语句。

2. 创建包含多条执行语句的触发器

创建多条执行语句的触发器的语法如下。

```
CREATE TRIGGER trigger_name trigger_time trigger_event
ON tb_name FOR EACH ROW
BEGIN
  trigger_statement;
END;
```

当触发器程序需要执行一条以上的语句时,可以使用 BEGIN 和 END 作为语句体的开始和结束,中间包含多条语句。

【例 5.33】　为 teacher 表创建一个名为 teacher_AFTER_UPDATE 的触发器,当更改 teacher 中某位教师的 id 时,将 course 表中的对应 teacher_id 全部更新。SQL 代码和运行结果如下。

```
mysql> DROP TRIGGER IF EXISTS teacher_AFTER_UPDATE;
mysql> DELIMITER $$
mysql> USE 'teaching' $$              #打开 teaching 数据库
Database changed
mysql> CREATE DEFINER = CURRENT_USER TRIGGER 'teacher_AFTER_UPDATE'
   AFTER UPDATE ON 'teacher' FOR EACH ROW
     -> BEGIN
     -> update course set teacher_id = new.id where teacher_id = old.id;    #更新
     -> END $$
Query OK, 0 rows affected (0.01 sec)
mysql> DELIMITER ;
```

验证触发器 teacher_AFTER_UPDATE 的功能,SQL 代码和执行结果如下。

```
mysql> SELECT * FROM teaching.teacher;
+----+---------+
| id | name    |
+----+---------+
|  1 | 老虎    |
|  2 | 小马    |
|  3 | 大牛    |
+----+---------+
3 rows in set (0.01 sec)
mysql> UPDATE 'teaching'.'teacher' SET 'id' = '4' WHERE ('id' = '3');
Query OK, 1 row affected (0.01 sec)
Rows matched: 1  Changed: 1  Warnings: 0
mysql> SELECT * FROM teaching.teacher;
+----+---------+
| id | name    |
+----+---------+
|  1 | 老虎    |
|  2 | 小马    |
|  4 | 大牛    |
+----+---------+
3 rows in set (0.00 sec)
mysql> SELECT * FROM teaching.course;
+----+-----------------+-------------+
| id | name            | teacher_id  |
+----+-----------------+-------------+
|  1 | 数据结构        |          1  |
|  2 | Java 语言       |          2  |
|  3 | 数据库原理      |          4  |
|  4 | C 语言          |          1  |
+----+-----------------+-------------+
4 rows in set (0.00 sec)
```

从运行结果可以看出:

(1) 在本例中,UPDATE 是触发事件,AFTER 是触发程序的动作时间。当把 teacher 表中的 3 号老师更新为 4 号后,激活触发器更新了 course 表的相应记录。可以使用 SELECT 语句查看 teacher 和 course 表中的数据,发现所有原值为 3 的 teacher_id 的记录确实已被更新。

（2）在本例中，new 和 old 是和 teacher 结构相同的两个表，其中，new 存放着更新后的新记录，而 old 中存放着更新前的旧记录。当在 teacher 表更新 id 时，course 中原 teacher_id 的记录将随之更新为新的教师号，这样就实现了同步更新，维护了数据的完整性。

5.4.2　查看触发器

查看触发器是指查看数据库中已存在的触发器的定义、状态和语法信息等。可以通过命令查看已经创建的触发器。有两种查看触发器的方法，分别是 SHOW TRIGGERS 和在 triggers 表中查看触发器信息。

1. SHOW TRIGGERS

通过 SHOW TRIGGERS 查看触发器的语句如下。

```
SHOW TRIGGERS;
```

【例 5.34】　在 teaching 数据库中查看触发器情况，输入如下命令。

```
USE teaching;
SHOW TRIGGERS;
```

如果在 SHOW TRIGGERS 命令的后面添加上'\G'，显示信息如下。

```
mysql > SHOW TRIGGERS \G;
*************************** 1. row ***************************
            Trigger: cno_update
              Event: UPDATE
              Table: course
          Statement: begin
update score set course_id = new. id where course_id = old. id;
end
             Timing: AFTER
            Created: 2020 - 04 - 24 00:14:13.50
           sql_mode: STRICT_TRANS_TABLES, NO_ENGINE_SUBSTITUTION
            Definer: root@localhost
character_set_client: gbk
collation_connection: gbk_chinese_ci
  Database Collation: utf8mb4_0900_ai_ci
1 row in set (0.00 sec)
```

其中，各主要参数含义如下。

Trigger 表示触发器的名称，在这里触发器的名称为 cno_update。

Event 表示激活触发器的事件，这里的触发事件为更新操作 UPDATE。

Table 表示激活触发器的操作对象表，这里为 course 表。

Timing 表示触发器触发的时间，为更新操作之后 AFTER。

Statement 表示触发器执行的操作。

还有一些其他信息，如 SQL 的模式触发器的定义账户和字符集等，这里不再一一介绍了。

2. 在 TRIGGERS 表中查看触发器信息

通过执行 SHOW TRIGGERS 命令查看触发器，由于没有指定查询的触发器，所以每次都返回所有触发器的信息。在触发器较少的情况下,使用该语句会很方便,当查看多个触发器时会发生格式混乱的现象。

MySQL 中所有触发器的定义都存在 INFORMATION＿SCHEMA 数据库的 TRIGGERS 表中,如果要查看特定触发器的信息,可以直接从 INFORMATION＿SCHEMA 数据库的 TRIGGERS 表中,通过查询命令 SELECT 来查看。

【例 5.35】 查看 teaching 数据库中 teacher 表的触发器情况,输入如下命令。

```
mysql > SELECT * FROM INFORMATION_SCHEMA.TRIGGERS WHERE TRIGGER_NAME = 'teacher_AFTER_
UPDATE'\G;
*************************** 1. row ***************************
            TRIGGER_CATALOG: def
             TRIGGER_SCHEMA: teaching
               TRIGGER_NAME: teacher_AFTER_UPDATE
         EVENT_MANIPULATION: UPDATE
       EVENT_OBJECT_CATALOG: def
        EVENT_OBJECT_SCHEMA: teaching
         EVENT_OBJECT_TABLE: teacher
               ACTION_ORDER: 1
           ACTION_CONDITION: NULL
           ACTION_STATEMENT: BEGIN
 update course set teacher_id = new.id where teacher_id = old.id;
END
         ACTION_ORIENTATION: ROW
             ACTION_TIMING: AFTER
ACTION_REFERENCE_OLD_TABLE: NULL
ACTION_REFERENCE_NEW_TABLE: NULL
  ACTION_REFERENCE_OLD_ROW: OLD
  ACTION_REFERENCE_NEW_ROW: NEW
                    CREATED: 2022 - 09 - 19 16:54:06.38
                   SQL_MODE: STRICT_TRANS_TABLES, NO_ENGINE_SUBSTITUTION
                    DEFINER: root@ %
       CHARACTER_SET_CLIENT: utf8mb4
       COLLATION_CONNECTION: utf8mb4_0900_ai_ci
         DATABASE_COLLATION: utf8mb4_0900_ai_ci
1 row in set (0.00 sec)
mysql >
```

从结果可以看出:
- TRIGGER_NAME 表示触发器的名称,在这里名称为 teacher_AFTER_UPDATE。
- EVENT_MANIPULATION 表示激活触发器的事件,这里为更新事件 UPDATE。
- EVENT_OBJECT_TABLE 表示激活触发器的操作对象表,这里为 teacher 表。
- ACTION_TIMING 表示触发器触发的时间,此处为 AFTER。
- ACTION_STATEMENT 表示触发器执行的操作,其他类似于 SQL 的模式触发器的定义账户和字符集等的信息,此处就不详细解释了。

5.4.3 触发器的使用

当对表执行 INSERT、DELETE 或 UPDATE 语句时,将激活触发器程序。可以将触发器设置为在执行语句之前或之后激活。例如,可以在表中删除每一行之前,或在更新每一行之后激活触发器。

【例 5.36】 创建在 student 表中插入记录之后，同步更新 student_bak 表的触发器。

```
mysql> use teaching;                                          #切换到 teaching 数据库
Database changed
mysql> CREATE TABLE student_bak AS select * from student;     #创建备份表 student_bak
Query OK, 7 rows affected (0.03 sec)
Records: 7  Duplicates: 0  Warnings: 0                         #当前 student 有 7 条记录
```

为 student 表创建了名称为 trig_insert 的触发器，当 student 表中插入记录之后被触发激活，执行的操作是在表 student_bak 中插入同样内容的一条记录，实现了同步备份功能，输入如下命令。

```
mysql> CREATE TRIGGER trig_insert AFTER INSERT ON student FOR EACH ROW
    INSERT INTO student_bak VALUES (new.id, new.name,new.gender,new.class_id);
Query OK, 0 rows affected (0.01 sec)
mysql> INSERT INTO 'student' ('id', 'name', 'gender', 'class_id') VALUES ('8', 'ccc', '男', '1');
Query OK, 1 row affected (0.01 sec)
mysql> select * from student_bak;
+----+--------+--------+----------+
| id | name   | gender | class_id |
+----+--------+--------+----------+
|  1 | 牡丹   | 女     |        1 |
|  2 | 柳树   | 男     |        2 |
|  3 | 玫瑰   | 女     |        3 |
|  4 | 月季   | 女     |        1 |
|  5 | 小草   | 男     |        2 |
|  6 | 风清   | 男     |        3 |
|  7 | 月明   | 女     |        1 |
|  8 | ccc    | 男     |        1 |
+----+--------+--------+----------+
8 rows in set (0.00 sec)mysql>
```

从测试结果可看出，向 student 表中插入值为('8', 'ccc', '男', '1')的新记录之后触发激活，执行的操作是在表 student_bak 中插入同样内容的一条记录，实现了同步备份功能。

此外，触发器的使用限制有以下几点。

（1）触发器只能创建在永久表上，不能对临时表创建触发器。

（2）由于触发器中不能包含带有返回结果集的 SQL 语句，所以不能使用 CALL 语句调用具有返回值或使用了动态 SQL 的存储过程。

（3）触发器中不能使用开启或结束事务的语句段，例如，开始事务（START TRANSACTION）、提交事务（COMMIT）或是回滚事务（ROLLBACK），但是回滚到一个保存点（SAVEPOINT）是允许的，因为回滚到保存点不会结束事务。

（4）如果实现同一功能的数据库完整性约束，外键和触发器不能同时使用，两者只能择一而用，否则将会产生错误代码为 1415 的错误。

（5）由于触发器中不允许返回值，因此触发器中不能有返回语句，如果要立即停止一个触发器，应该使用 LEAVE 语句。

5.4.4　删除触发器

使用 DROP TRIGGER 语句可以删除 MySQL 中已经定义的触发器,删除触发器指令语法格式如下。

```
DROP TRIGGER [IF EXISTS] [database_name] trigger_name
```

- trigger_name 表示要删除的触发器名称。
- database_name 指定触发器所在的数据库的名称,是可选的。若没有指定,则为当前默认的数据库。
- IF EXISTS 是可选项,表示如果该触发器存在,则删除。

注意:删除一个表的同时,也会自动删除该表上的触发器。另外,触发器不能更新或覆盖,当修改一个触发器时,必须先删除它,再重新创建。此外,执行 DROP TRIGGER 语句需要 SUPER 权限。

【例 5.37】　删除 teacher_AFTER_UPDATE 触发器,输入如下命令。

```
mysql > DROP TRIGGER teacher_AFTER_UPDATE;
Query OK, 0 rows affected (0.01 sec)
```

5.4.5　综合实例——触发器的使用

实例 1:创建简单触发器,在向学生表插入数据时,学生数增加,删除学生时,学生数减少。

(1)首先创建学生表 student_info 和学生数目统计表 student_count,student_info 表中有两个字段,分别为 stu_no 字段(定义为 INT 类型)和 stu_name 字段(定义为 VARCHAR 类型);student_count 表中有一个 amount 字段(定义为 INT 类型)。输入如下命令。

```
CREATE TABLE student_info (
    stu_no INT(11) NOT NULL AUTO_INCREMENT,
    stu_name VARCHAR(255) DEFAULT NULL,
    PRIMARY KEY (stu_no));
CREATE TABLE student_count (
    student_count INT(11) DEFAULT 0);
INSERT INTO student_count VALUES(0);
```

(2)在向学生表插入数据时,学生数增加,删除学生时,学生数减少。

```
CREATE TRIGGER trigger_student_count_insert AFTER INSERT
ON student_info FOR EACH ROW
UPDATE student_count SET student_count = student_count + 1;
CREATE TRIGGER trigger_student_count_delete AFTER DELETE
ON student_info FOR EACH ROW
UPDATE student_count SET student_count = student_count - 1;
```

(3)插入、删除数据,查看触发器是否正常工作。

```
mysql > INSERT INTO student_info VALUES(NULL,'张明'),(NULL,'李明'),(NULL,'王明');
Query OK, 3 rows affected (0.02 sec)
```

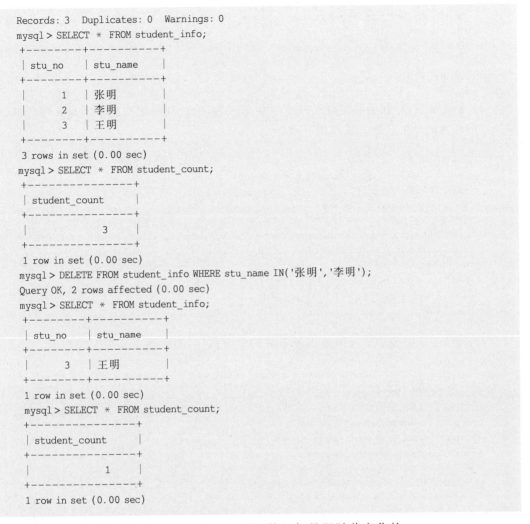

```
Records: 3  Duplicates: 0  Warnings: 0
mysql > SELECT * FROM student_info;
+--------+----------+
| stu_no | stu_name |
+--------+----------+
|      1 | 张明     |
|      2 | 李明     |
|      3 | 王明     |
+--------+----------+
3 rows in set (0.00 sec)
mysql > SELECT * FROM student_count;
+---------------+
| student_count |
+---------------+
|             3 |
+---------------+
1 row in set (0.00 sec)
mysql > DELETE FROM student_info WHERE stu_name IN('张明','李明');
Query OK, 2 rows affected (0.00 sec)
mysql > SELECT * FROM student_info;
+--------+----------+
| stu_no | stu_name |
+--------+----------+
|      3 | 王明     |
+--------+----------+
1 row in set (0.00 sec)
mysql > SELECT * FROM student_count;
+---------------+
| student_count |
+---------------+
|             1 |
+---------------+
1 row in set (0.00 sec)
```

可以看到,无论是插入还是删除学生,学生数目都是跟随着变化的。

实例 2:创建包含多条执行语句的触发器。

依然沿用上面例子中的表,对 student_count 表做如下变更:增加 student_class 字段表示具体年级的学生数,其中,0 表示全年级,1 代表 1 年级,……;同样,学生表中也增加该字段。清空两个表中的所有数据。

(1) 删除上例中的两个触发器,初始化 student_count 表中数据,插入三条数据(0,0)(1,0)(2,0)表示全年级、一年级、二年级的初始人数都是 0。

(2) 创建触发器,在插入时首先增加学生总人数,然后判断新增的学生是几年级的,再增加对应年级的学生总数。输入如下命令。

```
DELIMITER $$
    CREATE TRIGGER trigger_student_count_insert
    AFTER INSERT
    ON student_info FOR EACH ROW
    BEGIN
    UPDATE student_count SET student_count = student_count + 1 WHERE student_class = 0;
```

```
    UPDATE student_count SET student_count = student_count + 1 WHERE student_class = NEW.
student_class;
    END
    $$
    DELIMITER ;
```

（3）创建触发器，在删除时首先减少学生总人数，然后判断删除的学生是几年级的，再减少对应年级的学生总数。输入如下命令。

```
    DELIMITER $$
    CREATE TRIGGER trigger_student_count_delete
    AFTER DELETE
    ON student_info FOR EACH ROW
    BEGIN
    UPDATE student_count SET student_count = student_count - 1 WHERE student_class = 0;
    UPDATE student_count SET student_count = student_count - 1 WHERE student_class = OLD.
student_class;
    END
    $$
    DELIMITER ;
```

（4）向学生表中分别插入多条不同年级的学生信息，观察触发器是否起作用。输入如下命令。

```
    mysql> INSERT INTO student_info
VALUES(NULL,'AAA',1),(NULL,'BBB',1),(NULL,'CCC',2),(NULL,'DDD',2),(NULL,'ABB',1),(NULL,'ACC',1);
    Query OK, 6 rows affected (0.02 sec)
    Records: 6  Duplicates: 0  Warnings: 0
    mysql> SELECT * FROM student_info;
    +------------+--------------+---------------+
    | student_no | student_name | student_class |
    +------------+--------------+---------------+
    |          4 | AAA          |             1 |
    |          5 | BBB          |             1 |
    |          6 | CCC          |             2 |
    |          7 | DDD          |             2 |
    |          8 | ABB          |             1 |
    |          9 | ACC          |             1 |
    +------------+--------------+---------------+
    6 rows in set (0.00 sec)
    mysql> SELECT * FROM student_count;
    +---------------+---------------+
    | student_count | student_class |
    +---------------+---------------+
    |             6 |             0 |
    |             4 |             1 |
    |             2 |             2 |
    +---------------+---------------+
    3 rows in set (0.00 sec)
```

可以看到，总共插入了 6 条数据，学生总数是 6，1 年级 4 个，2 年级 2 个，trigger 正确执行。

（5）从学生表中分别删除多条不同年级的学生信息，观察触发器是否起作用。输入如下命令。

```
mysql > DELETE FROM student_info WHERE stu_name LIKE 'A % ';
Query OK, 3 rows affected (0.02 sec)

mysql > SELECT * FROM student_info;
+------------+--------------+---------------+
| student_no | student_name | student_class |
+------------+--------------+---------------+
|          5 | BBB          |             1 |
|          6 | CCC          |             2 |
|          7 | DDD          |             2 |
+------------+--------------+---------------+
3 rows in set (0.00 sec)
mysql > SELECT * FROM student_count;
+---------------+---------------+
| student_count | student_class |
+---------------+---------------+
|             3 |             0 |
|             1 |             1 |
|             2 |             2 |
+---------------+---------------+
3 rows in set (0.00 sec)
```

从结果可以看出，在学生表中将姓名以 A 开头的学生信息删除，当学生信息删除的同时，数量表也跟随变化。

小结

本章主要讲解了 MySQL 中常用的运算符、流程控制语句，触发器的创建、查看、使用和删除，存储过程和函数的创建、调用、查看、修改和删除。用户可以在 SQL 执行窗口以指令操作数据库，还可以使用存储过程、用户自定义函数和触发器的形式将指令存储起来，以调用或触发激活的方式来操作数据库。

习题

一、单选题

1. 存储过程是 MySQL 服务器中定义并（　　　）的 SQL 语句集合。

    A. 保存　　　　　　　B. 执行　　　　　　　C. 解释　　　　　　　D. 编写

2. 下面有关存储过程的叙述错误的是（　　　）。

    A. MySQL 允许在存储过程创建时引用一个不存在的对象

    B. 存储过程可以带多个输入参数，也可以带多个输出参数

    C. 使用存储过程可以减少网络流量

    D. 在一个存储过程中不可以调用其他存储过程

3. MySQL 所支持的触发器不包括(　　)。

    A. INSERT 触发器　　　　　　　　　B. DELETE 触发器

    C. CHECK 触发器　　　　　　　　　D. UPDATE 触发器

4. 下面有关触发器的叙述错误的是(　　)。

    A. 触发器是一个特殊的存储过程

    B. 触发器不可以引用所在数据库以外的对象

    C. 在一个表上可以定义多个触发器

    D. 触发器在 CHECK 约束之前执行

5. MySQL 为每个触发器创建了(　　)两个临时表。

    A. max 和 min　　　B. avg 和 sum　　　C. int 和 char　　　D. old 和 new

6. 下列说法中错误的是(　　)。

    A. 常用触发器有 INSERT、UPDATE、DELETE 三种

    B. 对于同一个数据表,可以同时有两个 BEFORE UPDATE 触发器

    C. new 临时表在 INSERT 触发器中用来访问被插入的行

    D. old 临时表中的值只能读不能被更新

二、简答题

1. MySQL 在创建多条执行语句的存储过程或触发器时,为何总是遇到分号就结束创建,然后报错? 如何解决这个问题?

2. MySQL 的触发器的触发顺序是什么?

3. 简述 MySQL 的存储过程与存储函数的区别。

三、上机练习题(以下题目所用数据库为第 4 章习题中的 teaching 数据库)

1. 创建存储过程 selectscore(),用指定的学号查询学生成绩。

2. 编程在表 course 中创建一个触发器 course_detrigger,用于每次当删除表 course 中一行数据时,将会话变量 perl 的值设置为“old course deleted!”。

3. 创建一个存储过程,用于实现给定表 student 中一个学生的姓名即可修改表 student 中该人的电子邮件地址为一个给定的值。

4. 创建一个存储过程 scoreInfo,完成的功能是在表 student、表 course 和表 score 中查询学号、姓名、性别、课程名称、期末分数字段。

5. 假设之前创建的 course 表没有设置外键级联策略,设置触发器,实现在 course 表中删除课程信息时,可自动删除该课程在 score 表上的成绩信息。

第6章 数据库的安全性与数据备份

CHAPTER 6

本章主要讲解数据库的安全性和数据的备份与恢复。数据库的安全性是指保护数据库以防止不合法使用而造成的数据泄密、更改或破坏。分析造成数据库不安全的因素，DBMS提供了相应的安全防范和解决措施。数据备份与恢复是为了应对系统出现的各种故障导致系统不能正常运行而采取的技术，核心防范是数据备份及登记日志文件。

本章的主要内容：一是了解常见的数据库安全保障技术，尤其是其中的自主存取控制技术，掌握 GRANT 语句和 REVOKE 语句的使用；二是掌握 MySQL 的授权机制与使用方法；三是了解数据备份与恢复原理；四是掌握 MySQL 的数据备份与恢复方法。

6.1 数据库安全性

大量数据的发展加速了信息和资源的流动，使社会的运转效率更高，但同时也隐藏着巨大的隐患。数据库中存放的信息可能是各种需要保密的资料，如国家机密、军事情报、银行储蓄数据、商业计划、产品设计方案等，这些信息如果泄露或被破坏会对国家、军队、企业等组织或个人的利益造成不同程度的损害，因此必须对这些数据加以保护。数据库的安全性，就是保护数据库以防止不合法的使用造成数据的泄露、更改和破坏。

安全性问题对数据库非常重要，但安全性问题不是数据库所独有的。数据库系统是建立在操作系统之上的，因此操作系统的安全性与数据库系统的安全性又息息相关。推而广之，数据库作为信息系统的一部分，数据库的安全性只是整个信息系统安全性的一部分。事实上，信息系统的安全性涉及从环境（如机房环境）、硬件（如芯片、设备等）、软件（如系统软件、应用软件等）到人（各类系统用户、安全管理制度等）的各个层面，范围广、领域杂。本章只关注数据库的安全性。

6.1.1 数据库不安全的因素

数据库的一个特点就是共享。通常数据库的共享包括两个方面，一个是系统由多用户使用，另一个是系统中的数据涉及多用户。但无论是怎样的共享，都可能会出现有意或无意的数据泄露、非法存取甚至修改数据。造成数据库不安全的因素主要有以下三个。

1. 无授权用户对数据库的恶意存取和破坏

指系统非授权用户对数据的存取。例如，黑客和某些心怀恶意的犯罪分子进入系统中，意图冒充合法用户偷取、修改甚至破坏系统数据。对此，必须能够阻止无授权用户对系统的非法操作,DBMS 提供的安全措施主要有用户身份鉴别、存取控制和视图等技术。

2. 数据库中重要或敏感的数据被泄露

指黑客或犯罪分子使用各种手段获取了数据库中重要或敏感的数据。对此,要设法保证即使数据被泄露,犯罪分子也无法得知数据的真实内容。对此,DBMS 提供的措施主要有强制存取控制、数据加密等技术。

3. 信息系统安全环境的脆弱性

数据库的安全性与整个信息系统的安全性紧密相关,信息系统中每个层面的安全脆弱性都可能会破坏数据库的安全性,所以必须要保证整个信息系统环境的安全性。对此,国际上逐步发展和建立了一些可信计算机系统的概念和标准,最常用的是两套安全标准:一个是在 1985—1991 年美国国防部和美国国家计算机安全中心颁布的 TCSEC/TDI 标准,另一个是在 1999 年被 ISO 采纳的 CC 标准。目前,CC 标准已经基本取代了 TCSEC 标准,成为评估信息产品安全性的主要标准。

6.1.2　数据库安全性控制的方法

数据库方面采取的安全性控制方法主要有用户标识和鉴别、存取控制、视图、审计和数据加密等,下面分别简单介绍。

1. 用户标识与鉴别

用户标识用来表征用户身份。当用户声明他是谁时,系统必须提供验证这个身份的手段,常见的"用户名+密码"方式就是其中的一种,这属于静态口令鉴别。此外还有动态口令鉴别(如短信验证码)、生物特征鉴别(如指纹、虹膜)和智能卡鉴别等技术。

2. 存取控制

身份认证是安全保护的第一步。经过身份认证的用户只是拥有进入数据库的凭证,而可以对哪些对象进行何种操作还需要通过存取控制进行权限分配。

1) 存取控制机制的两部分内容

(1) 定义安全规则。

确定用户对数据对象的存取权限,涉及数据对象和操作类型。这些安全规则会存储到数据库系统的数据字典中。

(2) 合法权限检查。

每当用户发出存取操作请求后,DBMS 就查找数据字典,根据安全规则进行合法性检查,如果用户的操作请求不在权限范围内则拒绝执行此操作。

2) 存取控制机制的两种技术

(1) 自主存取控制(Discretionary Access Control,DAC)。

采用 DAC 机制的数据库系统,不同用户对数据库对象有各自不同的存取权限,用户还可以将其拥有的存取权限授予其他用户。自主存取控制可以使用 SQL 中的 GRANT 语句授予权限,使用 REVOKE 语句收回以前授予其他用户的权限。自主存取控制授权灵活,但可能存在无意中的数据泄露,破坏数据库安全性。

(2) 强制存取控制(Mandatory Access Control,MAC)。

采用 MAC 机制的数据库系统,每个数据库对象有一个密级标记(如绝密、机密、可信、公开等),每个用户被授予某个级别的许可证。无论数据如何复制,密级标记与数据是不可分的整体,只有符合密级标记要求的许可证用户才可以操纵数据,从而提供了更高级别的安全性。MAC 机制适用于对数据有严格且固定密级分类的部门或组织,如军政部门、科研单位等。

3. 视图

视图是虚表,不存储数据,但其逻辑结构看起来就像一个基本表。可以为不同用户定义不同的视图,使得用户只能存取授权范围内的数据库,这样也可以达到限制用户访问数据范围的目的。因此,视图机制能够隐藏用户无权存取的数据,视图就像是给这些用户专门开设的一扇窗口,用户只能对限定的数据进行限定权限的操作,从而对数据库提供一定程度的安全保护。

4. 审计

审计是一种监控措施,用于跟踪并记录有关系统及数据的访问活动。使用审计功能可以把用户对系统或数据库的操作(即审计事件)自动记录到审计日志中。审计日志的内容一般包括操作对象、操作类型、用户标识、终端标识、操作日期和时间、数据库的前映像(即修改前的值)和数据库的后映像(即修改后的值)等。审计管理员可以利用审计日志监控数据库中的各种行为和事件,进一步追溯并确定非法存取数据库的人、时间和操作内容等。此外,还可以分析审计日志,对潜在的风险采取预防措施。

审计功能会耗费系统时间和空间,所以审计功能一般都是可选特征,允许数据库管理员根据具体应用情况对安全性要求进行灵活配置。下面是一些参考意见。

(1) 最小化审计选项来降低审计跟踪记录的个数,如仅跟踪修改和删除操作,或某些特殊用户的存取。

(2) 监视、分析及定期删除审计记录。

(3) 避免审计记录被非法用户删除。有关审计的权限只能由 DBA 或特定的有审计权限的用户操作,任何其他用户无权操作。否则,系统可能面临极大风险。

5. 数据加密

数据加密是防止数据在存储过程和传输过程中失密的有效手段。加密的基本思想是根据一定的算法把原始数据(术语称为明文,Plain Text)变换为不可直接识别的数据(术语称为密文,Cypher Text),使不知道解密算法的人无法获知数据的本来内容。DBMS 使用密码技术对数据库中存储的数据和传输过程中的数据进行保护,能够保证即使攻击者得到数据,也无法获取原始数据。但是,数据库加密增加了系统进行加密和解密的负担以及查询处理的复杂性,从而降低了系统性能和查询效率。此外,密钥管理以及加密对应用程序的影响也是数据库加密需要考虑的问题。

数据库的安全性是整个信息系统应用环境安全性的重要组成,安全性固然很重要,但是也不能矫枉过正。实际上,没有绝对安全的系统,可能也没有必要有绝对安全的系统。从经济性角度考虑,以下的信息系统是安全的。

- 破译的经济成本超过该信息的价值。
- 破译时间超过该信息的有用生命周期。

6.1.3　视图机制

视图可以作为一种简单的安全机制。通过视图,用户只能查看和修改他们能看到和能修改的数据,其他数据既不可见也不能操作。如果某用户想要访问视图的结果集,必须要授予其访问权限。

【例 6.1】 要求:大牛老师有对"数据库原理及应用"课程成绩信息的增、删、改、查权限,而班主任老虎老师只能查询这门课程的所有学生成绩。

解题思路:可以先建立"数据库原理及应用"课程成绩的视图 V_grade_db,然后在这个视图上为不同用户授予不同权限。做法如下。

第一步:建立"数据库原理及应用"课程成绩的视图 V_grade_db。

```
mysql > CREATE VIEW V_grade_db AS
    -> SELECT course.课程号,course.课程名,course.学分,SC.学号,SC.成绩
    -> FROM SC,COURSE   WHERE SC.课程号 = COURSE.课程号
    -> AND COURSE.课程名 = '数据库原理及应用';
Query OK, 0 rows affected (0.00 sec)
```

第二步:为不同用户大牛老师和老虎老师授予不同的访问权限。

```
mysql > GRANT SELECT ON V_grade_db TO 老虎;
Query OK, 0 rows affected (0.00 sec)
mysql > GRANT ALL PRIVILEGES ON V_grade_db TO 大牛;
Query OK, 0 rows affected (0.00 sec)
```

有关视图的内容,下面还将详细讲解。

■ 6.2 MySQL 的权限系统 ◆

MySQL 的权限系统有两个模块:身份认证模块和权限验证模块。身份认证模块用于对在某台主机登录的用户进行身份认证,只有通过身份认证的 MySQL 数据库用户才能连接到 MySQL 服务器,继而向 MySQL 服务器发送 MySQL 命令或 SQL 语句。权限验证模块用于验证 MySQL 账户是否有权执行 MySQL 命令或 SQL 语句,以确保数据库资源被安全地访问。

在安装完 MySQL 后,系统会自动创建 root 账户,该账户是系统的超级管理员,可以管理 MySQL 服务器的全部资源。但出于安全性以及应用环境的特点,仅有 root 账户不足以管理 MySQL 服务器的诸多资源,所以通常情况下,会由 root 账户创建多个其他 MySQL 账户共同管理各种数据库资源。下面将分别介绍 MySQL 的权限表、账户管理和权限管理。

6.2.1 权限表与访问控制

1. MySQL 的权限表

通过网络连接 MySQL 服务器的用户对 MySQL 数据库资源的访问权限是由权限表的相关内容控制的。这些表位于 MySQL 数据库中,并在第一次安装 MySQL 的过程中初始化。MySQL 总共有 5 个权限表:user、db、tables_priv、columns_priv 和 procs_priv,它们存在于 MySQL 的系统数据库 mysql 中。

当 MySQL 服务启动时,首先读取这些权限表,将表中数据加载到内存中。此后,当用户进行存取操作时,MySQL 会根据权限表中的数据进行相应的权限控制。下面分别介绍

这 5 个权限表的结构和作用。

1）user 表和 db 表

（1）user 表是 MySQL 中最重要的一个权限表，记录允许连接到服务器的账号信息。user 表保存可以连接到服务器的用户及其口令，并指定他们有哪种全局权限。**在 user 表中启用的任何权限都是全局权限，适用于所有数据库。** MySQL 5.7 中的 user 表有 45 个属性列，如图 6-1 所示，分为 4 类：用户列、权限列、安全列和资源控制列。

```
mysql> show columns from user;
+-----------------------+----------------------------------+------+-----+------------------------+-------+
| Field                 | Type                             | Null | Key | Default                | Extra |
+-----------------------+----------------------------------+------+-----+------------------------+-------+
| Host                  | char(60)                         | NO   | PRI |                        |       |
| User                  | char(32)                         | NO   | PRI |                        |       |
| Select_priv           | enum('N','Y')                    | NO   |     | N                      |       |
| Insert_priv           | enum('N','Y')                    | NO   |     | N                      |       |
| Update_priv           | enum('N','Y')                    | NO   |     | N                      |       |
| Delete_priv           | enum('N','Y')                    | NO   |     | N                      |       |
| Create_priv           | enum('N','Y')                    | NO   |     | N                      |       |
| Drop_priv             | enum('N','Y')                    | NO   |     | N                      |       |
| Reload_priv           | enum('N','Y')                    | NO   |     | N                      |       |
| Shutdown_priv         | enum('N','Y')                    | NO   |     | N                      |       |
| Process_priv          | enum('N','Y')                    | NO   |     | N                      |       |
| File_priv             | enum('N','Y')                    | NO   |     | N                      |       |
| Grant_priv            | enum('N','Y')                    | NO   |     | N                      |       |
| References_priv       | enum('N','Y')                    | NO   |     | N                      |       |
| Index_priv            | enum('N','Y')                    | NO   |     | N                      |       |
| Alter_priv            | enum('N','Y')                    | NO   |     | N                      |       |
| Show_db_priv          | enum('N','Y')                    | NO   |     | N                      |       |
| Super_priv            | enum('N','Y')                    | NO   |     | N                      |       |
| Create_tmp_table_priv | enum('N','Y')                    | NO   |     | N                      |       |
| Lock_tables_priv      | enum('N','Y')                    | NO   |     | N                      |       |
| Execute_priv          | enum('N','Y')                    | NO   |     | N                      |       |
| Repl_slave_priv       | enum('N','Y')                    | NO   |     | N                      |       |
| Repl_client_priv      | enum('N','Y')                    | NO   |     | N                      |       |
| Create_view_priv      | enum('N','Y')                    | NO   |     | N                      |       |
| Show_view_priv        | enum('N','Y')                    | NO   |     | N                      |       |
| Create_routine_priv   | enum('N','Y')                    | NO   |     | N                      |       |
| Alter_routine_priv    | enum('N','Y')                    | NO   |     | N                      |       |
| Create_user_priv      | enum('N','Y')                    | NO   |     | N                      |       |
| Event_priv            | enum('N','Y')                    | NO   |     | N                      |       |
| Trigger_priv          | enum('N','Y')                    | NO   |     | N                      |       |
| Create_tablespace_priv| enum('N','Y')                    | NO   |     | N                      |       |
| ssl_type              | enum('','ANY','X509','SPECIFIED')| NO   |     |                        |       |
| ssl_cipher            | blob                             | NO   |     | NULL                   |       |
| x509_issuer           | blob                             | NO   |     | NULL                   |       |
| x509_subject          | blob                             | NO   |     | NULL                   |       |
| max_questions         | int(11) unsigned                 | NO   |     | 0                      |       |
| max_updates           | int(11) unsigned                 | NO   |     | 0                      |       |
| max_connections       | int(11) unsigned                 | NO   |     | 0                      |       |
| max_user_connections  | int(11) unsigned                 | NO   |     | 0                      |       |
| plugin                | char(64)                         | NO   |     | mysql_native_password  |       |
| authentication_string | text                             | YES  |     | NULL                   |       |
| password_expired      | enum('N','Y')                    | NO   |     | N                      |       |
| password_last_changed | timestamp                        | YES  |     | NULL                   |       |
| password_lifetime     | smallint(5) unsigned             | YES  |     | NULL                   |       |
| account_locked        | enum('N','Y')                    | NO   |     | N                      |       |
+-----------------------+----------------------------------+------+-----+------------------------+-------+
45 rows in set (0.01 sec)
```

图 6-1　user 表的列内容

- 用户列：包括 User 列和 Host 列，分别对应用户名和主机名，User 和 Host 联合作为 user 表的主码。在用户和服务器之间建立连接时，输入的账户信息中的用户名、主机名必须与 user 表中对应的两个字段值都匹配，才会检测安全列中的 authentication_string 列（加密后的口令）的值是否与用户输入的口令相匹配。只有这三项都匹配，才允许建立该用户与服务器的连接。
- 权限列：包括 Select_priv、Insert_priv、Update_priv、Delete_priv 等以 priv 结尾的字段。这些字段决定用户的权限，描述了在全局范围内允许对数据和数据库进行的操

作。既包括增、删、改、查等普通权限,还有关闭服务器、超级权限和加载用户等高级
权限。注意,**普通权限用于操作数据库,高级权限用于管理数据库**。

* 安全列:安全列有 10 个字段。其中,2 个是关于 SSL(ssl_type 和 ssl_cipher,用于加密),2 个是关于 X509(x509_issuer 和 x509_subject,用于标识用户),1 个是关于授权插件(plugin,用于验证用户),1 个用于保存用户密码(authentication_string),3 个用于标识用户的密码修改和有效期(password_expired、password_last_changed 和 password_lifetime),还有 1 个标识账户是否锁定(account_locked)。

* 资源控制列:用来限制用户使用的资源。默认值为 0,表示没有限制。

(2) db 表存储了用户对某个数据库的操作权限,决定用户能从哪个主机存取哪个数据库。db 表对给定主机上数据库级别的操作权限进行更细致的控制。db 表的字段分为两类:用户列和权限列,各属性如图 6-2 所示。

```
mysql> show columns from db;
+-----------------------+---------------+------+-----+---------+-------+
| Field                 | Type          | Null | Key | Default | Extra |
+-----------------------+---------------+------+-----+---------+-------+
| Host                  | char(60)      | NO   | PRI |         |       |
| Db                    | char(64)      | NO   | PRI |         |       |
| User                  | char(32)      | NO   | PRI |         |       |
| Select_priv           | enum('N','Y') | NO   |     | N       |       |
| Insert_priv           | enum('N','Y') | NO   |     | N       |       |
| Update_priv           | enum('N','Y') | NO   |     | N       |       |
| Delete_priv           | enum('N','Y') | NO   |     | N       |       |
| Create_priv           | enum('N','Y') | NO   |     | N       |       |
| Drop_priv             | enum('N','Y') | NO   |     | N       |       |
| Grant_priv            | enum('N','Y') | NO   |     | N       |       |
| References_priv       | enum('N','Y') | NO   |     | N       |       |
| Index_priv            | enum('N','Y') | NO   |     | N       |       |
| Alter_priv            | enum('N','Y') | NO   |     | N       |       |
| Create_tmp_table_priv | enum('N','Y') | NO   |     | N       |       |
| Lock_tables_priv      | enum('N','Y') | NO   |     | N       |       |
| Create_view_priv      | enum('N','Y') | NO   |     | N       |       |
| Show_view_priv        | enum('N','Y') | NO   |     | N       |       |
| Create_routine_priv   | enum('N','Y') | NO   |     | N       |       |
| Alter_routine_priv    | enum('N','Y') | NO   |     | N       |       |
| Execute_priv          | enum('N','Y') | NO   |     | N       |       |
| Event_priv            | enum('N','Y') | NO   |     | N       |       |
| Trigger_priv          | enum('N','Y') | NO   |     | N       |       |
+-----------------------+---------------+------+-----+---------+-------+
22 rows in set (0.00 sec)
```

图 6-2 db 表各列

* 用户列:db 表的用户列包括 Host、User 和 Db,分别表示主机名、用户名和数据库名,标识某个用户从某个主机连接服务器后对某个数据库的操作权限,这三个字段联合作为 db 表的主码。

* 权限列:包括 Select_priv、Insert_priv、Update_priv、Delete_priv 等以 priv 结尾的字段。user 表的权限是对所有数据库而言,如果某个用户只对某个数据库有操作权限,需要将 user 表中对应的权限设置为 N,然后在 db 表中设置对应数据库的操作权限。例如,用户 Liu 只有查询 test 数据库的权限,那么首先要将 user 表中用户 Liu 的 Select_priv 列值置为 N,然后在 db 表中用户 Liu 的 test 数据库的 Select_priv 字段值置为 Y。由此可见,**用户的权限是先从 user 表获取,然后再从 db 表获取**。

2) tables_priv 表、columns_priv 表和 procs_priv 表

(1) tables_priv 表用于设置用户对表级别的操作权限,表中各列内容如表 6-1 所示。

表 6-1 tables_priv 表各列说明

字段名	字段类型	是否为空	默认值	说明
Host	char(60)	NO	无	主机
Db	char(64)	NO	无	数据库名
User	char(32)	NO	无	用户名
Table_name	char(64)	NO	无	表名
Grantor	char(93)	NO	无	修改该记录的用户
Timestamp	timestamp	NO	CURRENT_TIMESTAMP	修改该记录的时间
Table_priv	set('Select','Insert','Update', 'Delete','Create','Drop','Grant', 'References','Index','Alter', 'Create View',' Show view ', 'Trigger')	NO	无	表示对表的操作权限,包括 Select、Insert、Update、Delete、 Create、Drop、Grant、References、 Index 和 Alter 等
Column_priv	set('Select','Insert','Update', 'References')	NO	无	表示对表中的列的操作权限, 包括 Select、Insert、Update 和 References

(2)columns_priv 表设置用户对表的某一列的操作权限,表中各列如表 6-2 所示。

表 6-2 columns_priv 表各列说明

字段名	字段类型	是否为空	默认值	说明
Host	char(60)	NO	无	主机
Db	char(64)	NO	无	数据库名
User	char(32)	NO	无	用户名
Table_name	char(64)	NO	无	表名
Column_name	char(64)	NO	无	数据列名称,用来指定对哪 些数据列具有操作权限
Timestamp	timestamp	NO	CURRENT_TIMESTAMP	修改该记录的时间
Column_priv	set('Select','Insert','Update', 'References')	NO	无	表示对表中的列的操作权限, 包括 Select、Insert、Update 和 References

(3)procs_priv 表设置用户对存储过程和存储函数的操作权限,表中各列如表 6-3 所示。

表 6-3 procs_priv 表各列说明

列 名	列 类 型	是否为空	默认值	说明
Host	char(60)	NO	无	主机名
Db	char(64)	NO	无	数据库名
User	char(32)	NO	无	用户名
Routine_name	char(64)	NO	无	表示存储过程或函数的名称

续表

列　　名	列　类　型	是否为空	默认值	说　　明
Routine_type	enum('FUNCTION', 'PROCEDURE')	NO	无	表示存储过程或函数的类型，Routine_type 字段有两个值，分别是 FUNCTION 和 PROCEDURE。FUNCTION 表示这是一个函数；PROCEDURE 表示这是一个存储过程
Grantor	char(93)	NO	无	插入或修改该记录的用户
Proc_priv	set('Execute','Alter Routine', 'Grant')	NO	无	表示拥有的权限，包括 Execute、Alter Routine、Grant 三种
Timestamp	timestamp	NO	CURRENT_TIMESTAMP	表示记录更新时间

2. MySQL 的访问控制

MySQL 的访问控制分为两个阶段：连接核实阶段和请求核实阶段。

1）连接核实阶段

连接核实阶段的作用是验证用户身份。MySQL 使用 user 表中的三个字段（Host、User 和 authentication_string）检查身份，服务器只有在用户提供的主机名、用户名和口令与 user 表中对应的字段值完全匹配时才接受连接。

（1）指定 Host 值。

Host 值可以是主机名或一个 IP 地址，如果 Host 值为 'localhost'，说明是本地主机。Host 字段可以使用通配符"％"和"_"，这两个通配符的含义与 LIKE 运算的模糊匹配操作相同。'％'匹配任意主机名，空 Host 值等价于'％'。

（2）指定 User 值。

User 字段不允许使用通配符，但可以是空白值，表示匹配任意名字。

（3）指定 authentication_string 值。

authentication_string 值可以是空值，但不表示匹配任意口令，而表示用户在连接时不必指定口令。非空的 authentication_string 值是经过加密的用户口令，MySQL 不保存纯文本口令。

2）请求核实阶段

一旦连接被服务器接受，便进入请求核实阶段。在这个阶段，MySQL 服务器对当前用户的每个操作都进行权限检查，判断用户是否有操作权限。如上所述，用户的权限保存在 user、db、tables_priv 或 columns_priv 权限表中。

在 MySQL 的所有权限表中，user 表位于最顶层，是全局级的；下面是 db 表，是数据库级的；接下来是 tables_priv 表和 columns_priv 表，分别是表级和列级的。

MySQL 在对权限进行检查时，首先检查 user 表，如果指定的权限在 user 表中没有被授权，就会检查 db 表。如果在该层级没有找到指定的权限，MySQL 继续检查 tables_priv 表和 columns_priv 表。如果所有权限表都检查完了，还是没有找到允许的操作权限，

MySQL 服务器将返回错误信息，拒绝执行用户操作。请求核实阶段的过程如图 6-3 所示。

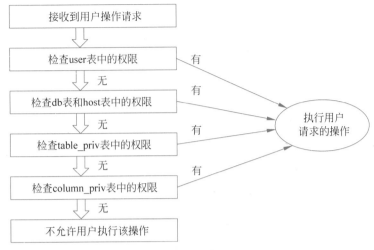

图 6-3　MySQL 请求核实阶段的过程

6.2.2　账户管理

1. 创建用户

创建新用户，前提是必须有创建用户的权限。在 MySQL 中，有三种方式创建新用户：图形工具、SQL 语句和直接操作权限表。

1）使用 Navicat 图形工具

首先连接 MySQL 服务器，单击工具栏中的"用户"按钮，在右边窗格显示的用户列表中单击鼠标右键，在快捷菜单中选择"新建用户"，如图 6-4 所示。在新建用户窗口，输入用户的相应信息，如图 6-5 所示。最后单击工具栏中的"保存"按钮。新建的用户"Liuping"出现在用户列表中，如图 6-6 所示。

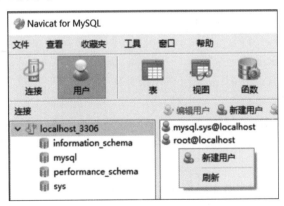

图 6-4　用户列表窗口

2）使用 SQL 中的 CREATE USER 语句

使用 CREATE USER 语句可以创建一个新用户，但要求要有创建用户的权限，其基本语法格式为

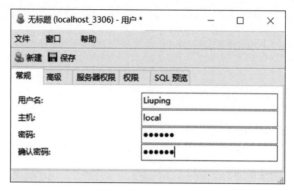

图 6-5　新建用户窗口

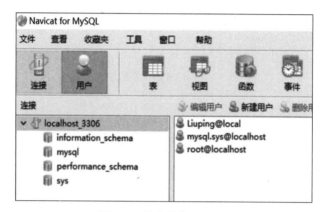

图 6-6　新建用户 Liuping

```
CREATE USER user [ IDENTIFIED BY 'password'  ]
    [, user [ IDENTIFIED BY 'password'  ] ][, … ];
```

参数说明:

- user: 用户名,格式为'user_name'@'host_name'。其中,user_name 是用户名,host_name 是主机名。如果只指定 user_name 部分,则 host_name 部分默认为'%'(即对所有主机开放权限)。
- IDENTIFIED BY: 用来设置用户登录时是否需要口令。该参数可选,若不设置,则用户登录时不需要口令。
- 'password': 表示用户设置的明文口令。

CREATE USER 语句会在 user 权限表中添加一条用户记录,如果用户已经存在,则系统提示相应的错误信息。

【例 6.2】　创建新用户 Liu,Liu 的口令为'afisher'。

```
mysql > CREATE USER 'Liu'@'localhost' IDENTIFIED BY 'afisher';
Query OK, 0 rows affected (0.01 sec)
```

3) 直接操作权限表

创建新用户,就是在 mysql.user 表中添加一条记录。因此,可以使用 INSERT 语句将新用户的信息添加到 mysql.user 表中。**注意**,使用 INSERT 语句必须要有对 mysql.user

表的 INSERT 权限。

【例 6.3】 使用 INSERT 语句向 mysql.user 表中添加一个新用户 wang,主机名是 localhost,使用加密口令'mydatabase'。

```
mysql > INSERT INTO mysql.user (Host, User, authentication_string, ssl_cipher,
    -> x509_issuer, x509_subject) VALUES ('localhost','wang', md5('mydatabase'),'','','');
Query OK, 1 row affected (0.00 sec)
```

注意:这时新加的用户还不能登录 MySQL,需要使用 FLUSH 命令使用户生效。用法如下:

```
FLUSH PRIVILEGES;
```

使用这个命令可以重新加载 user 表,但是需要有 RELOAD 权限。

2. 删除用户

删除用户也有三种方式:图形工具、DROP USER 语句、从权限表 user 中删除用户记录。

1) 使用 Navicat 删除用户

单击工具栏中的"用户"按钮,在下方右边窗格显示用户列表。然后,选中要删除的用户,单击窗格上方的"删除用户"按钮,或在选中的用户上单击鼠标右键,在快捷菜单中执行"删除用户"命令,最后在弹出的"确认删除"对话框中单击"删除"按钮,如图 6-7 所示。

图 6-7 删除用户 Liuping

2) 使用 DROP USER 语句

DROP USER 语句可以删除一个或多个 MySQL 用户,并取消其对数据库的操作权限。要使用 DROP USER,必须有 mysql 数据库的全局 CREATE USER 权限或 DELETE 权限。其语法格式如下。

```
DROP USER user_name[,user_name][,…];
```

【例 6.4】 删除用户 Liuping。

```
mysql > DROP USER Liuping@localhost;
Query OK, 0 rows affected (0.00 sec)
```

3) 直接从 user 表中删除用户

使用 DELETE 语句从 user 表中删除用户,语法格式如下。

```
DELETE FROM mysql.user WHERE host = 'host_name'and user = 'user_name';
```

如果被删除的用户已经创建过表、索引或其他数据库对象,它们将继续存在,因为 MySQL 不记录这些对象的创建者。

【例 6.5】 使用 DELETE 语句删除用户 wang。

```
mysql > DELETE FROM mysql.user WHERE host = ' localhost ' and user = ' wang ';
Query OK, 0 rows affected (0.00 sec)
```

3. 修改用户名

修改用户名可以用图形工具,也可以用 RENAME USER 语句。使用图形工具比较简单,此处不提,只说用 RENAME USER 语句的方式。RENAME USER 的语法格式如下。

```
RENAME USER old_user TO new_user [,old_user TO new_user ][ ,… ];
```

- 要使用 RENAME USER 语句,必须拥有全局 CREATE USER 权限或 mysql 数据库的 UPDATE 权限。
- 如果 old_user 不存在,或者 new_user 已存在,则系统会提示错误信息。

【例 6.6】 将用户名 Liuping 修改为 Liupingping。

```
mysql > RENAME USER 'Liuping'@'localhost' TO 'Liupingping'@'localhost';
```

4. 修改用户口令

修改用户登录口令,可以使用图形工具实现,也可以使用 mysqladmin、UPDATE、SET PASSWORD 等命令或语句实现。图形工具的使用比较简单,此处略过,下面介绍用 UPDATE 和 SET PASSWORD 语句修改口令的实现方式。

1) 使用 UPDATE 语句修改 user 表
语法格式为

```
UPDATE mysql.user SET authentication_string = MD5('newpassword')
WHERE User = 'user_name' and Host = 'host_name';
```

【例 6.7】 将 root 用户的口令修改为"happy_day#123"。

```
mysql > UPDATE mysql.user
SET authentification_string = MD5('happy_day#123')
WHERE User = 'root' and Host = 'localhost';
```

2) 使用 SET PASSWORD 语句
语法格式为

```
SET PASSWORD [FOR user] = MD5('newpassword');
```

参数说明:
- 如果不加 FOR user,表示修改当前用户的口令。
- 加 FOR user 是修改当前主机指定用户的密码。user 是用户名,以 'user_name'@'host_name'的格式指定。

【例 6.8】 将用户 Liuping 的口令修改为"guy!666"。

```
mysql > SET PASSWORD FOR 'Liuping'@'localhost' = MD5 ('guy!666');
```

注意:修改了 root 用户的口令后,需要重新启动 MySQL 或执行 FLUSH PRIILEGES 语句重新加载用户权限表。

6.2.3 权限管理

权限管理是对 MySQL 的登录用户进行权限分配或取消已授予的权限。合理的权限管理能够保证数据库系统的安全性,不合理的权限设置会给系统造成安全隐患。权限管理主要有两个内容:授予权限和收回权限。

1. MySQL 的权限类型与权限级别

1) 权限类型

MySQL 数据库有多种权限类型,这些权限存储在权限表中,在 MySQL 启动时,服务器会将权限信息读入内存。表 6-4 列出了 MySQL 的各种权限。

表 6-4　MySQL 的权限类型

权 限 名 称	对应 user 表列	权 限 范 围
Select	Select_priv	表或列
Insert	Insert_priv	表
Update	Update_priv	表或列
Delete	Delete_priv	表
Create	Create_priv	数据库、表、索引
Drop	Drop_priv	数据库、表、视图
Reload	Reload_priv	服务器上的文件
Shutdown	Shutdown_priv	服务器管理
Process	Process_priv	存储过程或函数
File	File_priv	服务器上的文件
Grant option	Grant_priv	数据库、表、存储过程
References	References_priv	数据库、表
Index	Index_priv	索引查询的表
Alter	Alter_priv	数据库
Show database	Show_db_priv	服务器管理
Super	Super_priv	服务器管理
Create tmp_table	Create_tmp_table_priv	表
Lock tables	Lock_tables_priv	表
Execute	Execute_priv	存储过程或函数
Replication	Repl_slave_priv	服务器管理
Replication client	Repl_client_priv	服务器管理
Create view	Create_view_priv	视图
Show view	Show_view_priv	视图
Create routine	Create_routine_priv	存储过程或函数
Alter routine	Alter_routine_priv	存储过程或函数
Create user	Create_user_priv	服务器管理
Event	Event_priv	数据库

通过权限设置,用户可以拥有不同的权限。有 GRANT 权限的用户可以为其他用户设置权限,有 REVOKE 权限的用户可以撤销授予给他人的权限。

2) 权限级别

权限分为多层级别,主要有以下几类。

(1) 全局权限。

全局权限作用于一个给定 MySQL 服务器上的所有数据库,这些权限存储在 mysql.user 表中。可以使用"GRANT ALL ON *.*"语句设置全局权限。

（2）数据库权限。

数据库权限作用于指定数据库的所有表,这些权限存储在 mysql.db 表中。可以使用
"GRANT ON db_name.*"语句设置数据库权限。

（3）表权限。

表权限作用于指定表的所有属性列,这些权限存储在 mysql.tables_priv 表中。可以使
用"GRANT ON table_name"语句为具体的表设置权限。

（4）列权限。

列权限作用于指定表的单个属性列,这些权限存储在 mysql.columns_priv 表中。可以
用 columns 子句将权限授予指定列,同时在 ON 子句指定表名。

（5）子程序权限。

CREATE ROUTINE、ALTER ROUTIE、EXECUTE 和 GRANT 权限适用于已存储
的子程序(包括存储过程和函数)。这些权限可以被授予全局权限和数据库权限。此外,除
了 CREATE ROUTINE 外,这些权限可以被授予子程序权限,并存储在 mysql.procs_priv
表中。

2. 授权

在 MySQL 中可以有两类授权方法：使用 GRANT 语句授权和使用 UPDATE 或
INSERT 语句操作权限表授权。

1）使用 GRANT 语句授权

GRANT 语句的基本语法格式如下。

```
GRANT priv_type [(column_list)] [, priv_type [(column_list)] ] [, …n]
ON {table_name | * | *.* | database_name.* | databse_name.table_name }
TO user [ IDENTIFIED BY 'password']
[,user [ IDENTIFIED BY 'password'] ] [, …n]
[ WITH GRANT OPTION];
```

参数含义如下。

- priv_type：表示权限类型,内容见表 6-1。
- column_list：表示权限作用的若干个列,列之间用逗号分开。如果不指定该参数,
  表示作用于整个表。
- ON 子句：指定权限范围,有以下几种使用方式。

  .：全局权限,适用于所有数据库和所有表。

  *：如果未选择而缺少数据库,它的意义同 *.*,否则就是当前数据库的权限。

  database_name：数据库权限,适用于指定数据库中的所有表。

  table_name：表权限,适用于指定表中的所有列。

  database_name.table_name：表权限,适用于指定表中的所有列。

  注意：如果在 ON 子句中使用 database_name.table_name 或 table_name 的形式指定
  了一个表,就可以在 column_list 子句中指定一个或多个列,用于对列授权。

- TO 子句：用于指定一个或多个 MySQL 用户。其中：

  user：由用户名和主机名构成,形式是 'username'@'hostname'。

  IDENTIFIED BY 参数：用于为用户设置口令。

'password'：指定用户口令。

- WITH GRANT OPTION 选项：GRANT OPTION 有 5 种取值，内容如下。

 GRANT OPTION：将授权的权限也同时赋予用户。

 MAX_QUERIES_PER_HOUR count：设置每小时可以执行 count 次查询。

 MAX_UPDATES_PER_HOUR count：设置每小时可以执行 count 次更新。

 MAX_CONNECTIONS_PER_HOUR count：设置每小时可以建立 count 个连接。

 MAX_USER_PER_HOUR count：设置单个用户可以同时建立 count 个连接。

注意：必须有 GRANT 权限的用户才可以执行 GRANT 语句。

【例 6.9】 使用 GRANT 语句创建一个用户 Liuping，口令为"Hello_guy! 666"，对所有的数据有查询和删除权限，同时也可以将这些权限授予其他用户。

```
mysql> GRANT SELECT, DELETE ON *.* TO 'Liuping'@'localhost'
IDENTIFIED BY 'Hello_guy!666'
WITH GRANT OPTION;
```

语句执行后，在 Navicat 中打开用户"Liuping"的相关信息，其权限如图 6-8 所示。

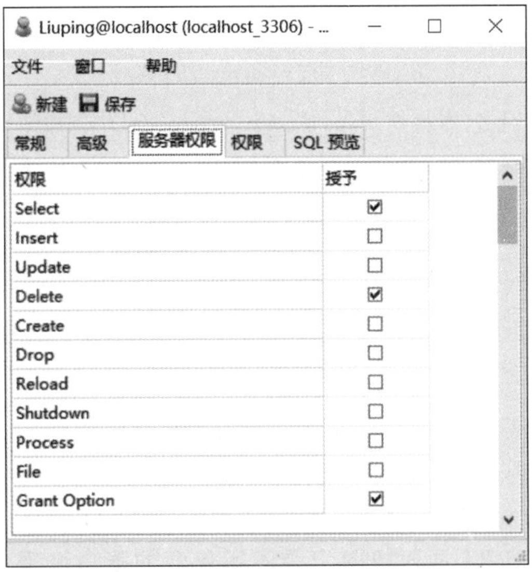

图 6-8　用户 Liuping 的权限（1）

【例 6.10】 下面的 GRANT 语句将 StudentMIS 数据库中"学生"表的 SELECT、UPDATE 权限授予用户 Lihong。

```
mysql> GRANT SELECT, UPDATE ON StudentMIS.学生 TO 'Lihong'@'localhost';
```

语句执行后，用户 Lihong 的权限如图 6-9 所示。

【例 6.11】 下面的 GRANT 语句将 StudentMIS 数据库中"选修"表的"成绩"列的 UPDATE 权限授予用户 Lihong。

```
mysql> GRANT UPDATE(成绩) ON 选修 TO 'Lihong'@'localhost';
```

执行成功后，用户 Lihong 在 Navicat 中显示的权限情况如图 6-10 所示。

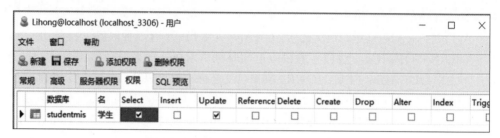

图 6-9　用户 Lihong 的权限(1)

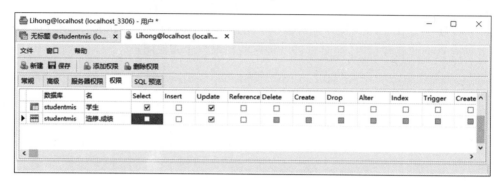

图 6-10　用户 Lihong 的权限(2)

　　注意：用户 Lihong 的全部权限是：可以登录 MySQL；可以对"学生"表进行查询和更新；可以对"选修"表的"成绩"列进行更新。除此之外，不能进行其他操作。例如，当 Lihong 对"选修"表进行查询时，系统拒绝执行，其响应信息如图 6-11 所示。

```
mysql> use studentmis;
Database changed
mysql> select * from 选修;
ERROR 1142 (42000): SELECT command denied to user 'Lihong'@'localhost' for table '选修'
```

图 6-11　Lihong 的 SELECT 操作被系统拒绝执行

　　2) 使用 UPDATE 或 INSERT 语句操作权限表授权

　　这种方式与向一般表进行 UPDATE 或 INSERT 操作相同，此处就不再赘述了，读者可以尝试并进行验证(本教材附带微视频部分有演示)。

　　需要注意：**使用 INSERT 插入权限记录时所包含的账户必须是 user 表中已存在的账户**，否则即便插入记录成功也是无意义的。

　　3. 撤销权限

　　撤销权限就是取消用户已经具有的某些权限。权限撤销后，用户的权限信息将在 db 表、tables_priv 表和 columns_priv 表中记录下来。同授权一样，撤销权限的方法也有两类：使用 REVOKE 语句和使用 UPDATE 或 DELETE 语句。后者的使用方式与操作一般表相同，此处就不再详述了，请读者积极尝试并验证(本教材附带微视频部分有演示)。下面来看 REVOKE 语句的使用。

　　REVOKE 语句有两种功能，一种是撤销用户的所有权限，另一种是撤销指定权限。

　　1) 撤销所有权限

　　基本语法格式如下。

```
REVOKE ALL PRIVILEGES, GRANT OPTION
FROM 'username'@'hostname'[, 'username'@'hostname'][, … n];
```

- 参数含义：ALL PRIVILEGES 表示所有权限，GRANT OPTION 表示授权权限。

【例 6.12】 以下语句收回 Liuping 的所有权限，包括 GRANT OPTION 权限。

```
mysql > REVOKE ALL PRIVILEGES, GRANT OPTION FROM 'Liuping'@'localhost';
```

执行语句后，在 Navicat 中打开用户 Liuping 的权限，如图 6-12 所示。

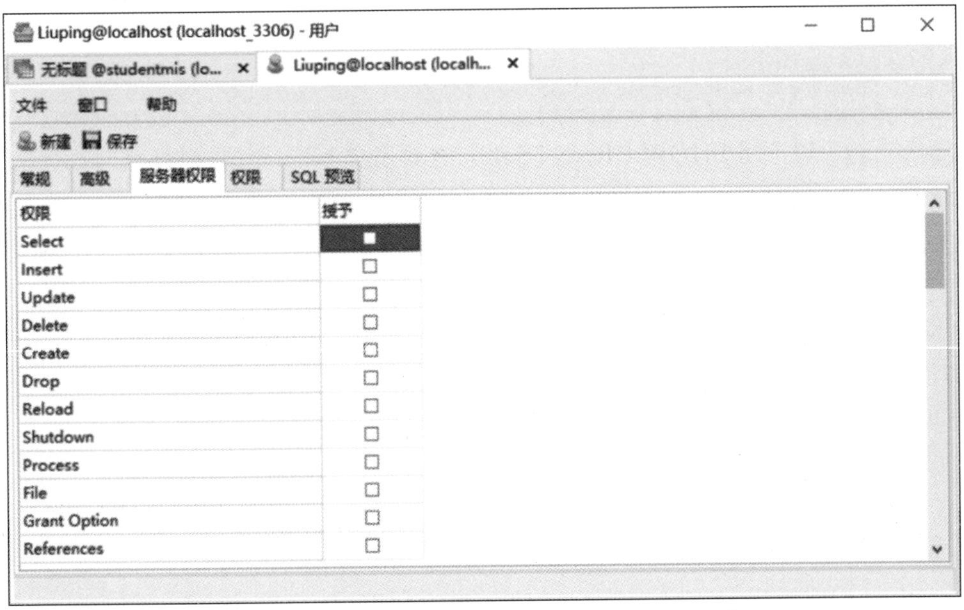

图 6-12 用户 Liuping 的权限（2）

2）撤销指定权限

基本语法格式如下。

```
REVOKE priv_type [ (column_list) ] [, priv_type [ (column_list)]] [, …]
ON { table_name | * | * . * | database_name. * | database_name.table_name}
FROM 'userame'@'hostname'[, 'userame'@'hostname'] [ , … n];
```

- 参数含义与 GRANT 语句相同。

【例 6.13】 以下语句撤销用户 Lihong 对 StudentMIS 数据库中"选修"表的"成绩"列的 UPDATE 权限。

```
mysql > REVOKE UPDATE(成绩) ON 选修 FROM 'Lihong'@'localhost';
```

语句成功执行后，在 Navicat 中打开 Lihong 用户的权限信息，如图 6-13 所示。

对比图 6-10 和图 6-13，可以看到用户 Lihong 对于"选修"表的"成绩"列的更新权限被取消了。

4. 查看权限

可以使用 SHOW GRANTS 语句显式指定用户的权限信息，基本语法格式如下。

图 6-13　用户 Lihong 的权限（3）

```
mysql > SHOW GRANTS [FOR 'userame'@'hostname'];
```

【例 6.14】　以下用 SHOW GRANTS 语句查看用户 Lihong 的权限信息,执行结果如图 6-14 所示。

```
mysql > SHOW GRANTS FOR 'Lihong'@'localhost';
```

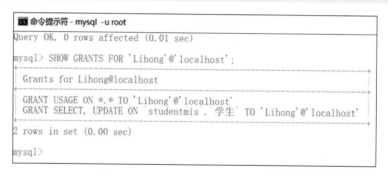

图 6-14　查看用户 Lihong 的权限（4）

6.2.4　综合实例——用户管理的实现

以下实例的内容,要求用 SQL 命令方式完成。

（1）使用 root 用户登录,创建用户 dean,初始密码为 123456。dean 用户对所有数据库有 CREATE、DROP、SELECT、INSERT、UPDATE、DELETE 和 GRANT 权限。

（2）root 用户创建 teacher 用户,该用户没有初始口令。

（3）使用 dean 用户登录,为 teacher 用户授予 SELECT、INSERT 和 UPDATE 权限。

（4）使用 teacher 用户登录,将口令改为 HelloWorld＃666。并查看和验证自己的权限。

（5）使用 dean 用户登录,撤销对 teacher 用户所授的 SELECT、UPDATE 权限。

（6）使用 teacher 用户登录,验证自己的权限。

（7）使用 root 用户登录,撤销 dean 用户的所有权限,并删除 dean 用户和 teacher 用户。

对应上面实例要求的所有命令语句如下:

（1）使用 root 用户登录 MySQL 服务器:mysql -u root,在 MySQL 的命令行界面中输入如下命令。

```
mysql > GRANT CREATE, DROP, SELECT, INSERT, UPDATE, DELETE
     -> ON *.* TO 'dean'@'localhost' IDENTIFIED BY '123456'
     -> WITH GRANT OPTION;
```

（2）在（1）的命令之后，继续输入如下命令。

```
mysql > CREATE USER 'teacher'@'localhost';
```

（3）使用 dean 用户登录：mysql -u dean -p123456，在 MySQL 的命令行界面中，输入如下命令。

```
mysql > GRANT SELECT, INSERT, UPDATE ON StudentMIS.* TO 'teacher'@'localhost';
```

（4）使用 teacher 用户登录：mysql -u teacher，在 MySQL 的命令行界面中输入如下命令。

```
mysql > SET PASSWORD = PASSWORD('HelloWorld#666');
mysql > SHOW GRANTS;
mysql > USE StudentMIS;
mysql > SELECT * FROM 学生;
```

（5）使用 dean 用户登录：mysql -u dean -p123456，在 MySQL 的命令行界面中输入如下命令。

```
mysql > REVOKE SELECT, UPDATE ON StudentMIS.* FROM 'teacher'@'localhost';
```

（6）使用 teacher 用户登录：mysql -u teacher -pHelloWorld#666，在 MySQL 的命令行界面中输入如下命令。

```
mysql > SHOW GRANTS;
mysql > USE StudentMIS;
mysql > SELECT * FROM 学生;
```

（7）使用 root 用户登录 MySQL 服务器：mysql -u root，在 MySQL 的命令行界面中输入如下命令。

```
mysql > REVOKE CREATE, DROP, SELECT, INSERT, UPDATE, DELETE,
     -> GRANT OPTION ON *.* FROM 'dean'@'localhost';
mysql > DROP USER 'dean'@'localhost', 'teacher'@'localhost';
```

6.3　MySQL 的视图

　　视图是从一个或多个表中导出的虚表，即视图是从现有的一个或多个基本表中抽取若干子集组成的"虚表"。基本表中的数据是实实在在存储在磁盘上的，而视图中的数据并不实际存储。DBMS 只存储视图的定义，不存储视图对应的数据。在使用视图时，DBMS 会将对视图的操作转换为对基本表的操作。

视图的使用和管理与表相似，例如，都可以被创建和删除，也可以增加记录、删除记录和查询记录。但是，视图的使用会受到某些限制，并不是支持所有通过视图进行的增、删、改、查操作。

6.3.1 创建视图

在 MySQL 中，创建视图既可以使用图形化工具如 Navicat，也可以使用 CREATE VIEW 语句。此处只讲解后一种方式。

使用 CREATE VIEW 语句创建视图的语法格式如下。

```
CREATE [OR REPLACE] VIEW view_name [(column[, …n])]
AS
   select_statement
[WITH CHECK OPTION]
```

参数说明：

- OR REPLACE：如果所创建的视图已经存在，MySQL 会重建这个视图。
- view_name：视图名称，其命名规则与标识符相同，并且要保证在同一个数据库中是唯一的，该参数不能省略。
- column：声明视图中使用的列名，可以有多个列。这些列名要么全部提供，要么全部省略，没有其他情况。如果全部省略，构成视图的属性列由子查询中 SELECT 子句中的诸属性构成。但在下面几种情况下必须明确提供视图的所有属性列名：某个列是聚集函数或表达式；多表连接时有同名的属性列；需要在视图中为某个属性列启用别名。
- select_statement：定义视图的 SELECT 语句。该语句中不能有 ORDER BY 子句。
- WITH CHECK OPTION：强制所有通过视图进行增、删、改操作时的记录必须满足该视图定义中 select_statement 语句的选择条件。

以下有关视图的示例都基于 StudentMIS 数据库，其包含的三个基本表 Student、Course 和 SC 的结构和记录如图 6-15 所示。

Student表

学号	姓名	性别	出生日期	专业	年级
20171154115	张鹏	男	1999-11-02	电子信息	2017
20171637101	李宁杰	男	1999-02-12	通信工程	2017
20171637102	杨璐璐	女	1998-05-12	通信工程	2017
20171637103	宝亚飞	男	1998-09-15	通信工程	2017

Course表

课程号	课程名	学分
1001	高等数学	4
1002	数据库原理及应用	3
1003	数据结构	2

SC表

学号	课程号	成绩
20171154115	1001	(Null)
20171154115	1002	97
20171637101	1001	88
20171637101	1002	58
20171637101	1003	90
20171637102	1002	89
20171637103	1002	93

图 6-15　Student 表、Course 表和 SC 表的内容

【例 6.15】 建立通信工程专业的学生视图 v_student_CE。

```
mysql> CREATE VIEW v_student_CE AS
    -> SELECT 学号,性别,出生日期 from Student where 专业 = '通信工程';
Query OK, 0 rows affected (0.01 sec)
```

例 6.15 是基于单表导出的视图,去掉了某些行列,但保留了主码,这类视图称为**行列子集视图**。视图也可以**基于多个表**,如例 6.16 所示。

【例 6.16】 建立通信工程专业选修了"数据库原理及应用"这门课的学生的视图。

```
mysql> CREATE VIEW v_CE_DB_grade AS
    -> SELECT Student.学号,姓名,成绩 FROM Student, Course,SC
    -> WHERE Student.学号 = SC.学号 AND SC.课程号 = Course.课程号
    -> AND 课程名 = '数据库原理及应用' AND 专业 = '通信工程';
Query OK, 0 rows affected (0.00 sec)
```

本例的视图列也可以使用命名方式,例如:

```
mysql> CREATE VIEW v_CE_DB_grade(sno, sname, score) AS
    -> SELECT Student.学号,姓名,成绩 FROM Student, Course,SC
    -> WHERE Student.学号 = SC.学号 AND SC.课程号 = Course.课程号
    -> AND 课程名 = '数据库原理及应用' AND 专业 = '通信工程'';
Query OK, 0 rows affected (0.00 sec)
```

这两种方式的区别在于:如果省略视图名称后的列名,则视图中的各个列名与 SELECT 查询的结果列名完全一致;如果指定列名,则该视图中使用指定的各个列名。需要注意的是,如果指定列名,SELECT 子查询的结果列数必须与指定列数相同,否则出错。

还可以基于其他的视图或表与视图混合创建新的视图,如例 6.17 所示。

【例 6.17】 建立通信工程专业选修了"数据库原理及应用"这门课且成绩在 85 分及以上的学生的视图。

```
mysql> CREATE VIEW v_CE_DB_grade85 AS
    -> SELECT * FROM v_CE_DB_grade  WHERE 成绩>= 85
```

视图中的某些列可以是表达式,称为**带表达式的视图**,如例 6.18 所示。

【例 6.18】 建立通信工程专业的学生年龄视图。

```
mysql> CREATE VIEW v_CE_age  AS  SELECT 学号,姓名,性别,
    -> ROUND(DATEDIFF(CURDATE(), 出生日期)/365.2422) 年龄
    -> FROM Student WHERE 专业 = '通信工程';
```

此外,视图中的查询语句可以使用聚集函数及 GROUP BY 子句,这种视图称为分组视图,如例 6.19 所示。

【例 6.19】 建立通信工程专业的学生平均分视图。

```
mysql> CREATE VIEW v_CE_avgGrade  AS
    -> SELECT student.学号,姓名,avg(成绩) 平均分 FROM Student,SC
    -> WHERE student.学号 = SC.学号 AND 专业 = '通信工程'
    -> GROUP BY student.学号
```

6.3.2 查询视图

视图在定义之后,就可以像使用基本表一样对视图进行查询。在对视图进行查询时,DBMS首先进行有效性检查,检查该查询涉及的表、视图等是否存在于当前数据库中。如果存在,则从数据字典中取出视图的定义,然后将视图定义中的子查询和对视图的查询语句转换成对基本表的查询,最后执行这个经过修正的查询。这个查询转换称为**视图消解**。

【例6.20】 查询通信工程专业的所有男生的学号、姓名和年龄。

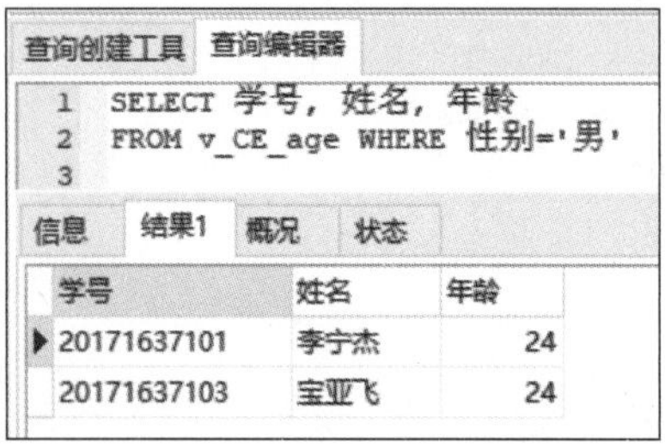

```
查询创建工具   查询编辑器
1  SELECT 学号, 姓名, 年龄,
2  FROM v_CE_age WHERE 性别='男'
3
信息   结果1   概况   状态
学号              姓名        年龄
▶ 20171637101    李宁杰       24
  20171637103    宝亚飞       24
```

图6-16 视图的查询

```
mysql > SELECT 学号, 姓名, 年龄 FROM v_CE_age WHERE
性别 = '男';
```

如图6-16所示为使用Navicat查询视图及其查询结果。

DBMS在执行查询时,将其与视图v_CE_age中定义的子查询结合起来,转换成对基本表的查询,经过视图消解后的查询语句为

```
SELECT 学号, 姓名, ROUND(DATEDIFF(CURDATE(), 出生日期)/365.2422) 年龄
FROM Student 专业 = '通信工程' AND 性别 = '男';
```

6.3.3 修改视图

此处"修改视图"是指通过视图来修改记录,包括插入(INSERT)、删除(DELETE)和更新(UPDATE)三类操作,修改视图时依然采用视图消解法。

【例6.21】 通过视图v_CE_DB_grade将学号为"20171637101"的学生成绩改为85分。

注:这个学生的"数据库原理及应用"课程选修成绩原来是58分,如图6-15所示。

```
mysql > UPDATE v_CE_DB_grade SET 成绩 = 85 where 学号 = '20171637101';
```

执行结果如图6-17所示。

需要注意的是,并非所有的视图都允许执行更新操作,目前,关系系统一般只提供对行列子集视图的更新,并有以下限制。

(1)若视图的属性列来自表达式或常数,则不允许对视图进行INSERT和UPDATE操作,但允许进行DELETE操作。

(2)若视图的属性列来自系统函数,则不允许对视图进行更新操作。

学号	课程号	成绩
20171154115	1001	(Null)
20171154115	1002	97
20171637101	1001	88
20171637101	1002	85
20171637101	1003	90
20171637102	1002	89
20171637103	1002	93

图6-17 修改视图

(3)若视图定义中有GROUP BY子句,则不允许对视图进行更新操作。

(4)若视图定义中有DISTINCT选项,则不允许对视图进行更新操作。

（5）若视图定义中有嵌套查询，且嵌套查询的 FROM 子句涉及导出该视图的基本表，则不允许对视图进行更新操作。

若视图由两个及两个以上的基本表导出，则不允许对视图进行更新操作。如果在一个不允许更新的视图上再创建一个视图，这类二次视图也是不允许更新的，如例 6.22 所示。

【例 6.22】 如图 6-18 所示，将视图 v_CE_avgGrade 中平均分大于 90 分的记录修改平均分为 96 分。对视图执行更新操作，系统提示 1288 号错误，提示该视图不可更新。

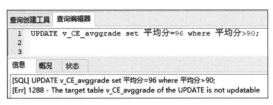

图 6-18 不可更新的视图

6.3.4 删除视图

删除视图的语法格式为

```
DROP VIEW view_name
```

【例 6.23】 删除视图 v_CE_avgGrade。

```
mysql > DROP VIEW v_CE_avgGrade;
```

6.3.5 视图的作用

视图具有以下作用。

1. 提供符合用户习惯的数据表现形式

数据库中的数据集成了全体用户的使用要求，最大程度减少了数据冗余。但在用户使用时某些数据在数据库中的呈现形式未必符合用户的使用习惯。例如，"项目"这个实体，财务处称为"科研项目"，科技处称为"课题"，工程处称为"工程"，并且不同单位关注的属性也不同。在进行数据库的逻辑设计时，发现这三种名称其实是一个实体，只是三个单位涉及的属性名称和个数都不同，解决办法就是把这三个单位的数据需求合并为一个实体"项目"，其属性涵盖了所有单位关注的内容，并统一所有的属性名称。但是在使用过程中，最好还是遵循用户的使用习惯。那么，可以根据"项目"表生成三个视图。财务处使用的视图名称是"科研项目"，科技处使用的视图名称是"课题"，工程处使用的视图名称是"工程"，每个视图包含各单位需要的属性且将这些属性取别名为习惯的名称。这样，一个"项目"数据表就为三类不同的用户提供了适应于不同需求的数据表现形式。

2. 隐藏数据的逻辑复杂性，简化查询语句

在数据库中，各个表之间往往相互关联。在查询某些信息时，需要将这些表连接起来进行查询。这需要非常了解表之间的关联关系，才能正确写出查询语句。此外，如果这个查询语句比较复杂，又要经常使用，解决的办法就是把这个查询定义为一个视图，只需要对视图进行简单的查询就可以了。因此,定义为视图的做法可以隐藏数据的逻辑复杂性,并简化查询语句。

3. 提供某些安全性保障,简化用户权限管理

一个数据库应用系统通常有多种用户,他们对数据的操作权限各不相同。通过视图可以定义不同用户能操作的数据,然后将操作视图的权限授予各种用户,从而可以简化用户的权限管理。示例见 6.1.3 节。

4. 为重构数据库提供了数据的逻辑独立性

数据库应用系统在运行维护期间,由于需求的变化,需要对数据库进行部分重构。例如,对于 StudentMIS 数据库中的表 Student,在后来的应用中需要增加新的属性,或修改某些属性的数据类型。可以基于这个新的 Student 表定义一个视图,对应旧的应用中用到的所有属性,视图的名称也是旧的应用中所引用的名称。

也就是说,对应用程序而言,它需要的数据内容及数据源名称都没有变化。由于应用程序是根据视图编写的,只要视图提供的属性不变,应用程序也就不需要改变,从而提供了数据的逻辑独立性。这个原理就是在第 1 章中提到的:修改二级映像中的模式/外模式映像,可以保证外模式不变。在 MySQL 中,外模式对应的就是视图。

6.3.6 综合实例——视图实现

下面的实例要求基于 StudentMIS 数据库,使用 SQL 语句创建和管理视图。

(1) 创建 2017 级电子信息专业的学生视图 v_StudentEI2017。

(2) 创建 2017 级电子信息专业的学生平均分视图 v_StudentEI2017_avg。

(3) 查询 2017 级电子信息专业的学生成绩平均分高于 85 分的学生信息。

(4) 通过视图修改 2017 级电子信息专业的学生"张鹏"的出生日期为"1998-10-10"。

(5) 将视图 v_ v_StudentEI2017_avg 更名为 v_ v_StudentEI2017_avgGrade。

对应各要求的 SQL 语句如下。

(1) 在 MySQL 的命令行界面中,输入如下语句。

```
mysql> CREATE VIEW v_StudentEI2017  AS
    -> SELECT 学号,姓名,性别,出生日期 FROM Student
    -> WHERE 专业 = '电子信息' AND 年级 = '2017级';
```

(2) 在 MySQL 的命令行界面中,输入如下语句。

```
mysql> CREATE VIEW v_StudentEI2017_avg  AS
    -> SELECT SC.学号,姓名,avg(成绩) 平均分 FROM v_StudentEI2017,SC
    -> WHERE v_StudentEI2017.学号 = SC.学号 GROUP BY SC.学号;
```

(3) 在 MySQL 的命令行界面中,输入如下语句。

```
mysql> SELECT 学号,姓名,平均分 from v_StudentEI2017_avg where 平均分>85;
```

(4) 在 MySQL 的命令行界面中,输入如下语句。

```
mysql> UPDATE v_StudentEI2017 SET 出生日期 = '1998 - 10 - 10'  WHERE 姓名 = '张鹏';
```

（5）修改视图名称时可以先将视图删除，然后按照相同的定义语句进行视图的创建，并命名为新的视图名称。

```
mysql> DROP VIEW v_StudentEI2017_avg;
mysql> CREATE VIEW v_StudentEI2017_avgGrade AS
    -> SELECT SC.学号,姓名,avg(成绩) 平均分 FROM v_StudentEI2017,SC
    -> WHERE v_StudentEI2017.学号 = SC.学号 GROUP BY SC.学号;
```

6.4 MySQL 的数据库备份与恢复

任何一个系统都难免由于各种原因发生各种故障，数据库系统也是这样。故障可能来自硬件（如 CPU、内存、电源等）、软件（如 OS 错误或 DBMS 错误等）、磁盘损坏，甚至是病毒或有人蓄意破坏等。因此，DBMS 必须具有把数据库从错误状态恢复到某一已知的正确状态的功能，这就是数据库的恢复。数据库恢复的基本原则是数据的冗余，建立冗余数据最常用的两种技术是数据备份和登记日志文件。

数据备份是指对 MySQL 数据库或日志文件进行复制。数据备份记录了在进行备份这一操作时数据库中所有数据的状态。如果数据库因故障而损坏，可以利用备份文件来对数据库进行恢复。

登记日志文件必须遵循两个原则：一是登记的次序必须严格按照各事务执行的时间次序；二是必须先写日志文件，后写数据库。MySQL 的日志文件用来记录 MySQL 数据库的运行情况、用户操作和错误信息等。例如，当一个用户登录到 MySQL 服务器时，日志文件就会记录该用户的登录时间和执行的操作等；当 MySQL 服务器在某个时间出现异常情况时，异常信息也会被记录到日志文件中。日志文件可以为 MySQL 的管理和优化提供必要信息，也可以用来进行数据库恢复。

6.4.1 数据备份

1. 备份的重要性

对应用系统来说，数据库一般都是非常重要的资产。但是不管应用系统如何强健和安全，也难免会出现某种故障而导致不能正常使用数据库。所以，DBA 必须保证在意外发生之前做好充分准备，以便在发生意外后能够及时恢复数据库，并使损失降到最小。

备份是一种非常耗费时间和资源的操作，不能频繁进行。但是如果不能及时备份，也可能会造成部分数据的损失。因此，DBA 应该根据数据库的使用情况制定一个适宜的备份计划。DBMS 通常可以自动执行备份计划，DBA 可以在制定备份计划之后，设置系统自动执行备份计划。

2. 备份类型

按照备份数据集合的范围，MySQL 提供以下三种备份类型。

1）完全备份

完全备份即备份整个数据库，包括表、视图、存储过程等数据库对象以及日志。这是在任何备份策略中都要求完成的第一种备份类型，其他所有备份类型都要依赖于完全备份。

完全备份的优点是操作简单,但由于要备份全部数据库内容,如果数据库又比较大,可能要花费较长时间,也会占用较大的磁盘空间。如果数据库规模较小,则可以经常使用这种备份类型。

2) 增量备份

增量备份是对数据库从上一次完全备份或最近一次的增量备份以来改变的内容的备份。

3) 差异备份

差异备份是对从最近一次完全备份以后发生改变的数据进行备份。差异备份仅记录最近一次完全备份后发生更改的数据。与完全备份相比,差异备份速度较快,占用磁盘空间较少。对数据量大且频繁修改的数据库,可以选择差异备份。

3. 备份数据的方式

MySQL 的备份方式有多种,可以使用命令方式,也可以使用图形工具或者其他方式。根据备份的事务要求(如冷备、温备和热备)、对象要求(如数据、配置文件、代码和日志等)、类型要求(完备、增备和差备)以及数据内容要求(文件、数据和代码)等不同的备份要求,备份方案的选择是多样的。考虑到本书的目标以及读者范围,本章仅介绍两种常用备份方式。

1) 使用 mysqldump 命令备份数据库或表

mysqldump 是 MySQL 提供的一个非常有用的数据库备份工具,它存储在 MySQL 安装目录的 bin 文件夹中,使用 mysqldump 可以将数据库备份成一个文本文件,该文件实际包含多个 CREATE 和 INSERT 语句,使用这些语句可以重新创建表和插入数据。

(1) 备份数据库或表。

使用 mysqldump 备份数据库或表的基本语法格式如下。

```
mysqldump - u user - h host - p dbname [ tbname [tbname…]] > filename.sql
```

参数说明:

- user:用户名。
- host:主机名。
- dbname:要备份的数据库名。
- tbname:dbname 数据库中要备份的表名,可以指定多个表。若无此参数,则备份整个数据库。
- > filename.sql:将备份数据表的定义和数据写入备份文件,备份文件名称包括该文件所在路径,路径必须在使用该条指令之前创建好。

【例 6.24】 使用 mysqldump 备份数据库 StudentMIS 中的所有表。执行过程如下。

```
mysqldump - u root - h localhost - p studentmis > c:\databak\studentmis.sql
Enter password: *********
```

输入口令后,能够看到在"c:\databak"文件夹下生成了 studentmis.sql 文件,可以打开该文件查看其中的内容。

【例 6.25】 使用 mysqldump 备份数据库 StudentMIS 中的 Student 表和 SC 表,执行过程如下。

```
mysqldump - u root - p studentmis Student SC > c:\databak\studentmistbl.sql
Enter password: ******
```

输入口令后,能够看到在"c:\databak"文件夹下生成了 studentmistbl.sql 文件,可以打开该文件查看其中的内容,只有 Student 表和 SC 表。

(2) 备份多个数据库。

使用 mysqldump 备份多个数据库,需要使用--databases 参数,基本语法格式如下。

```
mysqldump - u user - h host - p -- databases dbname [ dbname … ] > filename.sql
```

使用--databases 参数时,必须至少指定一个数据库的名称。如果要备份多个数据库,各数据库名称之间用空格分开。

【例 6.26】 使用 mysqldump 备份数据库 StudentMIS 和 LibMIS。执行过程如下。

```
mysqldump - u root - p -- databases studentmis libmis > c:\databak\StudentMIS_LibMIS.sql
Enter password: ******
```

输入口令后,能够看到在"c:\databak"文件夹下生成了 StudentMIS_LibMIS.sql 文件,可以打开该文件查看其中的内容。

(3) 备份所有数据库。

使用 mysqldump 备份所有数据库,需要使用--all-databases 参数,基本语法格式如下。

```
mysqldump - u user - h host - p -- all - databases > filename.sql
```

mysqldump 命令提供许多参数,在此只列出最常用的几个。

- all-databases:备份所有数据库。
- databases db_name:备份指定数据库。
- lock-tables:锁定表。
- lock-all-tables:锁定所有表。
- events:备份 EVENT 的相关信息。
- no-data:只备份 DDL 语句和表结构,不备份数据。
- routines:备份存储过程和函数定义。
- triggers:备份触发器。

【例 6.27】 使用 mysqldump 备份所有的数据库。执行过程如下。

```
mysqldump - u root - p -- all - databases > c:\databak\all_bak.sql
Enter password: ******
```

2) 直接复制整个数据库文件夹

MySQL 的数据库以文件的形式存在,所以可以直接对数据库的存储目录及文件进行复制来备份。虽然这种方法简单又快速,但不一定是适合的备份方法。因为使用这种方法要先停止服务器,而在实际情况下不一定允许停止服务器。此外,这种方法对 InnoDB 存储引擎的表不适用；对 MyISAM 存储引擎的表，用这种方法进行备份和恢复很方便。此外，使用这种方法完成的备份最好还原到相同版本的服务器上，否则可能会出现不兼容的情况。

在备份文件之前，需要执行如下 SQL 语句。

```
FLUSH TABLES WITH READ LOCK;
```

这条语句的作用是把内存中的数据强行刷新到磁盘中的数据库文件，同时锁定数据表，以保证在此过程中不会有更新操作写入数据库。

用这种方法备份的数据库进行恢复也很简单，将相关文件复制回原来的数据库目录即可。

对于 InnoDB 存储引擎的表来说，还需要备份日志文件，即 ib_logfile * 文件。因为当 InnoDB 表损坏时，可以用这些日志文件来恢复数据。

注意：不同版本的 MySQL 数据库目录位置不一定相同。例如，在 Windows 平台下，MySQL 5.7 的数据库目录默认是"C:\ProgramData\MySQL\MySQL Server 5.7\Data"，用户可以自定义数据库目录；在 Linux 平台下，数据库目录通常默认是"/var/lib/mysql"，而不同 Linux 版本下的目录也会不同，读者应根据自己的情况查找或设置该目录。

6.4.2　数据恢复

数据恢复，就是用备份数据将数据库恢复到备份时的状态。当数据丢失或意外损坏时，可以通过备份数据进行数据恢复，以尽量减少数据丢失和损害所造成的损失。

数据恢复可以使用图形工具依照数据恢复向导进行，也可以使用命令进行，下面介绍几种常用方式。

1. 使用 mysql 命令恢复数据

对于使用 mysqldump 命令备份形成的 .sql 文件，可以使用 mysql 命令进行数据库恢复。由于这种文件中包含 CREATE、INSERT、DROP 等语句，mysql 命令可以执行文件中的这些语句。使用 mysql 命令恢复数据的基本语法格式如下。

```
mysql - u user - p [dbname] < filename.sql
```

参数意义同 mysqldump。dbname 是数据库名，可以指定，也可以不指定。指定时表示恢复该数据库中的表。

【例 6.28】　用 mysql 命令使用备份文件"c:\databak\studentmis.sql"恢复数据库 StudentMIS。执行过程如下。

```
mysql - u root - p StudentMIS < c:\databak\studentmis.sql
Enter password: ******
```

注意：执行这个命令前，必须先创建 StudentMIS 数据库，如果这个数据库不存在，则在恢复数据库时会报错。命令成功执行后，系统将会恢复 StudentMIS 数据库的全部数据。

【例 6.29】　用 mysql 命令使用备份文件"c:\databak\StudentMIS_LibMIS.sql"恢复数据库 StudentMIS 和 LibMIS。执行过程如下。

```
mysql - u root - p < c:\databak\StudentMIS_LibMIS.sql
Enter password: ******
```

命令成功执行后,系统将会恢复 StudentMIS 数据库和 LibMIS 数据库的全部数据。

2. 使用 source 命令恢复数据

可以用 source 命令导入.sql 文件来进行数据恢复。source 命令的语法如下。

```
SOURCE filename.sql
```

注意:使用 source 命令时,此数据库必须存在,如果不存在必须先创建该备份时同名的数据库。另外根路径必须增加一个"\",否则系统无法找到路径。

【例 6.30】　用 source 命令使用备份文件"c:\databak\studentmis.sql"恢复数据库 StudentMIS。执行过程如下。

```
mysql > CREATE DATABASE StudentMIS CHARSET = UTF8;
Query OK, 1 row affected (0.00 sec)
mysql > USE StudentMIS;
Database changed
mysql > SOURCE c:\\databak\studentmis.sql;
```

命令执行成功后,可以看到数据库中的数据被恢复了。

3. 直接复制到数据库目录

如果数据备份使用的是复制数据库文件夹或文件的方式,可以直接将备份的文件夹或文件复制到 MySQL 数据库目录下实现数据恢复。使用这种方式时,应注意以下三点。

(1) 执行前先关闭 MySQL 服务器。

(2) 保证备份时的数据库和待还原的数据库服务器版本号相同。

(3) 这种方式只对 MyISAM 存储引擎的数据库有效,对 InnoDB 存储引擎的表不可用。

恢复时把备份的文件夹或文件复制到 MySQL 的 data 文件夹中,然后再重新启动 MySQL 服务即可。

6.4.3　数据库迁移

数据库迁移就是把数据库从一个系统移动到另一个系统上。以下情况需要迁移数据库。

- 需要安装新的数据库服务器。
- MySQL 版本更新。
- DBMS 变更(如从 Microsoft SQL Server 迁移到 MySQL 上)。

1. 相同版本的 MySQL 数据库之间的迁移

对 MyISAM 存储引擎的数据库,最简单直接的方法就是在源数据库服务器采用复制数据库文件夹,然后复制到目标数据库服务器,注意有时需要修改系统配置文件(如 my.ini)中设置数据库的存储路径。对 InnoDB 表,最常用的方法是在源数据库服务器使用

mysqldump命令导出数据,然后在目标数据库服务器使用mysql命令导入数据库。

2. 不同版本的 MySQL 数据库之间的迁移

在对 MySQL 版本进行更新时,需要先停止服务,然后卸载旧版本,再安装新版本。如果还要保留旧版中的用户访问控制信息,就需要预先备份旧版的 MySQL 数据库。在安装新版本后,导入备份的旧版 MySQL 数据库。此外,MySQL 的旧版本与新版本可能会使用不同的默认字符集,如果数据库中有中文数据,在迁移过程中还要修改默认字符集,否则中文字符可能会有乱码的情况。

一般来说,MySQL 的新版本对旧版本有一定的兼容性。在从旧版本升级至新版本时,对 MyISAM 存储引擎的表,可以直接复制数据库文件,或者使用 mysqlhotcopy、mysqldump 等工具;而对于 InnoDB 存储引擎的表,通常只能用 mysqldump 将旧系统数据库导出,然后在目标系统上用 MySQL 导入数据库的方式。

3. 不同数据库之间的迁移

不同数据库之间的迁移,是指把 MySQL 的数据库转换成其他类型的数据库,或者把其他类型的数据库转换成 MySQL 的数据库。例如,从 MySQL 迁移到 Oracle,从 MySQL 迁移到 SQL Server,或者从 SQL Server 迁移到 MySQL 等。

在进行不同数据库间的迁移前,需要充分了解源数据库和目标数据库的特点,比较它们的差异,以便迁移后能够对这些差异及时适当处理。例如,对日期类型来说,MySQL 只提供了 date 和 datetime 两种,而 SQL Server 不仅有这两种,还有 smalldatetime、datetime2、datetimeoffset 类型。此外,每种 DBMS 的 SQL 并不是严格遵守国际标准 SQL,彼此之间会有差别。例如,MySQL 几乎完全支持标准 SQL,而 SQL Server 用的是 T-SQL,在 T-SQL 中有些非标准 SQL 语句。

不同数据库迁移在数据量比较少的情况下可以手动完成,通常是利用工具进行迁移。例如,在 Windows 系统下,可使用 SQL Server Migration Assistant for MySQL 完成从 MySQL 向 SQL Server 的迁移;Convert MySQL to Oracle 可以实现从 MySQL 迁移到 Oracle。也可以使用 MySQL 官方提供的工具 MySQL Migration Toolkit。

6.4.4　表的导出与导入

表的导出是指将 MySQL 数据库中的数据表导出成其他格式的外部存储文档。MySQL 数据库中的数据表可以导出的文档类型包括文本文件、XML 文件、XLS 文件和 HTML 文件、SQL 脚本文件、JSON 文件等。反之,这些导出文件中的数据也可以再重新导入 MySQL 的数据表中,这称为表的导入。

1. 使用 Navicat 实现表的导出和导入

使用 Navicat 可以很方便地将数据表导出为各种类型的数据文件,各版本的 Navicat 功能略有不同,具体操作时请注意。基本操作步骤如下。

(1) 首先连接到 MySQL 服务器。

(2) 展开所选数据库的各个数据表,选中要导出的表,右键单击,选择快捷菜单中的"导出向导",弹出"导出向导——步骤 1"窗口,如图 6-19 所示。

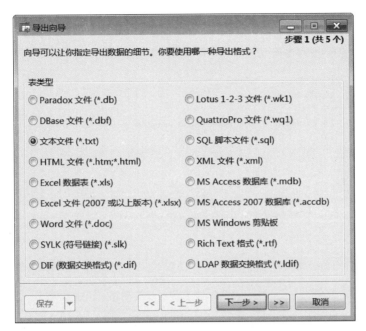

图 6-19　"导出向导——步骤 1"窗口

（3）在"导出向导——步骤 1"窗口，选择导出的文件格式，默认为文本文件。选择好文件格式后，单击"下一步"按钮，弹出"导出向导——步骤 2"窗口，如图 6-20 所示。

图 6-20　"导出向导——步骤 2"窗口

（4）在"导出向导——步骤 2"窗口中，选择要导出的表或视图，并单击其右侧的"导出到"列右边的"…"按钮，选择导出文件的存储位置，如图 6-21 所示。

选定之后，单击"下一步"按钮，弹出"导出向导——步骤 3"窗口，如图 6-22 所示。

（5）在"导出向导——步骤 3"窗口中，选中要导出的各属性列，然后单击"下一步"按钮，

图 6-21 "导出向导——步骤 2"窗口

图 6-22 "导出向导——步骤 3"窗口

弹出"导出向导——步骤 4"窗口,如图 6-23 所示。

(6) 在"导出向导——步骤 4"窗口,可以设置有关文件格式的附加选项,这些附加选项的内容跟文件类型有关。如图 6-24 所示,确定附加选项的内容。

然后单击"下一步"按钮,弹出"导出向导——步骤 5"窗口,如图 6-25 所示。

(7) 在"导出向导——步骤 5"窗口,单击"开始"按钮,系统开始生成导出文件,处理完毕后,窗口会显示一些统计信息和处理过程信息,如图 6-26 所示。单击"关闭"按钮可以关闭窗口;单击"打开"按钮可以打开文件查看文件内容。

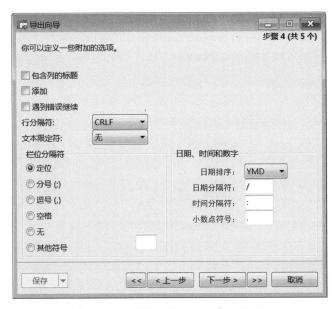

图 6-23 "导出向导——步骤 4"窗口

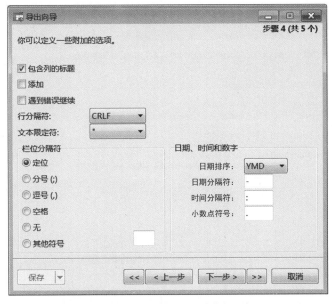

图 6-24 在"导出向导——步骤 4"窗口设置

（8）打开导出的文件，可以看到数据表的内容。当然，不同类型的文件其内容也不同，如图 6-27 所示是文本文件的内容，图 6-28 是 HTML 文件的内容，导入文件的过程与导出文件类似，此处不再赘述。

2. 使用 SELECT 语句和 LOAD 语句实现表的导出和导入

1）使用 SELECT INTO OUTFILE 语句将数据表导出为一个文本文件

语法格式如下。

```
SELECT * FROM tablename [WHERE condition] INTO OUTFILE 'filename'[OPTION]
```

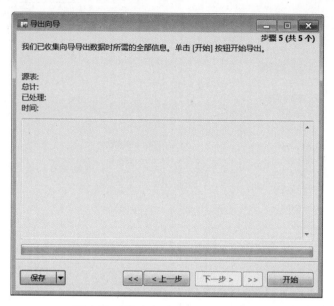

图 6-25 "导出向导——步骤 5"窗口

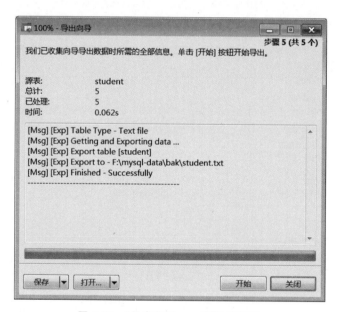

图 6-26 "导出向导——步骤 5"窗口

图 6-27 student.txt 的内容

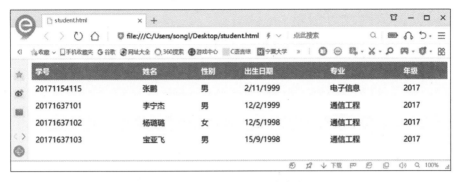

图 6-28　student. html 的内容

参数说明：

- tablename：表名。
- WHERE condition：备份数据的条件子句。
- filename：备份文件的名称，包括路径。
- OPTION：备份选项，格式如下。

[FIELDS

[TERMINATED BY 'string']：设置表中各属性值之间的分隔符为字符串 string，可以是单个或多个字符，默认值是'\t'。

[[OPTIONALLY] ENCLOSED BY 'char']：设置字符 char 括住字符型属性值，默认不使用任何字符。

[ESCAPED BY'char']：设置转义字符 char，默认值是'\'。

]

[LINES TERMINATED BY 'string']：设置每行记录结尾的字符串 string，可以是单个或多个字符，默认值是'\n'。

FIELDS 和 LINES 两个子句都是可选的，但是如果这两个子句都有，FIELDS 子句必须位于 LINES 子句之前。

【例 6.31】 使用 SELECT INTO OUTFILE 语句备份数据库 StudentMIS 中 Student 表的数据，要求各字段值之间用";"隔开，字符型数据用双引号括住，每行数据以换行符作为结束的标志。

其 SQL 语句如下。

```
USE StudentMIS;
SELECT * FROM Student INTO OUTFILE 'c:\\databak\\student_data_bak.txt'
FIELDS TERMINATED BY '; ' OPTIONALLY ENCLOSED BY '"'
LINES TERMINATED BY '\n'
```

命令成功执行后，在"c:\databak"文件夹下会生成一个 student_data_bak. txt 文件，打开文件内容如图 6-29 所示。

执行此命令时，有的 MySQL 版本需要一个前提条件，即系统全局变量 secure_file_priv 的值为空(不是 NULL)。具体要求可以参考其他相关资料。

```
student_data_bak.txt - 记事本
文件(F) 编辑(E) 格式(O) 查看(V) 帮助(H)
"20171154115"; "张鹏"; "男"; "1999-11-02"; "电子信息"; 2017
"20171637101"; "李宁杰"; "男"; "1999-02-12"; "通信工程"; 2017
"20171637102"; "杨璐璐"; "女"; "1998-05-12"; "通信工程"; 2017
"20171637103"; "宝亚飞"; "男"; "1998-09-15"; "通信工程"; 2017
```

图 6-29　student_data_bak. txt 的内容

2）使用 LOAD DATA INFILE 语句导入文件到数据表

这种方式可以从一个文本文件读取数据到数据表中。语法格式如下。

```
LOAD DATA INFILE 'filename.txt' INTO TABLE tablename
[OPTIONS] [IGNORE number LINES]
```

其中，filename. txt 代表导入的文本文件名，tablename 是待导入的数据表表名，OPTIONS 选项的内容包括 FIELDS 和 LINES 子句，所用参数与 SELECT INTO OUTFILE 语句的参数完全相同，读者请参照该语句的讲解。

【例 6.32】 使用 LOAD DATA INFILE 语句将“c:\databak\student_data_bak. txt”文件中的数据导入数据库 StudentMIS 中的 student 表中。student_data_bak. txt 文件中的数据如图 6-27 所示。

输入指令如下。

```
LOAD DATA INFILE 'c:\\databak\\student_data_bak.txt' INTO TABLE student
FIELDS TERMINATED BY ';' OPTIONALLY ENCLOSED BY '"'
LINES TERMINATED BY '\n';
```

执行过程如图 6-30 所示。

```
mysql> select * from student;
Empty set (0.00 sec)

mysql> load data infile 'c:\\databak\\student_data_bak.txt' into table student
    -> FIELDS TERMINATED BY ';' OPTIONALLY ENCLOSED BY '"'
    -> LINES TERMINATED BY '\n';
Query OK, 4 rows affected, 1 warning (0.03 sec)
Records: 4  Deleted: 0  Skipped: 0  Warnings: 1

mysql> select * from student;
+-------------+--------+------+------------+----------+------+
| 学号        | 姓名   | 性别 | 出生日期   | 专业     | 年级 |
+-------------+--------+------+------------+----------+------+
| 20171154115 | 张鹏   | 男   | 1999-11-02 | 电子信息 | 2017 |
| 20171637101 | 李宁杰 | 男   | 1999-02-12 | 通信工程 | 2017 |
| 20171637102 | 杨璐璐 | 女   | 1998-05-12 | 通信工程 | 2017 |
| 20171637103 | 宝亚飞 | 男   | 1998-09-15 | 通信工程 | 2017 |
+-------------+--------+------+------------+----------+------+
4 rows in set (0.00 sec)
```

图 6-30　导入数据文件到 student 表

需要注意的是，在导入文件时，可能会遇到字符集导致的问题，尤其是有汉字时，这时候需要检查配置中的字符集。此外，在用 Navicat 导出文本文件数据时，每行记录结束可以有三种字符串：CRLF、CR 和 LF，它们分别对应于字符/字符串'\r\n'、'\r'和'\n'。要保证导出数据和导入数据时指定的各种分隔符一致，否则导入数据时可能出错。

3. 使用 **mysqldump** 命令和 **mysqlimport** 命令实现表的导出和导入

1) 使用 mysqldump 命令导出数据到文本文件

mysqldump 命令不仅可以把数据库数据备份为.sql 文件,还可以将数据导出为文本文件,语法格式如下。

```
mysqldump － u root － p － T path dbname [tables] [options]
```

参数说明:

- -T:表示导出的是文本文件。
- path:指定导出文件的路径。
- dbname:指定数据库名。
- [tables]:指定数据表名。若不指定,则默认为导出该数据库的全部数据表。
- [options]:可选项,指定导出数据到文本文件的各种分隔符,见 SELECT INTO OUTFILE 的 options 含义。options 常用参数有以下几种。

  fields-terminated-by=value:设置各属性字段之间的分隔符,可以是单个或多个字符,默认为制表符"\t"。

  fields-enclosed-by=value:设置属性字段的包围字符。

  fields-optionally-enclosed-by=value:设置字符型(CHAR 和 VARCHAR)属性的包围字符。

  fields-escaped-by=value:设置特殊字符(即转义字符),默认为"\"。

  lines-terminated-by=value:设置每行数据的结束符,可以是单个或多个字符,默认为"\n"。**注意**:value 值不能用引号引起来。

【例 6.33】 使用 mysqldump 命令将 StudentMIS 数据库中 SC 表的数据导出到文本文件。

所用命令如下。

```
mysqldump － u root － p － T c:\databak studentmis sc
－－ fields － terminated － by = , － － fields － optionally － enclosed － by = \"
－－ lines － terminated － by = \r\n
```

命令执行成功后,在"c:\databak"目录下会生成 sc. txt 文件,sc. txt 文件内容如图 6-31 所示。

其中,第 1 行数据的"成绩"字段值在表中是"NULL",而在文本文件中为"\N"。

命令执行后,在同目录下会生成与文本文件同名的.sql 文件,其中主要包含创建 SC 表的 SQL 语句。

图 6-31　sc. txt 内容

2) 使用 mysqlimport 命令导入文本文件数据到数据库

mysqlimport 命令可以将文本文件的数据导入数据库中。与 LOAD DATA INFILE 语句功能相同。语法格式如下。

```
mysqlimport － u root － p dbname filename. txt [options]
```

其中,各参数意义与 1)中 mysqldump 命令的参数意义相同。options 选项中常见的参数还有以下几个。

- ignore-lines＝n:忽视文件的前 n 行。
- delete,-d:导入文本文件前清空数据表。
- force,-f:忽略错误,继续处理。如果处理某个文件出错,继续处理其他文件。若不适用此参数,出错时结束命令。

需要注意的是,mysqlimport 命令不需要提供数据表名,表名就是导入文件的名称,要求导入前该数据表必须已经存在。

【例 6.34】 用 mysqlimport 命令将例 6.33 导出的文本文件 sc.txt 的数据导入 StudentMIS 数据库中。

所用命令如下。

```
mysqlimport - u root - p studentmis c:\databak\sc.txt
-- fields - terminated - by = , -- fields - optionally - enclosed - by = \"
-- lines - terminated - by = \r\n
```

命令成功执行后,可以把 sc.txt 文件中的数据导入 SC 表中。

4. 使用 mysql 命令导出数据到文本文件

使用 mysql 命令导出数据到文本文件的语法格式如下。

```
mysql - u root - p [options] - e| -- execute = "SELECT 语句" dbname > filename.txt
```

参数含义:

- -e|--execute=:执行该选项后面的语句并退出。这两个参数意义相同,可任选其一。
- dbname:数据库名。
- options:常用参数如下。

-E|--vertical:文本文件中每行显示一个字段值。

-H|--html:导出为 HTML 文件。

-X|--xml:导出为 XML 文件。

-t|--table:导出为表格形式。

【例 6.35】 用 mysql 命令将数据库 StudentMIS 中 Course 表的数据导出到文本文件中。

```
mysql - u root - p -- execute = "select * from course;" studentmis > c:\databak\course.txt
```

命令成功执行后,在"c:\databak"文件夹下会生成 course.txt 文本文件,该文件内容如图 6-32 所示。

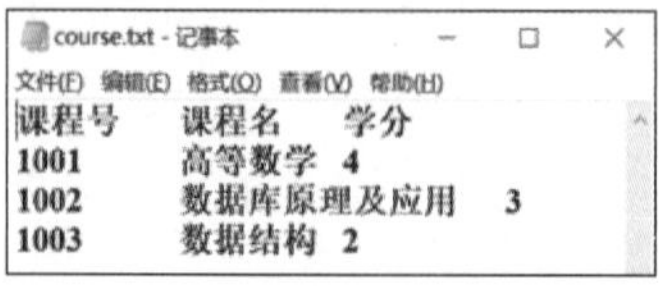

图 6-32 course.txt 内容

6.4.5　综合实例——数据库的备份与恢复

1. 实例目的

(1) 了解 MySQL 备份与恢复的基本概念。

(2) 掌握 MySQL 的各种备份方法与特点。

(3) 掌握 MySQL 的各种数据恢复方法与特点。

(4) 掌握各种有关数据库表的导入和导出方法。

2. 实例要求

说明：所有实例任务基于 StudentMIS 数据库。首先需要建立存储所有备份文件与导出文件的文件夹，如 C:\MySQLBak。实现如下要求。

(1) 用 mysqldump 命令备份 StudentMIS 数据库，备份文件名为 studentmis_bak.sql。

(2) 删除 MySQL 服务器中的 StudentMIS 数据库，用(1)中的备份文件恢复 StudentMIS 数据库，要求分别使用 mysql 命令和 source 命令。

(3) 用 mysqldump 命令备份 StudentMIS 数据库中的 Student 表和 SC 表，备份文件名为 tblStudentSC.sql。

(4) 删除 StudentMIS 数据库中的 Student 表和 SC 表，用(3)中的备份文件恢复这两个数据表。要求分别使用 mysql 命令和 source 命令。

(5) 用 SELECT INTO OUTFILE 语句导出 Student 表的数据到文本文件 tblStudent.txt 中，要求字段之间用中文逗号(，)分隔，字符类型数据用西文单引号(')引住，每行记录用回车换行结束。

(6) 清空 Student 表，然后用 LOAD DATA INFILE 语句将(5)得到的文本文件 tblStudent.txt 导入 Student 表中。

(7) 清空 Student 表，使用 mysqlimport 命令将(5)得到的文本文件 tblStudent.txt 导入 Student 表中。

(8) 使用 mysql 命令将 Course 表中的数据导出为 XML 文件，文件名为 course.xml。

3. 实例代码

(1) 输入 mysql 命令如下。

```
mysqldump - u root - h localhost - p studentmis > c:\MySQLBak\studentmis_bak.sql
```

(2) 首先删除数据库，然后创建数据库，输入 MySQL 命令如下。

```
mysql > DROP DATABASE StudentMIS;
mysql > CREATE DATABASE StudentMIS CHARSET = UTF8;
```

• 使用 mysql 命令进行数据恢复，命令如下。

```
mysql - u root - p StudentMIS < c:\MySQLBak\studentmis_bak.sql
```

• 使用 SOURCE 命令进行数据恢复，命令如下。

```
mysql > USE StudentMIS;
mysql > SOURCE c:\\MySQLBak\\studentmis_bak.sql
```

（3）使用 mysql 命令进行数据备份，命令如下。

```
mysqldump - u root - p studentmis Student SC > c:\MySQLBak\TblStudentSC.sql
```

（4）首先删除 StudentMIS 数据库中的 Student 表和 SC 表，命令如下。

```
mysql > USE StudentMIS;
mysql > DROP TABLE Student, SC;
```

• 使用 mysql 命令恢复数据，命令如下。

```
mysql - u root - p StudentMIS < c:\MySQLBak\tblStudentSC.sql
```

• 使用 SOURCE 命令恢复数据，命令如下。

```
mysql > USE StudentMIS;
mysql > SOURCE c:\\MySQLBak\TblStudentSC.sql
```

（5）使用 mysql 命令导出数据，命令如下。

```
mysql > USE StudentMIS;
mysql > SELECT * FROM Student INTO OUTFILE 'c:\\MySQLBak\tblStudent.txt'
    -> FIELDS TERMINATED BY ', ' OPTIONALLY ENCLOSED BY '\''
    -> LINES TERMINATED BY '\r\n';
```

（6）使用 mysql 命令导入数据，命令如下。

```
mysql > DELETE FROM Student;
mysql > LOAD DATA INFILE 'c:\\MySQLBak\student.txt' into table student
    -> FIELDS TERMINATED BY ', ' OPTIONALLY ENCLOSED BY '\''
    -> LINES TERMINATED BY '\r\n';
```

（7）使用 mysql 命令导入数据，命令如下。

```
mysql > DELETE FROM Student;
mysql > quit;
mysqlimport - u root - p studentmis c:\MySQLBak\student.txt
-- fields - terminated - by = , -- fields - optionally - enclosed - by = \'
-- lines - terminated - by = \r\n
```

（8）使用 mysql 命令导出数据，命令如下。

```
mysql - u root - p - X - e "select * from course;" studentmis > c:\MySQLBak\course.xml
```

┏┓小结

本章主要讨论数据库的安全性与数据备份。实现数据库系统安全性的技术和方法有多种，数据库管理系统的安全措施主要包括用户身份鉴别、自主存取控制和强制存取控制技术、视图技术和审计技术、数据加密存储和加密传输等。

习题

一、单项选择题

1. 下列选项中可以重置用户密码的是（　　）。

  A. ALTER USER   B. RENAME USER

  C. CREATE USER   D. DROP UESR

2. 以下不属于 ALL PRIVILEGES 的权限是（　　）。

  A. PROXY   B. SELECT

  C. CREATE USER   D. DROP

3. 下列 MySQL 数据库中用于保存用户名和密码的表是（　　）。

  A. tables_priv B. columns_priv C. db   D. user

4. 下列命令中,（　　）命令用于撤销 MySQL 用户对象权限。

  A. revoke   B. grant   C. deny   D. create

5. 在 MySQL 中,关于用户与权限的说法错误的是（　　）。

  A. 只有空白用户名的账户是匿名用户

  B. 通配符"％"和"_"都可以使用在用户的主机名中

  C. REVOKE ALL 回收的权限不包括 GRANT OPTION

  D. 以上说法都不正确

6. 创建视图应当具备的权限包括（　　）。

  A. CREATE VIEW   B. USE VIEW

  C. SHOW VIEW   D. CREATE TABLE

7. 下列选项中,用于查看视图的字段信息的短语是（　　）。

  A. DESCRIBE B. CREATE C. SHOW   D. SELECT

8. 下列选项中,对视图中数据的操作不包括（　　）。

  A. 定义视图   B. 修改数据 C. 查看数据 D. 删除数据

9. 下列关于视图的描述中,错误的是（　　）。

  A. 视图是一张虚拟表

  B. 视图定义 limit 子句时才能设置排序规则

  C. 可以像查询表一样来查询视图

  D. 被修改数据的视图只能是一个基表列

10. 下列关于视图创建的说法中,正确的是（　　）。

  A. 可以建立在单表上

  B. 可以建立在两个表基础上

  C. 可以建立在两个或两个以上的表基础上

  D. 以上都有可能

二、填空题

1. 视图是从一个或多个表中导出来的表,它的数据依赖于_____。

2. 在 MySQL 中,创建视图使用_____语句。

3. 在 MySQL 中,删除视图使用_____语句。

4. 使用_____语句可以查看创建视图时的定义语句。

5. 视图在数据库的三级模式中对应的是_____模式。

三、实训题

1. 请为用户名为"大猫",密码为"123abc"的用户授予查看 StudentMIS 数据库的权限。

2. 创建用户名为 manager 用户,并授予创建用户和删除用户的管理权限。

3. 在 StudentMIS 数据库中创建视图名为"选修情况",视图中包含每个学生的姓名、选修的课程门数、总分和平均分。

4. 将 StudentMIS 数据库首先备份到 C:\mydbbak 目录下,并命名为 StudentDB. sql,删除 StudentMIS 后,用此备份恢复 StudentMIS 数据库。

第7章 数据库设计

CHAPTER 7

本章讨论数据库设计的技术和方法,主要讨论基于关系数据库管理系统的关系数据库设计问题。在数据库领域内,通常把使用数据库的各类信息系统都称为数据库应用系统。例如,以数据库为基础的各种管理信息系统、办公自动化系统、地理信息系统、电子政务系统、电子商务系统等。

数据库设计,广义地讲是数据库及其应用系统的设计,即设计整个数据库应用系统;狭义地讲是设计数据库本身,即设计数据库的各级模式并建立数据库,这是数据库应用系统设计的一部分。设计一个好的数据库与其对应数据库应用系统是密不可分的,一个好的数据库结构是应用系统的基础,特别在实际的系统开发项目中两者更是密切相关,并且通常是同步进行的。

数据库设计(Database Design)是指对于一个给定的应用环境,构造(设计)优化的数据库逻辑模式和物理结构,并据此建立数据库及其应用系统,使之能够有效地存储和管理数据,满足各种用户的应用需求,包括信息管理要求和数据操作要求。

信息管理要求是指在数据库中应该存储和管理哪些数据对象;数据操作要求是指对数据对象需要进行哪些操作,如增加、删除、修改、统计、查询等操作。

数据库设计的目标是为用户和各种应用系统提供一个信息基础设施和高效的运行环境,高效的运行环境是指数据库的存取效率、数据库存储空间的利用率、数据库系统运行管理的效率等指标都应当是高效的。

7.1 数据库设计概述

7.1.1 数据库设计的特点

大型数据库的设计和开发是一项庞大的工程,是涉及多学科的综合性技术。数据库建设是指数据库应用系统从设计、实施到运行与维护的全过程。数据库建设和一般的软件系统的设计、开发和运行与维护有许多相同之处,但更有其自身的一些特点。

1. 数据库建设的基本规律

"三分技术,七分管理,十二分基础数据"是数据库设计的特点之一。在数据库建设中,不仅涉及技术,还涉及管理。要建设好一个数据库应用系统,开发技术固然重要,但是相比之下管理更加重要。

"七分管理",这里的管理不仅包括数据库建设作为一个大型的工程项目本身的项目管理,还包括该企业(即应用部门)的业务管理。企业的业务管理既复杂也重要,对数据库结构的设计有着直接影响。因为数据库结构(即数据库模式)是对企业中业务部门数据以及各业务部门之间数据联系的描述和抽象。业务部门数据以及各业务部门之间数据的联系是和各部门的职能、整个企业的管理模式密切相关的。人们在数据库建设的长期实践中深刻认识到,一个企业数据库建设的过程就是企业管理模式的改革和提高的过程,只有把企业的管理创新做好,才能实现技术创新并建设好一个数据库应用系统。

"十二分基础数据"则强调了数据的收集、整理、组织和不断更新是数据库建设中的重要环节。人们往往忽视基础数据在数据库建设中的地位和作用,但是基础数据的收集、入库是数据库建立初期工作量最大、最烦琐,也是最细致的工作。在数据库的运行过程中不断地把新数据加到数据库中、把历史数据加入数据仓库中,积累原始数据,以便今后进行分析挖掘,改进业务管理,提高企业的竞争力。

2. 结构(数据)设计和行为(处理)设计相结合

数据库设计要把数据库结构设计和对数据的处理设计密切结合起来,这是数据库设计的特点之一。早期的数据库设计致力于数据模型和建模方法研究,着重结构特性的设计而忽视了对行为的设计。即比较重视在给定的应用环境下,采用什么原则、方法来建造数据库的结构,没有考虑应用环境要求与数据库结构的关系,因此结构设计与行为设计是分离的。而事实上,数据需求分析是建立在功能分析之上的,通过功能分析产生系统数据流与数据字典,再通过数据分析设计实体与属性。所以数据库设计应包括结构设计和行为设计。

3. 数据库设计的特征

数据库设计和其他工程设计一样,具有如下三个特征。

1)反复性

数据库设计不可能"一步到位",需要反复推敲和修改才能完成。前阶段的设计是后阶段的基础和起点,后阶段也可向前阶段反馈其要求。如此反复修改,逐渐完善。

2)试探性

数据库设计不同于求解一个数学题,设计结果一般不是唯一的。设计过程往往是一个试探的过程。在设计过程中,有各种各样的要求和制约因素,它们之间往往是矛盾的。数据库设计很难得到一个各方都满意的方案,常常取决于数据库设计者的权衡和本单位的决策。决策是设计过程中的一个组成部分,而决策不一定是完全客观的,往往与用户的偏爱和观点有关。

3)分步进行

数据库设计常常由不同的人员分阶段进行。这样做,一是有技术上分工的需要,二是为了分段把关、逐步审核,保证设计的质量和进度。尽管后阶段会向前阶段反馈其要求,但正常情况下,这些反馈的修改不应该是频繁或大量的。

7.1.2 数据库设计方法

大型数据库设计是涉及多学科的综合性技术,又是一项庞大的工程项目。它要求从事数据库设计的专业人员具备多方面的知识和技术,这样才能设计出符合具体领域要求的数据库及其应用系统。主要包括:

- 计算机的基础知识。
- 软件工程的原理和方法。
- 程序设计的方法和技巧。
- 数据库的基本知识。
- 数据库设计技术。
- 应用领域的知识。

早期数据库设计主要采用手工与经验相结合的方法,设计质量往往与设计人员的经验和水平有直接的关系。数据库设计若缺乏科学理论和工程方法的支持,则设计质量难以保证,常常是数据库运行一段时间后又不同程度地发现各种问题,需要进行修改甚至重新设计,增加了系统维护的代价。

人们经过努力探索,提出了各种数据库设计方法。例如,新奥尔良(New Orleans)方法、基于 E-R 模型的设计方法、3NF(第三范式)的设计方法、面向对象的数据库设计方法、统一建模语言(Unified Modeling Language,UML)方法等。数据库工作者一直在研究和开发数据库设计工具,经过多年的努力,数据库设计工具已经实用化和产品化。这些工具软件可以辅助设计人员完成数据库设计过程中的很多任务,已经普遍地用于大型数据库设计之中。

7.1.3 数据库设计的基本步骤

按照结构化系统设计的方法,考虑数据库及其应用系统开发全过程,可以将数据库设计分为以下 6 个阶段,如图 7-1 所示。

1. 需求分析

进行数据库设计之前,设计者必须准确了解用户的需求,确定系统与环境的界限。用户需求包括数据和处理两部分需求。数据需求是指数据库中存储哪些数据;处理需求是指用户完成什么处理功能,以及对这些处理的响应时间、处理方式等有什么要求。需求分析是基础工作,如果需求分析做得充分、准确,则可以为以后的工作打下坚实的基础。参与需求分析的人员主要有系统分析人员、数据库设计人员和用户。需求分析的成果是需求分析说明书。

2. 概念结构设计

概念结构设计(也称概念设计)是把用户的信息要求统一到一个整体逻辑结构中。概念结构可以表达用户的要求,且独立于支持数据库的 DBMS 和硬件结构。概念结构设计是整个数据库设计的关键,参与的人员主要有系统分析人员和数据库设计人员,概念结构设计得到的成果为完整的 E-R 模型。

3. 逻辑结构设计

逻辑结构设计阶段主要分为两部分:逻辑设计和应用程序设计。逻辑结构设计是静态结构设计,主要任务是将概念结构设计阶段的 E-R 模型转换为特定机器上的 DBMS 所支持的数据模型,并进行优化。应用程序设计是动态行为设计,主要任务是使用主语言和数据库管理系统的数据定义语言进行结构化的程序设计。参与逻辑结构设计的人员主要有系统分析人员、数据库设计人员和程序设计员,逻辑结构设计得到的成果为数据模型和应用程序模块结构。

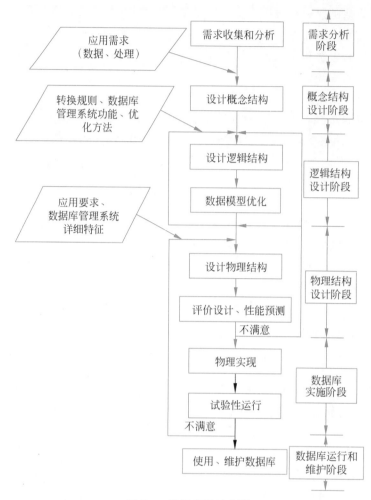

图 7-1 数据库设计步骤

4. 物理结构设计

物理结构设计也分为两部分,数据库物理结构设计和程序模块结构的精确化。物理结构设计的主要任务是为逻辑结构模型选取一个最适合应用环境的物理结构,并对程序进行精确化设计。参与物理结构设计的人员主要有数据库人员和程序设计人员,物理结构设计得到的成果为物理说明书和程序设计说明书。

5. 数据库实施

数据库实施阶段的主要任务是利用 DBMS 提供的数据语言及其宿主语言将逻辑设计和物理设计的结果严格地描述出来,编制和调试源程序,组织数据入库,并进行试运行。参与实施阶段的人员主要有系统分析人员、数据库人员、程序设计人员和用户。

6. 数据库运行和维护

系统在进行试运行后即可投入正式运行,并不断对其进行评价、调整、修改,直到结束其生命周期。参与这一阶段的人员有数据库管理员和用户。

以上 6 个阶段呈线性关系,设计过程中的每一步都要有明确的结果,并且前一阶段的结果就是后一阶段的基础。设计人员要反复地对每个的过程和结果进行审核,尽早地发现系统设计中的错误或缺陷,并及时纠正以减少开发的成本。

在数据库设计过程中,需求分析和概念结构设计可以独立于任何数据库管理系统进行,逻辑结构设计和物理结构设计与选用的数据库管理系统密切相关。数据库设计开始之前,首先必须选定参加设计的人员,包括系统分析人员、数据库设计人员、应用开发人员、数据库管理员和用户代表。

系统分析和数据库设计人员是数据库设计的核心人员,将自始至终参与数据库设计,其水平决定了数据库系统的质量。用户和数据库管理员在数据库设计中也是举足轻重的,主要参加需求分析与数据库的运行和维护,其积极参与(不仅是配合)不但能加速数据库设计,而且也是决定数据库设计质量的重要因素。应用开发人员(包括程序员和操作员)分别负责编制程序和准备软硬件环境,他们应该在系统实施阶段就参与进来。如果所设计的数据库应用系统比较复杂,还应该考虑是否需要使用数据库设计工具以及选用何种工具,以提高数据库设计质量并减少设计工作量。

7.2　需求分析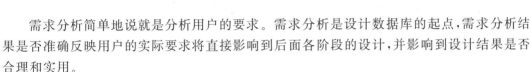

需求分析简单地说就是分析用户的要求。需求分析是设计数据库的起点,需求分析结果是否准确反映用户的实际要求将直接影响到后面各阶段的设计,并影响到设计结果是否合理和实用。

7.2.1　需求分析的任务

需求分析的任务是通过详细调查现实世界要处理的对象(如组织、部门、企业等),充分了解原系统(手工系统或计算机系统)的工作概况,明确用户的各种需求,然后在此基础上确定新系统的功能。新系统必须充分考虑今后可能的扩充和改变,不能仅按当前应用需求来设计数据库。调查的重点是"数据"和"处理",通过调查、收集与分析,获得用户对数据库的如下要求。

1. 信息要求

指用户需要从数据库中获得信息的内容与性质。由信息要求可以导出数据要求,即在数据库中需要存储哪些数据。

2. 处理要求

指用户要完成的数据处理功能,对处理性能的要求,处理方式是批处理还是联机处理。

3. 安全性与完整性要求

确定用户的最终需求是一件很困难的事,这是因为一方面用户缺少计算机知识,在开始时无法确定计算机究竟能为自己做什么,不能做什么,因此往往不能准确地表达自己的需求,所提出的需求往往不断地变化。另一方面,设计人员缺少用户的专业知识,不易理解用户的真正需求,甚至误解用户的需求。因此设计人员必须不断深入地与用户交流,才能逐步确定用户的实际需求。

7.2.2　需求分析的方法

进行需求分析首先是调查清楚用户的实际要求,与用户达成共识,然后分析与表达这些需求,图 7-2 描述了需求分析各阶段的关系。

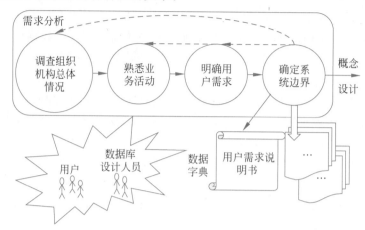

图 7-2　需求分析各阶段的关系

1. 调查用户需求的具体步骤

1) 调查组织机构情况

包括了解该组织的部门组成情况、各部门的职责等,为分析信息流程做准备。

2) 熟悉各部门的业务活动情况

包括了解各部门输入和使用什么数据,如何加工处理这些数据,输出什么信息,输出到什么部门,输出结果的格式是什么等,这是调查的重点。

3) 协助用户明确新系统

在熟悉业务活动的基础上,协助用户明确对新系统的各种要求,包括信息要求、处理要求、安全性与完整性要求,这是调查的又一个重点。

4) 确定新系统的边界

对前面调查的结果进行初步分析,确定哪些功能由计算机完成或将来准备让计算机完成,哪些活动由人工完成,由计算机完成的功能就是新系统应该实现的功能。在调查过程中,可以根据不同的问题和条件使用不同的调查方法。

2. 常用的调查方法

1) 跟班作业

通过亲身参加业务工作来了解业务活动的情况。这种方法可以比较准确地理解用户的需求,但比较耗费时间。

2) 开座谈会

通过与用户座谈来了解业务活动情况及用户需求。通过座谈,参加者之间可以相互启发,一般可以按职能部门组织座谈会。

3) 询问或请专人介绍

一般应包括领导、管理人员、操作员等。

4) 设计调查表请用户填写

如果调查表设计得合理,这种方法是很有效的,也易于为用户接受。

5) 查阅记录

查阅与原系统有关的数据记录。

进行需求调查时往往需要同时采用上述多种方法,但无论使用何种调查方法,都必须有用户的积极参与和配合。调查了解用户需求以后,还需要进一步分析和表达用户的需求。在众多分析方法中,结构化分析(Structured Analysis,SA)方法是一种简单实用的方法。结构化分析方法从最上系统组织机构入手,采用自顶向下、逐层分解的方式分析系统。对用户需求进行分析与表达后,所完成的需求分析报告必须提交给用户,并征得用户的认可。

7.2.3　数据字典

数据字典(Data Dictionary,DD)是系统中各类数据描述的集合,是进行详细的数据收集和数据分析所获得的主要结果。它是关于数据库中数据的描述,即元数据而不是数据本身。数据字典是在需求分析阶段建立,在数据库设计过程中不断修改、充实、完善的,它在数据库设计中占有很重要的地位。数据字典通常包括数据项、数据结构、数据流、数据存储和处理过程几部分。其中,数据项是数据的最小组成单位,若干数据项可以组成一个数据结构。数据字典通过对数据项和数据结构的定义来描述数据流、数据存储的逻辑内容。

1. 数据项

数据项是不可再分的数据单位。对数据项的描述通常包括以下内容。

数据项描述={数据项名,数据项含义说明,别名,数据类型,长度,取值范围,取值含义,与其他数据项的逻辑关系}

其中,“取值范围”“与其他数据项的逻辑关系”是指该数据项由哪几个数据项组成,该数据项值是否等价于另一数据项值等。此项内容表明了数据的完整性约束条件,是设计数据检验功能的依据。可以用关系规范化理论为指导,用数据依赖的概念分析和表示数据项之间的联系。即按实际语义写出每个数据项之间的数据依赖,它们是数据库逻辑设计阶段数据模型优化的依据。

2. 数据结构

数据结构反映了数据之间的组合关系。一个数据结构可以由若干数据项组成,也可以由若干数据结构组成,或由若干数据项和数据结构混合组成。对数据结构的描述通常包括以下内容。

数据结构描述={数据结构名,含义说明,组成：{数据项或数据结构}}

3. 数据流

数据流是数据结构在系统内传输的路径。对数据流的描述通常包括以下内容。

数据流描述={数据流名,说明,数据流来源,数据流去向,组成：{数据结构},平均流量,高峰期流量}

其中,“数据流来源”是说明该数据流来自哪个过程;“数据流去向”是说明该数据流将到哪个过程去;“平均流量”是指在单位时间(每天、每周、每月等)里的传输次数;“高峰期流量”则是指在高峰时期的数据流量。

4. 数据存储

数据存储是数据结构停留或保存的地方,也是数据流的来源和去向之一。它可以是手工文档或手工凭单,也可以是计算机文档。对数据存储的描述通常包括以下内容。

数据存储描述={数据存储名,说明,编号,输入的数据流,输出的数据流,组成：{数据结构},数据量,存取频度,存取方式}

其中,"存取频度"指每小时、每天或每周存取次数及每次存取的数据量等信息;"存取方式"指是批处理还是联机处理、是检索还是更新、是顺序检索还是随机检索等;另外,"输入的数据流"要指出其来源,"输出的数据流"要指出其去向。

5. 处理过程

处理过程的具体处理逻辑一般用判定表或判定树来描述,数据字典中只需要描述处理过程的说明性信息即可,通常包括以下内容。

处理过程描述＝{处理过程名,说明,输入:{数据流},输出:{数据流},处理:{简要说明}}

其中,"简要说明"主要说明该处理过程的功能及处理要求。功能是指该处理过程用来做什么(而不是具体怎么做),处理要求指处理频度要求,如单位时间里处理多少事务、多少数据量响应时间要求等,这些处理要求是后面物理设计的输入及性能评价的标准。明确地把需求收集和分析作为数据库设计的第一阶段是十分重要的,这一阶段收集到的基础数据(用数据字典来表达)是下一步进行概念设计的基础。

最后,要强调两点:

(1) 需求分析阶段的一个重要而困难的任务是收集将来应用所涉及的数据,设计人员应充分考虑到可能的扩充和改变,使设计易于更改、系统易于扩充。

(2) 必须强调用户的参与,这是数据库应用系统设计的特点。数据库应用系统和广泛的用户有密切的联系,许多人要使用数据库,数据库的设计和建立又可能对更多人的工作环境产生重要影响,因此用户的参与是数据库设计不可分割的一部分。在数据分析阶段,任何调查研究没有用户的积极参与都是寸步难行的。设计人员应该和用户取得共同语言,帮助不熟悉计算机的用户建立数据库环境下的共同概念,并对设计工作的最后结果承担共同的责任。

7.3 概念结构设计

将需求分析得到的用户需求抽象为信息结构(即概念模型)的过程就是概念结构设计,它是整个数据库设计的关键。概念结构是对现实世界的一种抽象,即对实际的人、物、事和概念进行人为处理,抽取人们关心的共同特性,忽略非本质的细节,并把这些特性用各种概念精确地加以描述。

可以看出,概念结构设计具有如下特点。

- 概念结构独立于数据库逻辑结构,也独立于支持数据库的 DBMS,不受其约束。
- 它是现实世界与机器世界的中介,它一方面能够充分反映现实世界,包括实体和实体之间的联系,同时又易于向关系、网状、层次等各种数据模型转换。
- 它就是现实世界的一个真实模型,便于和不熟悉计算机的用户交换意见,使用户易于参与。
- 而当现实世界需求改变时,概念结构又可以很容易地做相应调整,因此,概念结构设计是整个数据库设计的关键内容。

概念结构设计的步骤如图 7-3 所示。

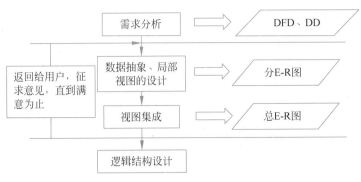

图 7-3　概念结构设计的步骤

7.3.1　概念结构设计的基本方法

要进行数据库的概念设计,首先必须选取适当的数据模型。用于概念设计的数据模型既要有足够的表达能力,可以表示各种类型的数据及其相互间的联系和语义,又要简明易懂,能够为非计算专业人员所接受。可供选择的有各种语义数据模型、面向对象数据模型等,目前应用得最广泛的是 E-R 模型及其扩充版本(EER)模型。

用 E-R 数据模型设计数据模式,首先必须根据需求说明,确认实体、联系和属性。在现实世界中,实体、联系和属性的区分不是绝对的,实体本来就是一个无所不包的概念,属性和联系都可以看成实体。

引入属性和联系的概念,为了更清晰、明确地表示现实世界中各种对象彼此之间的联系,概念设计所产生的模式就应该自然地、最大程度地反映现实世界。因此,实体、属性和联系的划分实质上体现了数据库设计者和用户对现实世界的理解和观察。它既是客观世界的描述,同时也反映出设计者的理念。

对于同一事物,不同的设计者设计出不同的数据模式是很普遍的情况。一个单位有许多部门、用户组和各种应用,需求说明来自对它们的调查和分析。这些不同来源的需求可能不一致,甚至矛盾。如何在需求说明的基础上设计出一个单位的数据模式,一般有下列两种不同的协调方法。

1. 集中式模式设计法

在这种方法中,首先将需求说明综合成一个一致的、统一的需求说明,一般由一个权威组织或授权的 DBA 进行此项的综合工作。然后,在此基础上设计一个单位的全局数据模式,再根据全局数据模式为各个用户组成或应用定义外模式。这种方法强调统一,一般适用于规模小、不太复杂的单位。如果一个单位大且复杂,那么综合需求说明就是一件很困难的工作,而且在综合过程中,难免要牺牲某些用户的需求。

2. 视图集成法

视图集成法不要求综合成一个统一的需求说明,而以各应用部门的需求说明为基础,分别设计各自的局部模式。这些局部模式实际上相当于各部分的视图,然后再以这些视图为基础,集成为一个全局模式。在视图集成过程中,可能会发现一些冲突,必须对视图做适当的修改。由于集成和修改在 E-R 数据模型表示的模式上进行,因此一般可用计算机辅助设计工具进行,修改后的视图可以作为外模式设计的基础。

从表面上看,集中式模式设计法修改的是局部需求说明,而视图集成法修改的是视图,两者区别不大,但是两者的设计思想是有区别的。视图集成法是以局部需求说明为设计的基础,在集成时,尽管要对视图做必要的修改,但视图是设计的基础,全局模式是视图的集成。而集中式模式设计法是在统一需求说明的基础上,先设计全局模式,再设计外模式,全局模式是设计的基础。视图集成法适合于大型数据库的设计,可以多组并行进行,免除综合需求说明的麻烦。目前,视图集成法用得较多,本章将以此法为主进行讲解。

7.3.2 概念结构设计的过程

概念结构设计的过程就是对需求分析阶段收集到的数据进行分类、组织,确定实体、实体的属性、实体之间的联系类型,形成 E-R 图。

1. 视图设计次序

视图是按照某个用户组、应用或部门的需求说明,用 E-R 数据模型设计的局部模式。视图的设计一般从小开始,逐步扩大,直到完全。一般有三种可能的设计次序。

1)自顶向下

自顶向下的视图设计先从抽象级别高、普遍的对象开始,逐步细化、具体化、特殊化。例如,客户这个视图,可以从一般的人开始,然后分为收银员和客户,再扩展加上商品、购物车、结算等模式。

2)自底向上

自底向上的视图设计从具体的基本对象开始,逐步抽象化、普遍化。

3)由内向外

由内向外的视图设计从最基本、最明显的对象开始,逐步扩大至有关的其他对象。以客户视图为例,先表示有关客户的基本数据,再表示诸如浏览商品、积分情况、购买意向情况等有关的其他数据。

以上三种次序都可以完成视图的设计。设计 E-R 图一般无固定的次序要求,只要设计者认为合适,可以采用或混合采用上述几种设计次序。

2. 概念结构设计

概念结构设计的第一步就是利用上面介绍的抽象机制对需求分析阶段收集到数据进行分类、组织(聚集),形成实体、实体的属性、标识实体的码,确定实体之间的联系类型,设计分E-R 图。具体做法如下。

1)选择局部应用

根据所开发系统的具体情况,在多层的数据流图中选择一个适当层次的数据流图,作为设计分 E-R 图的出发点,再让这组图中的每一部分对应一个局部应用。由于高层数据流图只能反映系统的概貌,而中层数据流图能较好地反映系统中各局部应用的子系统的组成,因此设计者通常会选择中层数据流图作为设计分 E-R 图的依据。

2)逐一设计分 E-R 图

选择好局部应用之后,就要对每个局部应用逐一设计分 E-R 图,也称为局部 E-R 图。在前面选好的某一层次的数据流图中,每个局部应用都对应了一组数据流图,局部应用所涉及的数据都已经收集在数据字典中了,现在就是要将这些数据从数据字典中抽取出来,参照数据流图,标定局部应用中的实体、实体的属性、实体的码,确定实体之间的联系及其类型。

设计分 E-R 图可以从每一层数据流图入手。若某一局部应用仍然比较复杂,则可以从更底层的数据流图入手,分别设计它们的分 E-R 图,再汇总成该局部应用的分 E-R 图。

3. 设计数据库 E-R 模式的选择

E-R 数据模式使得我们设计数据库模式有足够的灵活性,但是数据库设计者在建模时还需要做出如下选择。

(1)用属性表示某个对象更恰当还是用"实体集"表示更恰当。要最准确地描述现实世界中某个概念,是用"实体集"还是用"联系"更合适。

(2)使用三元联系还是一对多二元联系。

(3)使用"强实体集"还是"弱实体集"。数据库中的一个强实体集和依附于它的弱实体集可被视为单一的"对象",因为弱实体存在依赖于强实体。

(4)使用概括是否合适。概括,或称 ISA(表示"is a"的语义)联系的层次结构,是指允许在 E-R 图的某个地方表示相似实体集的共同属性,它有助于进行模块化。

(5)使用聚焦是否合适。聚焦是将 E-R 图的某个部分集成为单一实体,使得我们可以将被聚焦实体看作一个单元,而不必关注其内部结构的细节。

事实上,在现实世界中,具体的应用环境常常对实体和属性已经做了大体的、自然的划分。在数据字典中,"数据结构""数据流"和"数据存储"都是若干属性有意义的聚合,就已经体现了这种划分。可以先从这些内容出发定义 E-R 图,然后再进行必要的调整。

在调整中遵循的一条原则是:为了简化 E-R 图的处理,现实世界的事物能作为属性对待的,应尽量作为属性对待。那么符合什么条件的事物可以作为属性对待呢? 实体与属性之间并没有形式上可以截然划分的界限,具体可以参照下面两条准则。

- 作为"属性"不能再具有需要描述的性质。"属性"必须是不可分的数据项,不能包含其他属性。
- "属性"不能与其他实体具有联系,即 E-R 图中所表示的联系是实体之间的联系。

凡满足上述这两条准则的事物,一般均可以作为属性对待。可以看出,数据库设计若要做出正确的选择,就必须对建模的对象有着深刻的理解。

4. 视图集成

各子系统的分 E-R 图设计好以后,下一步就是要将所有的分 E-R 图合并成一个系统的总 E-R 图。一般来说,视图集成可以有两种方式:第一种是多个分 E-R 图一次集成;第二种是分步集成,用累加的方式一次集成两个分 E-R 图。一次集成方式比较复杂,做起来难度较大;分步集成方式每次只集成两个分 E-R 图,可以降低复杂度,一次集成如图 7-4(a)所示,分步集成的过程如图 7-4(b)所示。

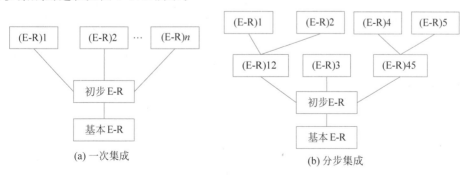

(a) 一次集成   (b) 分步集成

图 7-4   一次集成和分步集成两种方式

　　无论采用哪种方式,每次集成局部 E-R 图时都需要分两步进行:一是合并,其目的是解决各分 E-R 图之间的冲突,将各分 E-R 图合并起来生成初步的 E-R 图;二是修改和重构,其目的是消除不必要的冗余,生成基本的 E-R 图。

　　视图的设计从局部的需求出发,比起一开始就设计全局模式要简单得多,当完成各个局部的视图,就可以通过视图集成设计全局模式。视图集成如图 7-5 所示,在视图集成时,必须解决下列问题。

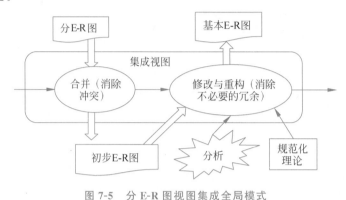

图 7-5　分 E-R 图视图集成全局模式

　　1) 确认视图中的冲突

　　各个局部应用所面向的问题不同,且通常是由不同的设计人员进行局部视图设计,这就导致各个子系统的 E-R 图之间必定会存在许多不一致的地方,称为冲突。因此,合并这些 E-R 图时并不能简单地将各个 E-R 图画到一起,而是必须着力消除各个 E-R 图中的不一致,以形成一个能为全系统中所有用户共同理解和接受的统一的概念模型。

　　合理消除各 E-R 图的冲突是合并 E-R 图的主要工作与关键所在。各子系统的 E-R 图之间的冲突主要有以下三类。

　　(1) 属性冲突。

　　相同的属性在不同的视图中有不同的域,即属性值的类型、取值范围或取值集合不同。例如零件号,有的部门定义为整数,有的部门把它定义为字符型,不同部门对零件号的编码也不同;又如年龄,某些部门以出生日期形式表示职工的年龄,而另一些部门用整数表示职工的年龄;再如,零件的重量有的以千克为单位,有的以斤为单位,有的以克为单位。属性冲突理论上好解决,但实际上需要各部门讨论协商,解决起来并非易事。

　　(2) 命名冲突。

　　命名冲突主要包含以下两类冲突:同名异义,即不同意义的对象在不同的局部应用中具有相同的名字。异名同义(一义多名),即同一意义的对象在不同的局部应用中具有不同的名字,例如,对于科研项目,财务处称为项目,科研处称为课题,生产管理处称为工程。命名冲突可能发生在实体、联系一级上,也可能发生在属性一级上,其中属性的命名冲突更为常见。处理命名冲突通常也像处理属性冲突一样,需要通过讨论、协商等行政手段加以解决。

　　(3) 结构冲突。

　　结构冲突主要包含以下三类冲突:同一对象在不同应用中具有不同的抽象。例如,职工在某一局部应用中被当作实体,而在另一局部应用中则被当作属性。解决方法通常是把属性变换为实体或把实体变换为属性,使同一对象具有相同的抽象。但变换时仍要遵循设计中的两个准则。

同一实体在不同子系统的 E-R 图中所包含的属性个数和属性排列次序不完全相同。这是很常见的一类冲突,原因是不同的局部应用关心的是该实体的不同侧面。解决方法是使该实体的属性取各子系统的 E-R 图中属性的并集,再适当调整属性的次序。

实体间的联系在不同的 E-R 图中为不同的类型。如实体 E1 与 E2 在一个 E-R 图中是多对多联系,在另一个 E-R 图中是一对多联系;又如,在一个 E-R 图中 E1 与 E2 发生联系,而在另一个 E-R 图中 E1、E2、E3 三者之间有联系。解决方法是根据应用的语义对实体-联系的类型进行综合或调整。例如,图 7-6(a)零件与新产品之间存在多对多的"构成"联系,图 7-6(b)中新产品、零件与供应商三者之间还存在多对多的"供应"联系,这两个联系互相不能包含,则在合并两个 E-R 图时就应把它们综合起来,如图 7-6(c)所示。

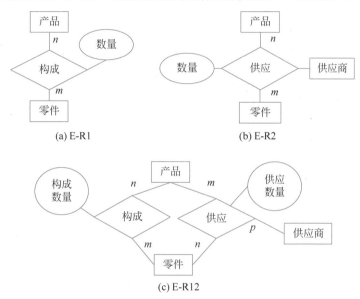

图 7-6 合并两个 E-R 图时的综合

2) 消除不必要的冗余,设计基本 E-R 图

在初步 E-R 图中可能存在一些冗余的数据和实体间冗余的联系。冗余的数据是指可由基本数据导出的数据,冗余的联系是指可由其他联系导出的联系。冗余数据和冗余联系容易破坏数据库的完整性,应当予以消除。消除了冗余后的初步 E-R 图称为基本 E-R 图。消除冗余主要采用分析方法,即以数据字典和数据流图为依据,根据数据字典中关于数据项之间逻辑关系的说明来消除冗余。

但并不是所有的冗余数据与冗余联系都必须加以消除,有时为了提高效率,不得不以存在一些冗余信息作为代价。因此在设计数据库概念结构时,哪些冗余信息必须消除,哪些冗余信息允许存在,需要根据用户的整体需求来确定。如果人为地保留了一些冗余数据,则应把数据字典中数据关联的说明作为完整性约束条件。如图 7-7 所示,例如,经常需要查询各种材料的库存量,若每次都要查询每个仓库中此种材料的库存,再对它们求和,查询效率就太低了。因此应保留 Q_4,同时把 $Q_4 = \sum Q_5$ 定义为 Q_4 的完整性约束条件。每当 Q_5 修改后,就触发该完整性检查,对 Q_4 做相应的修改。

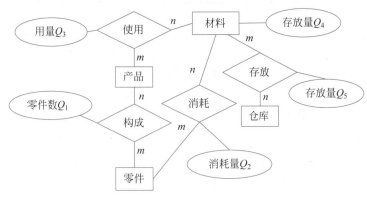

图 7-7 消除冗余

3) 使用规范化理论来消除冗余

在规范化理论中,函数依赖的概念提供了消除冗余联系方法,具体如下。

(1) 确定分 E-R 图实体的数据依赖。

实体之间的一对一、一对多、多对多的联系可以用实体之间码的函数依赖来表示。如图 7-8 所示,部门和职工之间一对多的联系可表示为:职工号→部门号,职工和产品之间多对多的联系可以表示为:(职工号,产品号)→工作天数等,于是有函数依赖集 F。

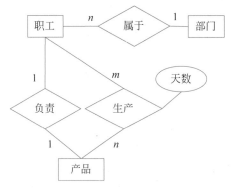

图 7-8 人事管理的分 E-R 图

(2) 求 F 的最小覆盖 FL,差集为

$$D = F - FL$$

(3) 逐一考查 D 中的函数依赖,确定是否为冗余的联系,若是就把它去掉。由于规范化理论受到"泛"关系假设的限制,应注意下面两个问题。

(1) 冗余的联系一定在 D 中,而 D 中的联系不一定是冗余的。

(2) 当实体之间存在多种联系时,要将实体之间的联系在形式上加以区分。

如图 7-9 中部门和职工之间另一个一对一的联系就要表示为

负责人·职工号→部门号　　　部门号→负责人·职工号

如图 7-9 中圈出的分别为某厂的物资、销售和人事管理的分 E-R 图,集成后为该系统的基本 E-R 图。可以看出,在集成过程中,解决了以下问题。

(1) 异名同义,项目和产品含义相同。某个项目实质上是指某个产品的生产,因此统一用产品作为实体名。

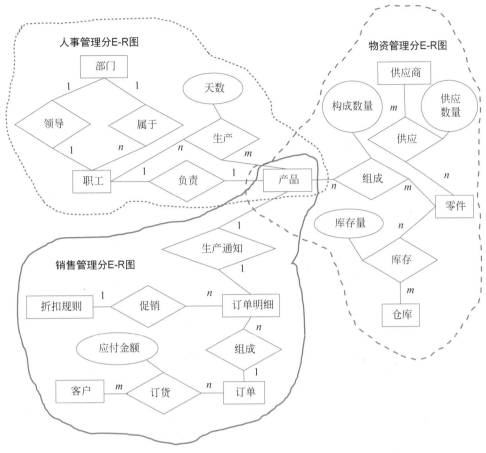

图 7-9 某工厂管理信息系统的基本 E-R 图

（2）库存管理中，职工与仓库的工作关系已包含在劳动人事管理的部门与职工之间的联系中，所以可以取消。职工之间领导与被领导关系可由部门与职工（经理）之间的领导关系、部门与职工之间的从属关系两者导出，所以也可以取消。

7.4 逻辑结构设计

概念结构是独立于任何一种数据模型的信息结构，逻辑结构设计的任务就是把概念结构设计阶段设计好的基本 E-R 图转换为与选用数据库管理系统产品所支持的数据模型相符合的逻辑结构。

目前的数据库应用系统普遍采用支持关系数据模型的关系数据库管理系统，所以这里只介绍 E-R 图向关系数据模型的转换原则与方法。

7.4.1 E-R 图向关系模型的转换

E-R 图向关系模型的转换要解决的问题是，如何将实体型和实体间的联系转换为关系模式，如何确定这些关系模式的属性和码。

关系模型的逻辑结构是一组关系模式的集合。E-R 图则是由实体型、实体的属性和实体型之间的联系三个要素组成的,所以将 E-R 图转换为关系模型实际上就是要将实体型、实体的属性和实体型之间的联系转换为关系模式。

下面介绍转换的一般原则:一个实体型转换为一个关系模式,关系模式的属性就是实体的属性,关系模式的码就是实体的码。

对于联系有以下不同的情况。

1. 一个 1∶1 联系

可以转换为一个独立的关系模式,也可以与任意一端对应的关系模式合并。

(1)如果转换为一个独立的关系模式,则与联系相关的各实体的码以及联系本身的属性均转换为该模式的属性,与联系相关的每个实体的码,均是该模式的候选码。

(2)如果与某一端实体对应的关系模式合并,则需要在该端关系模式的属性中加入其所关联的关系模式的码和联系本身的属性。

例如,如图 7-10 所示,部门与职工之间的 1∶1 领导联系,可以单独形成一个关系模式:领导(部门号,职工号,…),其中,部门号和职工号联合作码;也可以与部门或职工任一端的模式合并,成为对应模式的码:部门(部门号,领导职工号,…)或职工(职工号,部门号,…)。

2. 一个 1∶n 联系

可以转换为一个独立的关系模式,也可以与 n 端对应的关系模式合并。

如果转换为一个独立的关系模式,则与联系相连的各实体的码以及联系本身的属性均转换为关系的属性,而关系模式的码为 n 端实体的码。

如果与 n 端对应的关系模式合并,该模式的码为 n 端实体的码,而 1 端的码成为该模式的外键。如图 7-10 所示,部门与职工之间的"属于"联系,是一个 1∶n 的联系,可以单独形成一个关系模式:属于(职工号,部门号,…),其中,职工号为码,而部门号为外键,引用于部门模式;也可以与职工模式合并形成模式:职工(职工号,部门号,…),部门号成为职工模式中的一个属性,是一个外键,引用于部门。

3. 一个 m∶n 联系

转换为一个关系模式。与联系相连的各实体的码以及联系本身的属性均转换为关系模式的属性,各实体的码组成为关系的码或关系码的一部分。例如,如图 7-11 所示,产品与职工之间的"参加"联系,是一个 $m∶n$ 的联系,可以单独形成一个关系模式:参加(职工号,产品号,天数,…),其中,产品号和职工号组合为码,天数是职工参加产品的工作天数。

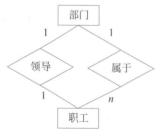

图 7-10　人事管理 E-R 图

图 7-11　职工与产品的联系

将如图 7-9 所示某工厂管理信息系统的基本 E-R 图转换为关系模型如下,其中用下画线标出关系模式的码。

1）人事管理子系统的关系模型

- 部门(部门号,部门名,经理的职工号,…)为部门实体对应的关系模式,该模式已包含联系"领导"所对应的关系模式,经理的职工号是关系的候选码。
- 职工(职工号,职工名,部门号,职务,…)为职工实体对应的关系模式。该模式已包含联系"属于"所对应的关系模式。
- 参加(职工号,产品号,工作天数,…)为联系"参加"所对应的关系模式。
- 产品(产品号,产品名,…)为产品实体对应的关系模式。

2）物资管理子系统的关系模型

- 产品(产品号,产品名,…)为产品实体对应的关系模式。
- 供应商(供应商号,名称,…)为供应商实体对应的关系模式。
- 零件(零件号,零件名,…)为零件实体对应的关系模式。
- 供应(产品号,供应商号,零件号,供应量)为联系"供应"所对应的关系模式。
- 仓库(仓库号,仓库名,…)为仓库实体对应的关系模式。
- 库存(仓库号,零件号,库存量,…)为库存对应的关系模式。

3）销售管理子系统的关系模型

- 产品(产品号,产品名,…)为产品实体对应的关系模式。
- 客户(客户号,名称,地址,…)为客户实体对应的关系模式。
- 订单(订单号,客户号,应付金额,交易状态,…)为订单实体对应的关系模式,该模式已包含"下单"所对应的关系模式。其中的应付金额是同一订单号上所有订单明细的金额总和。
- 订单明细(订单流水号,订单号,产品号,数量,折扣号,金额,…)为订单细节实体对应的关系模式,其中包含订单"组成"的联系和"促销"的联系。其中的金额＝成本价×折扣率×数量。
- 折扣规则(折扣号,折扣率,…)为折扣规则实体对应的关系模式。

7.4.2 数据模型的优化

为了进一步提高数据库应用系统的性能,要根据应用需要适当地修改、调整数据模型的结构,这就是数据模型的优化。关系数据模型的优化通常以规范化理论为指导,具体步骤如下。

1. 确定数据依赖

根据数据依赖的概念分析和表示数据项之间的联系,写出每个数据项之间的数据依赖。按需求分析阶段所得到的语义,分别写出每个关系模式内部各属性之间的数据依赖以及不同关系模式属性之间的数据依赖。

2. 数据依赖极小化

对于每个关系模式之间的数据依赖进行极小化处理,消除冗余的联系。

3. 关系模式范式化

按照数据依赖的理论对关系模式逐一进行分析,考查是否存在部分函数依赖、传递函数依赖、多值依赖等,确定各关系模式分别属于第几范式。

4. 优化关系模式

根据需求分析阶段得到的处理要求分析对于这样的应用环境这些模式是否合适,确定是否要对某些模式进行合并或分解。

必须注意的是,并不是规范化程度越高的关系就越优。例如,当查询经常涉及两个或多个关系模式的属性时,系统经常进行连接运算。连接运算的代价是相当高的,可以说关系模型低效的主要原因就是由连接运算引起的,这时可以考虑将这几个关系合并为一个关系。因此在这种情况下,第二范式甚至第一范式也许是合适的。又如,非 BCNF 的关系模式虽然从理论上分析会存在不同程度的更新异常或冗余,但如果在实际应用中对此关系模式只是查询,并不执行更新操作,则不会产生实际影响。所以对于一个具体应用来说,到底规范化到什么程度需要权衡响应时间和潜在问题两者的利弊决定。

5. 对关系模式进行必要分解

对关系模式进行必要分解,可以提高数据操作效率和存储空间利用率。常用的两种分解方法是水平分解和垂直分解。水平分解是把(基本)关系的元组分为若干子集合,定义每个子集合为一个子关系,以提高系统的效率。根据"8020 原则",一个大关系中,经常被使用的数据只是约占关系的 20%,可以把经常使用的数据分解出来,形成一个子关系。如果关系 R 上具有 n 个事务,而且多数事务存取的数据不相交,则 R 可分解为小于或等于 n 个子关系,使每个事务存取的数据对应一个关系。

垂直分解是把关系模式 R 的属性分解为若干子集合,形成若干子关系模式。垂直分解的原则是,将经常在一起使用的属性从 R 中分解出来成为一个子关系模式。垂直分解可以提高某些事务的效率,但也可能使另一些事务不得不执行连接操作,从而降低了效率。因此是否进行垂直分解取决于分解后 R 上的所有事务的总效率是否得到了提高。垂直分解需要确保无损连接性和保持函数依赖,即保证分解后的关系具有无损连接性和保持函数依赖性。

规范化理论为数据库设计人员判断关系模式的优劣提供了理论标准,可用来预测模式可能出现的问题,使数据库设计工作有了严格的理论基础。

7.4.3　设计用户子模式

将概念模型转换为全局逻辑模型后,还应该根据局部应用需求,结合具体关系数据库管理系统的特点设计用户的外模式。目前,关系数据库管理系统一般都提供了视图概念,可以利用这一功能设计更符合局部用户需要的用户外模式。

定义数据库全局模式主要是从系统的时间效率、空间效率、易维护等角度出发。由于用户外模式与模式是相对独立的,因此在定义用户外模式时可以注重考虑用户的习惯与方便。具体包括以下几方面。

1. 使用更符合用户习惯的别名

在合并各分 E-R 图时曾做过消除命名冲突的工作,以使数据库系统中同一关系和属性具有唯一的名字。这在设计数据库整体结构时是非常必要的。用视图机制可以在设计用户视图时重新定义某些属性名,使其与用户习惯一致,以方便使用。

2. 可以对不同级别的用户定义不同的视图

假设有关系模式产品(产品号,产品名,规格,单价,生产车间,生产负责人,产品成本,产品合格率,质量等级),可以在产品关系上建立两个视图:一个为一般顾客建立产品客户视图(产品号,产品名,规格,单价);另一个为产品销售部门建立产品销售部门视图(产品号,产品名,规格,单价,车间,生产负责人)。

客户视图中只包含允许客户查询的属性,销售部门视图中只包含允许销售部门查询的属性,而生产领导部门则可以查询全部产品数据。这样就可以防止用户非法访问本来不允许其查询的数据,保证了系统的安全性。

3. 简化用户对系统的使用

如果某些局部应用中经常要使用某些很复杂的查询,为了方便用户,可以将这些复杂查询定义为视图,用户每次只对定义好的视图进行查询,大大简化了用户的使用。

7.5 物理结构设计

数据库在物理设备上的存储结构与访问方法称为数据库的物理结构,它依赖于选定的数据库管理系统,为一个给定的逻辑数据模型选取一个最适合应用要求的物理结构的过程,就是数据库的物理设计。数据库的物理设计通常分为以下两步。

(1)确定数据库的物理结构。

主要指数据库的存储结构和访问方法。

(2)对物理结构进行评价。

评价的重点是时间和空间效率。如果评价结果满足原设计要求,则可进入物理实施阶段,否则就需要重新设计或修改物理结构,有时甚至要返回逻辑设计阶段修改数据模型。

7.5.1 数据库物理设计的内容和方法

不同的数据库产品所提供的物理环境、访问方法和存储结构有很大差别,能供设计人员使用的设计变量、参数范围也很不相同,因此没有通用的物理设计方法可遵循,只能给出一般的设计内容和原则。期望设计优化的物理数据库结构,使得在数据库上运行的各种事务响应时间短、存储空间利用率高、事务吞吐量大。

为此,首先对运行的事务进行详细分析,获得选择物理数据库设计所需要的参数;其次,要充分了解所用关系数据库管理系统的内部特征,特别是系统提供的访问方法和存储结构。对于数据库查询事务,需要得到如下信息。

- 查询的关系。
- 查询条件所涉及的属性。
- 连接条件所涉及的属性。
- 查询的投影属性。

对于数据更新事务,需要得到如下信息。

- 被更新的关系。
- 每个关系上的更新操作条件所涉及的属性。
- 修改操作要改变的属性值。

除此之外,还需要知道每个事务在各关系上运行的频率和性能要求。例如,事务 T 必须在 10s 内结束,上述这些信息是确定关系的存取方法的依据。

应当注意的是,数据库上运行的事务是在不断地进行着动态变化的,应当根据其变化需求调整数据库的物理结构。通常关系数据库物理设计的内容主要包括为关系模式选择访问方法,以及设计关系、索引等数据库文件的物理存储结构。

7.5.2 关系模式访问方法选择

数据库系统是多用户共享的系统,对同一个关系要建立多条存取路径才能满足多用户的多种应用要求。物理结构设计的任务之一是根据关系数据库管理系统支持的存取方法确定选择哪些访问方法。

访问方法是快速存取数据库中数据的技术,数据库管理系统一般提供多种访问方法。常用的访问方法为索引和聚簇(Cluster)方法,而 B-树索引和 Hash 索引是数据库中经典的索引访问方法,使用最为普遍。

1. B-树索引访问方法

选择索引访问方法,实际上就是根据应用需求确定关系的哪些属性列上建立索引,哪些属性组合列上建立组合索引,哪些索引要设计为唯一索引,等等。一般来说:

- 如果一个(或一组)属性经常在查询条件中出现,则考虑在这个(或这组)属性上建立索引(或组合索引)。
- 如果一个属性经常作为最大值和最小值等聚集函数的参数,则考虑在这个属性上建立索引。
- 如果一个(或一组)属性经常在连接操作的连接条件中出现,则考虑在这个(或这组)属性上建立索引。

关系上定义的索引数并不是越多越好,系统为维护索引要付出代价,查找索引也要付出代价。例如,若一个关系的更新频率很高,那么这个关系上定义的索引数不能太多。因为更新一个关系时,必须对这个关系上有关的索引做相应的修改。

2. Hash 索引访问方法

选择 Hash 索引访问方法的规则如下:如果一个关系的属性主要出现在等值连接条件中或主要出现在等值比较选择条件中,而且满足下列两个条件之一,则此关系可以选择 Hash 索引访问方法。

- 一个关系的大小可预知,而且不变。
- 关系的大小动态改变,但数据库管理系统提供了动态 Hash 访问方法。

3. 聚簇访问方法的选择

为了提高某个属性(或属性组)的查询速度,把属性或属性组上具有相同值的元组集中存放在连续的物理块中称为聚簇。该属性(或属性组)称为聚簇码(Cluster Key)。聚簇功能可以大幅度提高查询的效率。聚簇功能不但适用于单个关系,也适用于经常进行连接操作的多个关系。即把多个连接关系的元组按连接属性值聚集存放。这就相当于把多个关系按"预连接"的形式存放,从而大大提高连接操作的效率。

一个数据库可以建立多个聚簇,一个关系只能加入一个聚簇。选择聚簇访问方法,即一定按需要建立多少个聚簇,每个聚簇中包括哪些关系。

首先设计候选聚簇,一般来说:

- 对经常在一起进行连接操作的关系可以建立聚簇。

- 如果一个关系的一组属性经常出现在相等比较条件中,则该单个关系可建立聚簇。
- 如果一个关系的一个(或一组)属性的值重复率很高,则该关系可建立聚簇。

然后检查候选聚簇中的关系,取消其中不必要的关系,取消的原则如下。

- 从聚簇中删除经常进行"全表扫描"的关系。
- 从聚簇中删除更新操作远多于连接操作的关系。
- 不同的聚簇中可能包含相同的关系,一个关系可以在某一个聚簇中,但不能同时加入多个聚簇。

若一个关系有多个聚簇方案,则可以从这多个聚簇方案(包括不建立聚簇)中选择一个较优的,即选择运行各种事务的总代价最小的聚簇方案。

必须强调的是,聚簇只能提高某些应用的性能,并且建立与维护聚簇的开销是相当大的。当一个元组的聚簇码值改变时,该元组的存储位置也要做相应移动,聚簇码值要相对稳定,以减少修改聚簇码值所引起的维护开销。因此,若一个关系的主要应用是通过聚簇码进行访问的,并且与聚簇码无关的访问很少或者是次要的,才适合使用聚簇访问方法。尤其当 SQL 语句中包含与聚簇相关的 ORDER BY、GROUP BY、UNION、DISTINCT 等子句或短语时,使用聚簇就特别有利,因为可以省去对结果集的排序操作,否则就很可能会适得其反。

7.5.3 确定数据库的存储结构

确定数据库物理结构主要指确定其存放的位置和存储结构,包括确定关系、索引聚簇、日志、备份等存储安排和存储结构,确定系统配置等。确定数据的存放位置和存储结构要综合考虑存取时间、存储空间利用率和维护代价方面的因素。这三方面常常是相互矛盾的,因此需要进行权衡,选择一个折中方案。

1. 确定数据的存放位置

为了提高系统性能,要根据应用情况将数据的易变部分与稳定部分、经常存取部分和存取频率较低部分分开存放。例如,当前计算机有多个磁盘或磁盘阵列,因此可以将表和索引放在不同的磁盘上,在查询时,由于磁盘驱动器并行工作,可以提高读写的效率。也可以将比较大的表分放在两个磁盘上,以加快访问速度,这在多用户环境下特别有效。还可以将日志文件与数据库对象(表、索引等)放在不同的磁盘上,以改进系统的性能。由于各个系统所能提供的对数据进行物理安排的手段、方法差异很大,因此设计人员应仔细了解给定的关系数据库管理系统所提供的方法和参数,针对应用环境的要求对数据进行适当的物理安排。

2. 确定系统配置

关系数据库管理系统产品一般都提供了一些系统配置变量和存储分配参数,以供设计人员和数据库管理员对数据库进行物理优化。初始情况下,系统都为这些变量赋予了合理的默认值。但是这些值不一定适合每一种应用环境,在进行物理设计时可以重新对这些变量赋值,以改善系统的性能。

系统配置变量很多,例如,同时使用数据库的用户数、同时打开的数据库对象数、内存分配参数、缓冲区分配参数(使用的缓冲区长度、个数)、存储分配参数、物理块的大小、物理块装填因子、时间片大小、数据库大小、锁的数目等。这些参数值将直接影响存取时间和存储空间的分配,在物理设计时要根据实际应用环境确定这些参数值,以使系统性能最佳。需要注意的是,在物理设计时对系统配置变量的调整只是初步的,在系统运行时还要根据实际运行情况做进一步的调整,才能切实改进系统性能。

7.5.4　评价物理结构

数据库物理设计过程中需要对时间效率、空间效率、维护代价和各种用户要求进行权衡,其结果可以产生多种方案。数据库设计人员必须对这些方案进行细致的评价,从中选择一个较优的方案作为数据库的物理结构评价。物理数据库的方法完全依赖于所选用的关系数据库管理系统,主要是从定量估算各种方案的存储空间、存取时间和维护代价入手,对估算结果进行权衡、比较,选择出一个较优的、合理的物理结构。如果该结构不符合用户需求,则需要修改设计。

■ 7.6　数据库的实施和维护　　

完成数据库的物理设计之后,设计人员就要应用关系数据库管理系统所提供的数据定义语言和其他应用程序开发语言,将数据库逻辑设计和物理设计的结果严格描述出来,成为关系数据库管理系统可以接受的源代码。再经过调试产生目标模式,就可以组织数据入库了,这就是数据库实施阶段。

7.6.1　数据的载入和应用程序的调试

数据库实施阶段包括两项重要的工作,一项是数据的载入,另一项是应用程序的编码和调试。一般数据库系统中数据量都很大,而且数据来源于部门中的各个不同的单位,数据的组织方式、结构和格式都与新设计的数据库系统有相当的差距。组织数据载入就要将各类数据从各个局部应用中抽取出来,输入计算机,再分类转换,最后综合成符合新设计的数据库结构的形式,输入数据库。

因此这样的数据转换、组织入库的工作是相当费力、费时的,特别是原系统是手工数据处理系统时,各类数据分散在各种不同的原始表格、凭证、单据之中。在向新的数据库系统中输入数据时还要处理大量的纸质文件,工作量就更大。为了提高数据输入工作的效率和质量,应该针对具体的应用环境设计一个数据录入子系统,由计算机来完成数据入库的任务。在数据入库之前要采用多种方法对其进行检验,以防止不正确的数据入库,这部分的工作在整个数据输入子系统中是非常重要的。

现有的关系数据库管理系统一般都提供不同关系数据库管理系统之间数据转换的工具,若原来是数据库系统,就要充分利用新系统的数据转换工具。数据库应用程序的设计应该与数据库设计同时进行,因此在组织数据入库的同时还要调试应用程序。应用程序的设计、编码和调试的方法、步骤在软件工程等课程中有详细讲解,这里就不再重复了。

7.6.2　数据库的试运行

在原有系统的数据有一小部分已输入数据库后,就可以开始对数据库系统进行联合调试了,这又称为数据库的试运行,这一阶段要实际运行数据库应用程序,执行对数据库的各种操作,测试应用程序的功能是否满足设计要求。

如果不满足,对应用程序部分则要修改、调整,直到达到设计要求为止。在数据库试运行时,还要测试系统的性能指标,分析其是否达到设计目标。在对数据库进行物理设计时已初步确定了系统的物理参数值,但一般情况下,设计时的考虑在许多方面只是近似估计,和实际系统运行总有一定的差距,因此必须在试运行阶段实际测量和评价系统性能指标。

事实上,有些参数的最好值往往是经过运行调试后找到的。如果测试的结果与设计目标不符,则要返回物理设计阶段重新调整物理结构,修改系统参数,某些情况下甚至要返回逻辑设计阶段。在修改逻辑结构时,特别要强调以下两点。

- 前面讲到组织数据入库是十分费时、费力的,如果试运行后修改了数据库的设计,则必须重新组织数据入库。因此应该分期分批地组织数据入库,先输入小批量数据做调试用,等到试运行基本合格后再大批量输入数据,逐步增加数据量,逐步完成运行评价。

- 在数据库试运行阶段,由于系统还不稳定,软硬件故障随时可能发生,并且系统的操作人员对新系统尚不熟悉,误操作也是不可避免的,因此要做好数据库的转储和恢复工作。一旦故障发生,能够尽快恢复数据库,争取减少对数据库的破坏程度。

7.6.3　数据库的运行和维护

数据库试运行合格后,数据库开发工作就基本完成了,可以投入正式运行了。但是由于应用环境在不断变化,数据库运行过程中物理存储也会不断变化,对数据库设计进行评价、调整、修改等维护工作是一个长期的任务,这也是设计工作的继续和提高部分的阶段。

在数据库运行阶段,对数据库经常性的维护工作主要是由数据库管理员完成的。数据库的维护工作主要包括以下几方面。

1. 数据库的转储和恢复

数据库的转储和恢复是系统正式运行后最重要的维护工作之一。数据库管理员要针对不同的应用要求制定不同的转储计划,以保证一旦发生故障能尽快将数据库恢复到某种一致的状态,并尽可能减少对数据库的破坏。

2. 数据库的安全性、完整性控制

在数据库运行过程中,由于应用环境的变化,对安全性的要求也会发生变化,比如有的数据原来是机密的,现在则可以公开查询,而新加入的数据又可能是机密的。系统中用户的密级也会改变。这些都需要数据库管理员根据实际情况修改原有的安全性控制。同样,数据库的完整性约束条件也会变化,也需要数据库管理员不断修正,以满足用户要求。

3. 数据库性能的监督、分析和改造

在数据库运行过程中,监督系统运行,对监测数据进行分析,找出改进系统性能的方法是数据库管理员的又一重要任务。目前有些关系数据库管理系统提供了监测系统性能参数的工具,数据库管理员可以利用这些工具方便地得到系统运行过程中一系列性能参数的值。数据库管理员应仔细分析这些数据,判断当前系统运行状况是否为最佳,应当进行哪些改进,例如,调整系统物理参数或对数据库进行重组织或重构造等。

4. 数据库的重组织与重构造

数据库运行一段时间后,由于记录不断地进行增加、修改、删除操作,将会使数据库的物理存储情况变坏,降低数据的存取效率,使数据库性能下降,这时数据库管理员就要对数据库进行重组织或部分重组织(只对频繁增、删的表进行重组织)。关系数据库管理系统一般都提供数据重组织用的实用程序。在重组织的过程中,按原设计要求重新安排存储位置、回收垃圾、减少指针链等,提高系统性能。

数据库的重组织并不修改原设计的逻辑和物理结构,而数据库的重构造则不同,它是指部分修改数据库的模式和内模式。

由于数据库应用环境发生变化,增加了新的应用或新的实体,取消了某些应用,有的实体与实体间的联系也发生了变化等,使原有的数据库设计不能满足新的需求,需要调整数据库的模式和内模式。例如,在表中增加或删除某些数据项,改变数据项的类型,增加或删除某个表,改变数据库的容量,增加或删除某些索引等。当然数据库的重构也是有限的,只能做部分修改。如果应用变化太大,重构也无济于事,说明此数据库应用系统的生命周期已经结束,应该设计新的数据库应用系统了。

小结

本章主要讨论数据库设计的方法和步骤,列举了较多的实例,详细介绍了数据库设计各个阶段的目标、方法以及应注意的事项,其中重点是概念结构的设计和逻辑结构的设计,这也是数据库设计过程中最重要的两个环节。

概念结构的设计着重介绍了 E-R 模型的基本概念和图示方法。应重点掌握实体型、属性和联系的概念,理解实体型之间的一对一、一对多和多对多的联系。掌握 E-R 模型的设计,以及把 E-R 模型转换为关系模型的方法。

学习本章要掌握书中讨论的基本方法,要在实际工作中运用这些思想,设计符合应用需求的数据库模式和数据库应用系统。

习题

一、单项选择题

1. 在数据库设计中,用 E-R 图来描述信息结构但不涉及信息在计算机中的表示,它是数据库设计的( )阶段。

    A. 需求分析　　　　B. 概念结构设计　　　C. 逻辑结构设计　　　D. 物理结构设计

2. E-R 图是数据库设计的工具之一,它适用于建立数据库的( )。

    A. 概念模型　　　　B. 逻辑模型　　　　　C. 结构模型　　　　　D. 物理模型

3. 在关系数据库设计中,设计关系模式是( )的任务。

    A. 需求分析阶段　　B. 概念设计阶段　　　C. 逻辑设计阶段　　　D. 物理设计阶段

4. 数据库物理设计完成后,进入数据库实施阶段,下列各项中不属于实施阶段的工作是( )。

    A. 建立数据库结构　B. 扩充功能　　　　　C. 加载数据　　　　　D. 系统调试

5. 数据库概念设计的 E-R 方法中,用属性描述实体的特征,属性在 E-R 图中用( )表示。

    A. 矩形　　　　　　B. 四边形　　　　　　C. 菱形　　　　　　　D. 椭圆形

6. 在数据库的概念设计中,最常用的数据模型是( )。

A. 形象模型　　　　B. 物理模型　　　　C. 逻辑模型　　　　D. 实体-联系模型

7. 在数据库设计中,在概念设计阶段可用 E-R 方法,其设计出的图称为( )。

A. 实物示意图　　　B. 实用概念图　　　C. 实体表示图　　　D. 实体-联系图

8. 从 E-R 模型关系向关系模型转换时,一个 $M:N$ 联系转换为关系模式时,关系模式的关键字是( )。

A. M 端实体的关键字

B. N 端实体的关键字

C. M 端实体关键字与 N 端实体关键字的组合

D. 重新选取其他属性

二、填空题

1. E-R 数据模型一般在数据库设计的_____阶段使用。

2. 数据模型是用来描述数据库的结构和语义的,数据模型有概念数据模型和结构数据模型两类,E-R 模型是_____模型。

3. 数据库设计的几个步骤是_____、_____、_____、_____、_____。

4. "为哪些表,在哪些字段上,建立什么样的索引"这一设计内容应该属于数据库设计中的_____设计阶段。

5. 在数据库设计中,把数据需求写成文档,它是各类数据描述的集合,包括数据项、数据结构、数据流、数据存储和数据加工过程等的描述,通常称为_____。

三、设计题

1. 某大学实行学分制,学生可根据自己的情况选修课程。每名学生可同时选修多门课程,每门课程可由多位教师讲授;每位教师可讲授多门课程。其不完整的 E-R 图如图 7-12 所示。

(1) 指出学生与课程的联系类型,完善 E-R 图。

(2) 指出课程与教师的联系类型,完善 E-R 图。

(3) 若每名学生有一个教师指导,每个教师可指导多名学生,请问学生与教师之间是何联系?

(4) 在原 E-R 图上补画教师与学生的关系,并完善 E-R 图。

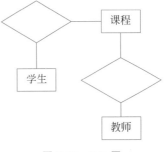

图 7-12　E-R 图

2. 将如图 7-13 所示的 E-R 图转换为关系模式,菱形框中的属性可以自由确定。

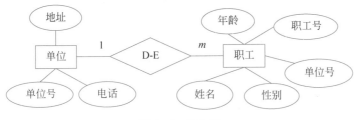

图 7-13　E-R 图

3. 假定一个部门的数据库包括以下信息。
- 职工的信息：职工号、姓名、住址和所在部门。
- 部门的信息：部门所有职工、经理。
- 产品的信息：产品名、制造商、价格、型号及产品内部编号。
- 制造商的信息：制造商名称、地址、生产的产品名和价格。
- 一个部门可以有多名职工，职工可销售产品，产品由制造商提供。

试画出这个数据库的 E-R 图。

4. 设有商业销售记账数据库。一个顾客(顾客姓名,单位,电话号码)可以购买多种商品,一种商品(商品名称,型号,单价)供应多个顾客。试画出对应的 E-R 图。

5. 某医院病房计算机管理中需要如下信息。
- 科室：科名,科地址,科电话,医生姓名。
- 病房：病房号,床位数,所属科室名。
- 医生：姓名,职称,所属科室名,年龄,工作证号。
- 病人：病历号,姓名,性别,诊断,主管医生,病房号。

其中,一个科室有多个病房、多个医生,一个病房只能属于一个科室,一个病房有多张床位,一个医生只属于一个科室,但可负责多个病人的诊治,一个病人的主管医生只有一个。

完成如下设计。
(1) 设计该计算机管理系统的 E-R 图。
(2) 将该 E-R 图转换为关系模型结构。
(3) 写出转换后关系模式的主键及外键。

第8章

在线考试系统应用开发

随着计算机和网络技术的飞速发展,计算机应用已经渗透到各个领域,很多高校和社会培训机构都开展了网络教学模式,通过计算机网络实现远程教育和培训。远程教育包括许多内容,其中很重要一项内容就是在线考试系统,这也是较为难以实现的内容之一。传统的考试方式至少要经过人工出题、考生考试、人工阅卷、成绩评估和试卷分析等若干个环节,随着考试类型的不断增加及考试要求的不断提高,教师的工作量不断增大,以上这些环节都将是十分烦琐且容易出错的,因此传统的考试方式已经不适应现代考试的需要。

本章所设计的"在线考试系统"是基于服务器、计算机客户机、手机移动端三级模式架构的应用系统,服务器提供数据库服务。教师可以在计算机运行本系统,完成试题、出卷、组卷,考试设置等功能,每一次考试结束后,教师在线进行阅卷、评测、试卷分析等操作;学生通过计算机客户机完成在线答卷,也可以使用手机做平时的练习题,而教师可以通过手机查看学生平时章节练习的情况,并能通过手机批阅客观题。该系统既可以在本地进行,也可以进行异地的远程考试,拓展了考试的灵活性。

8.1 在线考试系统的数据库设计

在线考试系统的数据库设计是按照第7章所述的数据库设计的理论和步骤进行的,是一个数据库应用设计的典型实例。

8.1.1 需求分析

1. 业务调查

本章所设计的在线考试系统中,有三类使用人员:管理员、教师、学生。管理员进行系统人员的创建及权限的分配和初始化系统的工作;教师进行题库的编辑、组织试卷、评卷给分工作;学生进行在线注册、在线练习、在线答卷、查看成绩的工作。

教师在此平台上可以按题型进行题库的编辑,题库的内容可以根据教师的设计进行章节开发,学生可以从开放的题库中进行章节知识点的练习,教师还可以使用"在线组卷"功能,从题库中抽取题目组成试卷,统一进行在线考试。

学生通过互联网访问该系统,在此平台上,可以按照教师的课程进展要求或各自的学习计划对所学的知识进行自我检测,教师可以通过平台对学生的学习情况进行动态管理,并依据平台记录的测试成绩给出对学生客观的综合评价。

教师和学生可以通过系统注册或登录成为系统用户,教师也可以担任管理员的角色,在实际应用中可进行设置。

2. 功能分析

在线考试系统的功能如图 8-1 所示,提供了编辑题库、组织试卷、在线答题、用户管理等功能。

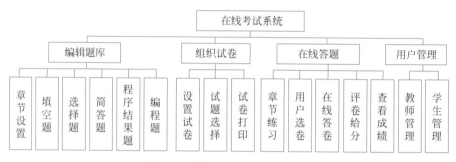

图 8-1   在线考试系统的功能图

1)编辑题库

教师用户登录到平台后,可以进行填空题、选择题、简答题、程序结果题、编程题 5 种题型的编辑,每种题型的编辑界面不同。在每种题型界面下,可以完成每道题的添加、修改、删除的功能。教师通过设置,允许学生删除自己相应知识点所完成练习的记录。

2)组织试卷

教师在进行组织试卷时,首先进行设置试卷工作,完成试卷的题型及分值的设置工作,本系统暂时设置为百分制。然后根据本套试卷的题型设置,从题库中进行试题的选择,并为每小题进行分值设定。最后教师为本套试卷进行试卷标题及页面格式的设置后,进行试卷打印。

3)在线答题

学生登录本系统后,可以按照章节进行相应知识点的练习,在线练习完成后由系统自动判断对错,并把答案显示给学生,学生可以反复练习,系统把每次练习的结果保存下来。教师可以根据这些记录给出学生的平时成绩,如果教师不用此记录作为平时成绩,学生则被允许可以自主删除所做练习的记录。

该系统提供了在线考试功能,教师完成组织试卷后,可以进行考试设置,设置本次考试的开始及结束时间、参考学生人数、专业、班级等相关考务工作的内容。学生可以登录系统进行在线答卷。教师在学生提交试卷后,可以进行评卷给分。学生可以在考试结束后,在规定的时间查看成绩。

4)用户管理

在线考试系统的用户为教师和学生,使用统一的用户管理界面。教师和学生都通过注册用户,成为本系统的用户,若修改用户名、个人信息及密码,可以通过用户修改界面完成。

3. 在线考试系统的数据流图

设计人员通过对调查结果进行分析,可以获得业务流程以及业务与数据之间的联系,结果一般用数据流程图（简称"数据流图"）表示，数据流图的符号如图 8-2 所示。

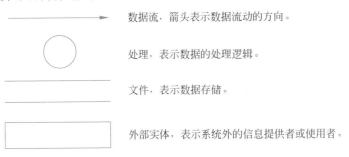

数据流，箭头表示数据流动的方向。

处理，表示数据的处理逻辑。

文件，表示数据存储。

外部实体，表示系统外的信息提供者或使用者。

图 8-2　数据流图的符号

数据流图表达了数据和处理过程的关系，描述了事务处理所需要的原始数据及经过处理后的数据流向。数据流是数据在系统内的传输途径，数据流图从数据传递和加工的角度，以图形的方式描述出数据从输入到输出的变换过程。数据流图是结构化系统分析的主要工具，它去除了具体的组织结构、工作场所等，仅反映信息和数据存储、流动、使用和加工的情况。

数据流：数据流是由一组确定的数据组成，如学生的数据是由学号、姓名、年龄等组成。由于数据流是流动中的数据，因此必须有流向，箭头表示数据流动的方向。除了与数据存储之间的数据流不用命名外，其他数据流都应该使用"名词事项"或"名词短语"进行命名。

处理：处理是对数据进行的操作或处理，即功能的原型。

文件：文件是数据暂时存储或永久保存的地方，可以是数据库存储文件。

外部实体：外部实体是独立于系统而存在的，是和系统有联系的实体。它表示数据的外部来源和最后的去向。

通过需求分析，整理在线考试系统的顶层数据流图，如图 8-3 所示。可以看出，系统由教师和学生两类用户进行使用，教师在系统中编辑题库和组织试卷，学生在系统中答题。顶层数据流图反映了在线考试系统与外界的接口，但未表明数据的加工要求，需要进一步细化。

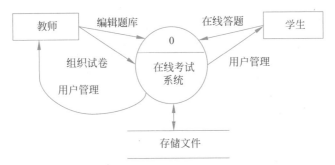

图 8-3　在线考试系统的顶层数据流图

根据需求分析阶段对在线考试系统功能边界的确定，再对在线考试系统顶层数据流图中的处理内容做进一步的分析，可以分解为在线考试系统的第一层数据流图，如图 8-4 所示。然后再逐层细化至第二层、第三层，直至把所有功能的数据流向分析完整。

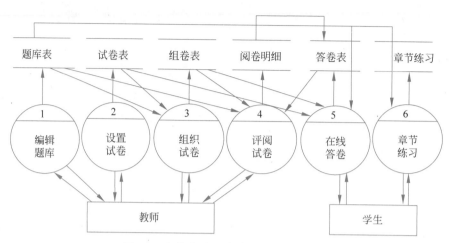

图 8-4 在线考试系统的第一层数据流图

8.1.2 数据字典的开发

在数据流图的基础上,定义数据字典。数据字典是关于数据库中数据的描述,它的作用是在软件分析和设计过程中为有关人员提供关于数据描述信息的查询,以保证数据的一致性。下面是在线考试系统的数据字典的内容。

1. 数据项

数据项是不可再分的数据单位,对数据项的描述通常包括以下内容。

数据项描述=｛数据项名,数据项含义说明,别名,数据类型,长度,取值范围,与其他数据项的逻辑关系｝

其中,"与其他数据项的逻辑关系"定义了数据的完整性约束条件,是设计数据检验功能的依据。在线考试系统的数据项描述如表 8-1 所示。

表 8-1 在线考试系统的数据项描述

序号	数据项名	含 义	类型	取值范围	取值含义
1	题号	唯一标识每道题	数值型	1～65 535	自增流水号
2	题目类型	题库中的题型	字符型	填空、判断、单选、编程、简答	题目的种类
3	题干	题目的具体文字内容	字符型	任意字符	
4	答案个数	每题答案的总个数	整型	1～20	
5	答案内容	答案的内容,每个答案之间用特殊字符标识	字符型	任意字符	
6	章节	标记知识点所在章节,用于内容索引	字符型	任意字符	
7	学号	学生登录系统的账号	字符型		
8	姓名	学生和教师的姓名	字符型		
9	入学年份	学生的入学年份	字符型		
10	班级	学生所在班级	字符型		
11	密码	学生和教师的登录密码	字符型		

续表

序号	数据项名	含 义	类型	取 值 范 围	取 值 含 义
12	照片	学生的正面头像	二进制		
13	教师号	教师登录系统的账号	字符型		
14	试卷号	每套试卷的唯一编号	数值型	可自动增长	自增流水号
15	出卷时间	教师生成试卷的时间	日期时间		
16	题型数	每套试卷中大题的数量	数值型	1~20	
17	题型分数	每题型的分值,每个分值之间用特殊字符标识	字符型	0~100	
18	科目标题	显示试卷的科目信息	字符型		
19	考试时间	每套试卷的考试时间	日期时间		
20	开考时间	每个学生每套试卷的开始考试时间	日期时间		
21	交卷时间	每个学生每套试卷的考试结束时间	日期时间		
22	分值	该卷上该题所对应的分值	数值型	0~100	
23	每空分值	答案的分值,每空分值之间用特殊字符标识	字符型	0~100	
24	考试编号	每个学生每套试卷对应的唯一编号	数值型	1~65 535	自增流水号
25	题型得分	每题型的得分,每个得分之间用特殊字符标识	字符型	0~100	
26	总分	该学生当前试卷的总分	数值型	0~100	
27	得分	每题评阅所得分数	数值型	0~100	
28	删除否	是否有删除此题的练习权	字符型	是、否	是否有权限
29	成绩	章节练习的每道题得分	数值型	0~100	
30	练习时间	章节练习每题提交的时间	日期时间		
31	删除	是否删除此题的练习记录	字符型	是、否	是否可以删除

2. 数据结构

数据结构反映了数据之间的组合关系,一个数据结构可以由若干个数据项组成,也可以由若干数据结构组成,或由若干数据项和数据结构混合组成。对数据结构的描述通常包括以下内容。

数据结构={数据结构名,含义说明,组成:{数据项或数据结构}}

在线考试系统的数据结构描述如表8-2所示。

表8-2 在线考试系统的数据结构描述

序号	数据结构名	含 义 说 明	组 成
1	教师	教师的信息	教师号、姓名、密码
2	学生	学生的信息	学号、姓名、密码、入学年份、班级、照片
3	题库	题库的信息	题号、题型、题干、答案个数、答案内容、章节、平时记录、出题教师号

序号	数据结构名	含 义 说 明	组　　成
4	试卷	每套试卷的信息	试卷号、组卷教师号、出卷时间、考试时间、题型数、题型分数、科目标题
5	组卷	每套试卷由题库若干道组成的信息	试卷号、题号、每空分值、分值
6	答卷	学生在线答卷信息	考试号、试卷号、学号、开考时间、交卷时间、题型数量、题型得分、总分
7	阅卷	教师评卷信息	考试号、题号、评阅教师号、得分、每空得分
8	章节练习	学生进行题库章节练习信息	题号、学号、成绩、练习时间、删除否

3. 数据流

数据流是数据结构在系统内传输的路径,对数据流的描述通常包括以下内容。

数据流描述=｛数据流名,含义说明,数据流来源,数据流去向,组成:｛数据结构｝,平均流量,高峰期流量｝

其中,"数据流来源"是说明该数据流来自哪个过程,"数据流去向"是说明该数据流将到哪个过程去,"平均流量"是指反映在单位时间(每天、每周、每月等)里的传输次数,"高峰期流量"是指在高峰时期的数据流量。以下是在线考试系统的数据流描述。

1) 教师对题库的编辑

说明:由教师建设题库,目前系统有填空、判断、单选、编程、简答。

数据来源:教师按题型编辑题目。

数据去向:教师组卷,学生答卷,老师阅卷。

数据结构:教师、题库。

平均流量:每种题型每章有 20 条,有 15 个章节,题目=20×5×15=1500 条记录。

高峰期流量:假设同门课程有 10 位教师出题,共 1500×10 人=15 000 条记录。

2) 学生平时章节练习

说明:学生可以从题库中按章节进行练习,系统自动评阅,将结果记录到章节练习中。教师可以为每道题目设置删除标记,如果需要记录学生的平时练习成绩,则不允许删除学生。

数据来源:学生登录系统后,从题库选择题目,在界面完成练习。

数据去向:系统自动评阅,统计平时成绩。

数据结构:学生、题库、章节练习。

平均流量:每套试卷 50 道题,按每班 40 人计算,50×40=2000 条记录。

高峰期流量:假设 10 个班同时在线练习,共 2000×10 班=20 000 条记录。

3) 教师设置考试

说明:教师进行考试设置,并组织实施在线考试,可以设置每次考试的试卷号、组卷教师号、出卷时间、考试时间、题型数、题型分数、科目标题,产生唯一对应的试卷号。

数据来源:教师。

数据去向:教师设置考试。

数据结构:教师、试卷。

平均流量：最多可以设置 10 次考试，平时不设置考试，所以平均为 10 条记录。

高峰期流量：假设期中和期末将出现高峰，每学期两次考试，每次考试 10 个班，共有 $10\times2=20$ 条记录。

4）教师为每一次考试组卷

说明：教师设置好考试后，将为本次考试从题库中选题，组成试卷。

数据来源：新建考试，题库组卷。

数据去向：学生选择考试。

数据结构：教师、题库、试卷、组卷。

平均流量：每套试卷 50 道题，按每班 40 人计算，$50\times40=2000$ 条记录。

高峰期流量：假设 10 个班全部参加考试，共 $50\times40\times10=20\,000$ 条记录。

5）学生进行选择考试科目

说明：学生可以从考试中选择一门考试科目。

数据来源：选择考试，在线答卷。

数据去向：在线答卷。

数据结构：学生、试卷、答卷。

平均流量：题库中有 10 套试卷，每班 40 人计算，$10\times40=400$ 条记录。

高峰期流量：假设 10 个班全部参加考试，共 $400\times10=4000$ 条记录。

6）学生根据当前所选的考试科目在线答卷

说明：学生根据所选择的考试，根据组卷结果调出题目，进行在线答卷，提交试卷后，将每题作答内容记录到阅卷表中。

数据来源：在线答卷。

数据去向：教师阅卷。

数据结构：试卷、组卷、答卷、阅卷。

平均流量：每种题型每章有 20 道题，有 15 个章节，题目＝$20\times5\times15=1500$ 条记录。

高峰期流量：假设 10 个班全部参加考试，共 $60\,000\times10=600\,000$ 条记录。

7）教师进行在线评阅

说明：教师根据所选择的考试，根据组卷调出题目，再从阅卷中调出学生回答内容，对每道题进行对比评阅，给出得分，并汇总到答卷表中。

数据来源：教师阅卷。

数据去向：教师阅卷。

数据结构：试卷、组卷、答卷、阅卷。

平均流量：每种题型每章有 20 道题，有 15 个章节，题目＝$20\times5\times15=1500$ 条记录，每班有 40 人，共 $40\times1500=60\,000$ 条记录。

高峰期流量：假设 10 个班全部参加考试，共 $60\,000\times10=600\,000$ 条记录。

8）教师进行平时成绩汇总

说明：教师可以为每道题目进行设置是否记录平时成绩，当学生选择该题目时练习，提交练习后，该道题目的练习成绩将记录到"章节练习"中。如果教师为该题目设置"平时成绩"为1，则可以统计该学生所完成的对应题目的成绩，以作为平时成绩的原始数据；若设置"平时成绩"为0，学生可以自主删除本次的练习成绩，无须记录该次练习的成绩。

数据来源：学生从题库中选题,进行在线练习。

数据去向：提交练习。

数据结构：学生、题库、章节练习。

平均流量：每种题型每章有 20 道题,有 15 个章节,题目=20×5×15=1500 条记录。

高峰期流量：假设每章有 5 种题型各 20 条,有 15 个章节,题目=20×5×15=1500 条记录,每班有 40 人,共 40×1500=60 000 条记录。

4. 处理过程

数据字典中描述处理过程的说明性信息,通常包括以下内容。

处理过程描述=｛处理过程名,说明,输入：｛数据流｝,输出：｛数据流｝,处理：｛简要说明｝｝

其中,"简要说明"中主要说明该处理过程的功能及处理要求;"功能"是指该处理过程用来做什么,"处理要求"包括处理频度要求,如单位时间里处理多少事务,多少数据量,响应时间要求等。这些处理要求是后面物理设计的输入及性能评价的标准。

在线考试系统的处理过程如下。

1) 编辑题库

处理过程：教师根据不同的题型进行题目的编辑工作。

说明：当前可以编辑填空、判断、单选、编程、简答这几种题型。

输入：设计填空、判断、单选、编程、简答这几种题型的风格不同的录入界面。

输出：将所有题型统一处理,对于每道题,统计有几个空,形成"空数";并把每个空的标准答案用特定的分隔符连接成一个字符串,形成"空内容"字段的值。

处理：教师在编辑题库时,首先选择所要编辑的题型,然后出现该种题型的编辑界面,用户按每种题型的内容把一道题的信息全部录入后,单击"保存"按钮,生成相应的题目号,入库每道题的信息。

2) 设置考试

处理过程：教师设置每次考试的题型、分值、考试时间,每次设置将生成一份试卷(对应唯一的试卷号),存放在试卷表中。

说明：该项工作由教师完成,进行每次考试的设置。

输入：考试的题型数、题型分值、考试时间、出卷时间、科目标题、出题教师号。

输出：生成唯一的试卷号,在试卷表中生成一条新记录。

处理：在生成试卷后,教师将从题库中抽题,进行组卷。

3) 组卷

处理过程：教师为当前设置的试卷从题库中选题进行组卷,生成组卷表。

说明：教师在设置一次新的考试后,将根据题型数目和题型分值的设置从题库中选题组卷,生成组卷表,试卷号和题号组合形成主键。

输入：根据题型数目和题型分值,从题库中选择题目,形成相应的记录。

输出：将生成的批量记录存入组卷表中,也可以形成试卷视图。

处理：以试卷号对该表进行检索将生成该套试卷的题目详细内容,对该内容可以打印生成相应纸质试卷。

4）选择考试

处理过程：如果教师为某个班级指定了某套试卷，则相应班级的学生在相应的考试时间内选择该套试卷（唯一的试卷号）进行在线考试。

说明：学生从试卷表中选择试卷号，添加上自己的学号，生成答卷表中的一条新记录。

输入：试卷号、学号、开考时间。

输出：根据试卷号、学号、开考时间生成唯一的考试编号，作为主键，其他的题型数、题型得分、交卷时间字段为空。

处理：此条新记录，将随着学生在线考试回答每道题目时，作为阅卷明细的"考试编号"外键带入阅卷明细表中。

5）在线考试

处理过程：学生在线考试，把该套试卷的题目显示在界面上进行答题，当作答结束后，单击"提交试卷"按钮，将答卷的详情记录到阅卷明细表中。

说明：根据试卷号，从题库中调出试卷，生成答卷界面，进行在线答题。

输入：每道题的具体答题内容，形成阅卷明细中的"空数"和"空内容"。

输出：生成每道题目的作答内容的记录。

处理：在阅卷表中生成批量作答记录。

6）阅卷

处理过程：教师从阅卷明细中调出每个学生每套试题的作答记录，根据题目表中的标准答案进行评阅，给出每道题目的得分。

说明：教师通过评阅更新阅卷中的"得分"字段的内容。

输入：教师对每套试卷的作答记录进行逐题对比，给出每道题的"得分"。

输出：更新每道题的"得分"汇总后再更新答卷表中的"题型数"和"题型得分"字段。

处理：在阅卷明细表中更新批量记录，在答卷中更新一条汇总后的统计记录。

7）章节练习

处理过程：学生从题目表中选择相应的内容进行练习，并记录到"章节练习"表。

说明：这些练习记录可以作为本门课程的平时成绩的数据依据，系统根据题目中的标准答案自动进行比对评阅，给出成绩。

输入：学号、题号、空数、空内容、成绩、练习时间（系统取提交服务器时间）。

输出：章节练习中的对应记录。

处理：当学生结束练习时，系统自动评阅后生成成绩。

8.1.3 设计数据库的概念模型

根据在线考试系统的数据流图，得出实体：教师、学生、题目、试卷。具体如下所述。

教师的实体属性有：教师号、姓名、密码。

学生的实体属性有：学号、姓名、入学年份、班级、密码、照片。

题目的实体属性有：题号、题型、题干、答案个数、答案内容、章节、教师号、删除否。

试卷的实体属性有：试卷号、教师号、组卷时间、题型数、题型分数、科目标题、考试时间。

实体之间的关系有：设置试卷、组卷、答卷、阅卷、章节练习。具体描述如下。

1. 设置试卷

设置试卷是教师与试卷之间的联系,由教师来设置每次试卷(即考试)的具体内容,一位教师可以设置多项考试,若干次考试由一位老师设置,所以教师与试卷两个实体之间存在着一对多的联系。

2. 组卷

组卷是题目与试卷之间的联系,由教师根据每次考试的题型和数目从题库中进行选择题目组成试卷。一份试卷由多道题目组成,每道题目也可以出现在多份试卷上,所以题目与试卷之间存在着多对多的联系。

3. 答卷

答卷是学生与试卷明细之间的联系,当学生进行在线考试时,一份试卷可以被多名学生选中,一个学生可以选择多份试卷,所以学生与试卷之间存在着多对多的联系。当一名学生选中一套试卷后,就会生成唯一的考试编号,这个考试编号在阅卷中充当外键。

4. 阅卷

阅卷是题目、答卷、组卷之间的联系,三者之间是多对多联系。教师根据每套试卷的组卷题号调出本套试卷的题目,然后根据每个学生的考试编号从阅卷明细中调出学生的该套试卷的答卷明细,逐题进行评阅并给出得分,记录到阅卷明细的相应得分中。

5. 章节练习

章节练习是学生、题目两者之间的联系,学生从题目表中选择相应的内容进行练习,并记录到"章节练习"表中。系统把每次练习结果保存下来,教师可以根据这些记录给出学生的平时成绩,如果教师不用此记录作为平时成绩,学生则被允许可以自主删除所做练习的记录。

8.1.4 设计数据库的逻辑结构

经过前期的需求分析,得到在线考试系统的 E-R 图,如图 8-5 所示。根据关系规范化理论和 E-R 图形转换为关系模型的规则,在线考试系统的 E-R 图转换为下列关系模式:

教师(<u>教师号</u>,姓名,密码)

学生(<u>学号</u>,姓名,入学年份,班级,密码,照片)

题库(<u>题号</u>,题型,题干,空数,标准答案,章节,教师号)

章节练习(<u>学号,题号</u>,练习时间,答题内容,成绩,删除否)

试卷(<u>试卷号</u>,教师号,出卷时间,题型数,题型分数,标题,考试时间)

组卷(<u>试卷号,题号</u>,空数,空分值)

答卷(<u>试卷号,学号</u>,开考时间,交卷时间,总分)

阅卷明细(<u>试卷号,题号,学号,教师号</u>,答题内容,评阅内容,得分)

8.1.5 设计数据表

根据所设计出的逻辑结构,形成了在线考试系统的数据库的 8 个表的结构,如表 8-3~表 8-10 所示。

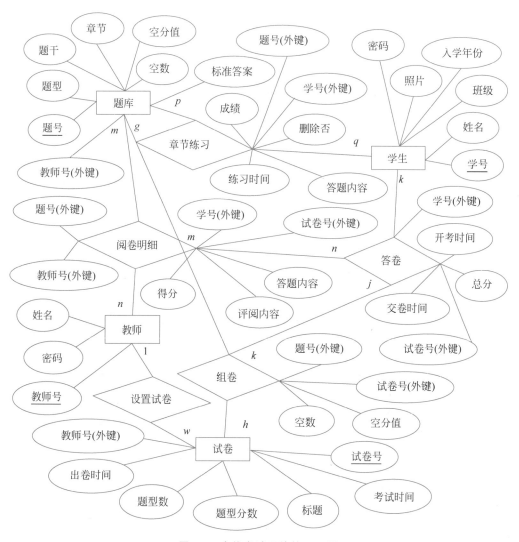

图 8-5 在线考试系统的 E-R 图

表 8-3 教师表结构

序　号	字　段　名	类　型	含　义	是否为空	主　键
1	教师号	字符型	教师号	否	是
2	姓名	字符型	教师姓名	否	
3	密码	字符型	登录密码	是	

表 8-4 学生表结构

序　号	字　段　名	类　型	含　义	是否为空	主　键
1	学号	字符型	学号	否	是
2	姓名	字符型	学生姓名	否	
3	入学年份	字符型	入学年份	否	
4	班级	字符型	班级	否	
5	密码	字符型	登录密码	否	
6	照片	二进制	照片	是	

表 8-5 题库表结构

序 号	字 段 名	类 型	含 义	是否为空	主 键
1	题号	数值型	流水号,可自动增长	否	是
2	题型	字符型	填空、判断、单选、编程、简答	否	
3	题干	字符型	题目内容	否	
4	空数	整型	该题答案的空数	否	
5	空分值	字符型	每空得分,每个得分之间使用特殊字符分隔	否	
6	章节	字符型	标记知识点所在章节,用于内容索引	否	
7	标准答案	字符型	每空答案及每个答案之间用特殊字符分隔	否	
8	教师号	字符型	出题的教师号	否	

表 8-6 试卷表结构

序 号	字 段 名	类 型	含 义	是否为空	主 键
1	试卷号	数值型	流水号,可自动增长	否	是
2	教师号	字符型	出卷教师号,外键	否	
3	出卷时间	日期时间	出卷时间	否	
4	题型数	数值型	题型数目	否	
5	题型分数	字符型	每题型的分值及每个分值之间用特殊字符分隔	否	
6	标题	字符型	试卷的科目标题	否	
7	考试时间	日期时间型	为本次考试设置开考时间	是	

表 8-7 组卷表结构

序 号	字 段 名	类 型	含 义	是否为空	主 键
1	试卷号	数值型	外键	否	是
2	题号	数值型	外键	否	
3	空数	数值型	该题空数	是	
4	空分值	字符型	每空的分值及每空分值之间用特殊字符分隔	是	

表 8-8 答卷表结构

序 号	字 段 名	类 型	含 义	是否为空	主 键
1	学号	字符型	外键	否	是
2	试卷号	数值型	外键	否	
3	开考时间	日期时间型	开考时间	否	
4	交卷时间	日期时间型	学生交卷时间	是	
5	总分	数值型	本份答卷所得总分	是	

表 8-9　阅卷明细表结构

序　　号	字 段 名	类　　型	含　　义	是否为空	主　　键
1	学号	字符型	外键	否	
2	试卷号	数值型	外键	否	是
3	题号	数值型	外键	否	
4	教师号	字符型	外键	否	
5	答题内容	字符型	学生答题内容，每空之间用特殊字符标识分隔	是	
6	评阅内容	字符型	教师评阅打分，每空得分及每个得分之间用特殊字符标识分隔	是	
7	得分	数值型	该题得分	是	

表 8-10　章节练习表结构

序　　号	字 段 名	类　　型	含　　义	是否为空	主　　键
1	学号	字符型	外键	否	
2	题号	数值型	外键	否	是
3	练习时间	日期时间型	练习提交服务器时间	否	
4	答题内容	字符型	学生作答内容，每空答案之间用特殊字符标识分隔	是	
5	成绩	数值型	该题得分	是	
6	删除否	布尔型	能否删除本题的练习记录	是	

8.2　在线考试系统数据库的实现

8.2.1　使用 Workbench 图形化界面工具实现

进入 Workbench 窗口，选择 SCHEMAS 页面，在空白处右击弹出菜单，单击 Create Schema，出现右部创建数据库页面，如图 8-6 所示。在 Name 处输入数据库的名称，此处输

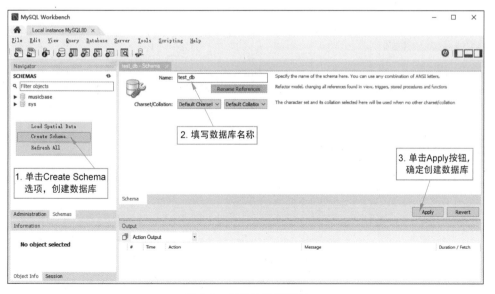

图 8-6　创建数据库页面

入在线考试系统的数据库名称为"test_db",单击 Apply 按钮。

在如图 8-7 所示页面,出现创建数据库的 SQL 脚本,其中的参数可以按默认值选项,单击 Apply 按钮。

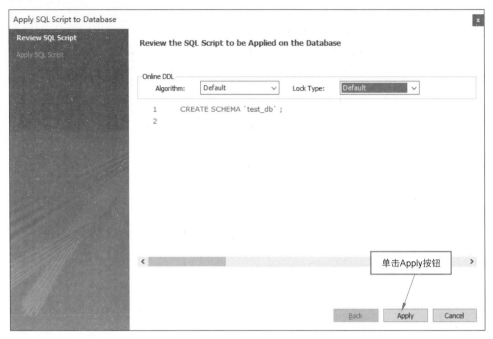

图 8-7　创建数据库的 SQL 脚本

当数据库创建成功后,就会在数据库(SCHEMAS)节点下出现所创建完成的数据库,如图 8-8 所示。选中 test_db 为当前数据库,在右键弹出的菜单上选中 Create Table 项,进入创建表的页面。

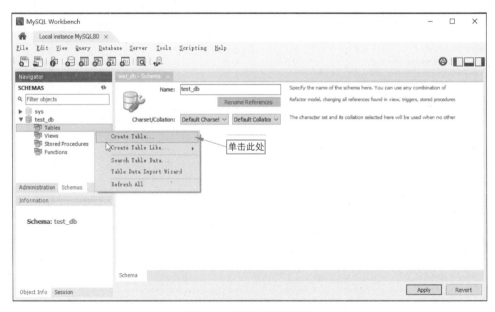

图 8-8　创建数据表页面

在此页面上,按如图 8-9 所示箭头的位置,输入表名、表的说明,逐项输入每个字段名、说明及各个字段的各种自定义约束,这些约束都是以勾选的形式选择,当该表的所有字段内容输入确认无误后,单击 Apply 按钮进行保存。

图 8-9 创建表的页面

单击 Apply 按钮后将自动生成对应的创建表的 SQL 代码,如图 8-10 所示,用户确认无误后,单击 Apply 按钮进行保存。

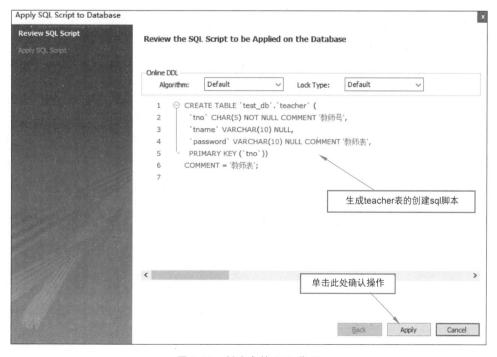

图 8-10 创建表的 SQL 代码

如图 8-11 所示,用户确认输入无误后,单击 Finish 按钮进行保存确认。

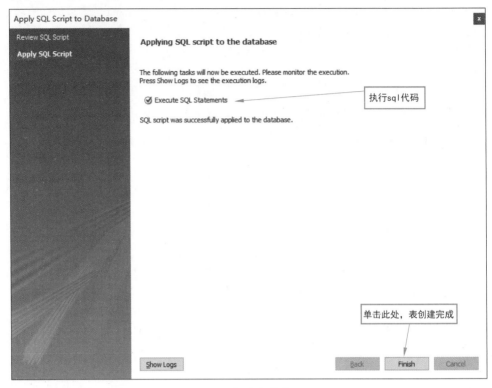

图 8-11　创建表成功页面

当表创建完成后,用户单击数据快捷键,进入数据编辑页面,此页面的各快捷键的含义如图 8-12 所示,用户可单击相应的快捷键进行数据编辑的操作。

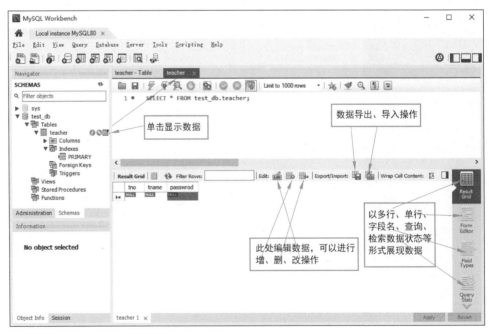

图 8-12　表数据编辑页面

　　按照 8.1 节在线考试数据库所设计的内容，把本章所设计的 8 个表的内容通过图形化界面进行创建，此处操作是类似的，不再赘述，可以参看本节教学视频进行操作。

8.2.2　使用 SQL 代码实现

脚本"创建数据库.sql"的内容如下，该代码可以直接在 MySQL 中执行。

```
drop database if exists 'test_db';
CREATE DATABASE 'test_db';
use 'test_db';

CREATE TABLE 'teacher'(
    'tno' char(5) NOT NULL COMMENT '教师号',
    'tname' varchar(10) NOT NULL COMMENT '教师姓名',
    'password' varchar(10) DEFAULT NULL COMMENT '登录密码',
    PRIMARY KEY ('tno')
) COMMENT = '教师表';

CREATE TABLE 'student'(
    'sno' char(11) NOT NULL COMMENT '学号',
    'sname' varchar(10) NOT NULL COMMENT '学生姓名',
    'enteryear' date NOT NULL COMMENT '入学年份',
    'class' varchar(10) NOT NULL COMMENT '班级',
    'password' varchar(10) NOT NULL COMMENT '登录密码',
    'picture' binary DEFAULT NULL COMMENT '照片',
    PRIMARY KEY ('sno')
) COMMENT = '学生表';

CREATE TABLE 'question'(
    'qno' int(5) NOT NULL AUTO_INCREMENT COMMENT '题号' PRIMARY KEY,
    'qtype' varchar(10) NOT NULL COMMENT '题型',
    'content' varchar(400) NOT NULL COMMENT '题干',
    'qnum' tinyint(3) NOT NULL COMMENT '空数',
    'qvalue' varchar(100) NOT NULL COMMENT '空分值',
    'chapter' varchar(50) NOT NULL COMMENT '章节',
    'answer' varchar(200) NOT NULL COMMENT '标准答案',
    'tno' char(5) NOT NULL COMMENT '教师号',
    CONSTRAINT 'fk_tno' FOREIGN KEY ('tno') REFERENCES 'teacher'('tno') ON DELETE RESTRICT ON
UPDATE RESTRICT
) COMMENT = '题库表';

CREATE TABLE 'paper'(
    'pno' int(5) NOT NULL AUTO_INCREMENT COMMENT '试卷号' PRIMARY KEY,
    'tno' char(5) NOT NULL COMMENT '教师号',
    'make_time' datetime NOT NULL COMMENT '出卷时间',
    'tnum' tinyint(3) NOT NULL COMMENT '题型数',
    'tvalue' varchar(100) NOT NULL COMMENT '题型分数',
    'title' varchar(100) NOT NULL COMMENT '标题',
    'test_time' datetime DEFAULT NULL COMMENT '考试时间',
    CONSTRAINT 'fk_paper_tno' FOREIGN KEY ('tno') REFERENCES 'teacher'('tno')
) COMMENT = '试卷表';
```

```sql
CREATE TABLE 'compose' (
  'pno' int(5) NOT NULL COMMENT '试卷号',
  'qno' int(5) NOT NULL COMMENT '题号',
  'num' tinyint(3) DEFAULT NULL COMMENT '分值',
  'values' varchar(200) DEFAULT NULL COMMENT '每空分值',
  PRIMARY KEY ('pno', 'qno'),
  KEY 'pno_idx' ('pno'),
  KEY 'fk_qno_idx' ('qno'),
  CONSTRAINT 'fk_pno' FOREIGN KEY ('pno') REFERENCES 'paper' ('pno'),
  CONSTRAINT 'fk_qno' FOREIGN KEY ('qno') REFERENCES 'question' ('qno')
) COMMENT = '组卷表';

CREATE TABLE 'exam' (
  'pno' int(5) NOT NULL COMMENT '试卷号',
  'sno' char(11) NOT NULL COMMENT '学号',
  'start_t' datetime NOT NULL COMMENT '开考时间',
  'end_d' datetime DEFAULT NULL COMMENT '交卷时间',
  'total' tinyint(3) DEFAULT NULL COMMENT '总分',
  PRIMARY KEY ('pno', 'sno', 'start_t'),
  KEY 'fk_exam_sno_idx' ('sno'),
  KEY 'f_exam_pno_idx' ('pno'),
  CONSTRAINT 'f_exam_pno' FOREIGN KEY ('pno') REFERENCES 'paper' ('pno'),
  CONSTRAINT 'fk_exam_sno' FOREIGN KEY ('sno') REFERENCES 'student' ('sno')
) COMMENT = '答卷表';

CREATE TABLE 'exam_detail' (
  'sno' char(11) NOT NULL COMMENT '学号',
  'pno' int(5) NOT NULL COMMENT '试卷号',
  'qno' int(5) NOT NULL COMMENT '题号',
  'tno' char(5) NOT NULL COMMENT '教师号',
  'answer' varchar(200) DEFAULT NULL COMMENT '答题内容',
  'values' varchar(200) DEFAULT NULL COMMENT '评阅内容',
  'score' tinyint(3) DEFAULT NULL COMMENT '得分',
  PRIMARY KEY ('pno', 'sno', 'qno', 'tno'),
  KEY 'fk_exam_detail_tno' ('tno'),
  KEY 'fk_exam_detail_qno' ('qno'),
  KEY 'fk_exam_detail_sno' ('sno'),
  KEY 'f_exam_detail_pno' ('pno'),
  CONSTRAINT 'fk_exam_detail_tno' FOREIGN KEY ('tno') REFERENCES 'teacher' ('tno'),
  CONSTRAINT 'fk_exam_detail_qno' FOREIGN KEY ('qno') REFERENCES 'question' ('qno'),
  CONSTRAINT 'fk_exam_detail_sno' FOREIGN KEY ('sno') REFERENCES 'student' ('sno'),
  CONSTRAINT 'f_exam_detail_pno' FOREIGN KEY ('pno') REFERENCES 'paper' ('pno')
) COMMENT = '阅卷明细表';

CREATE TABLE 'practice' (
  'sno' char(11) NOT NULL COMMENT '学号',
  'qno' INT(5) NOT NULL COMMENT '题号',
  'practice_time' datetime NOT NULL COMMENT '练习时间',
  'answer' varchar(200) DEFAULT NULL COMMENT '答题内容',
  'score' TINYINT(3) DEFAULT NULL COMMENT '得分',
  'delflag' boolean DEFAULT NULL COMMENT '删除否',
  PRIMARY KEY ('sno', 'qno', 'practice_time'),
  KEY 'fk_practice_qno' ('qno'),
```

```
    KEY 'fk_practice_sno' ('sno'),
  CONSTRAINT 'fk_practice_qno' FOREIGN KEY ('qno')
      REFERENCES 'question' ('qno'),
  CONSTRAINT 'fk_practice_sno' FOREIGN KEY ('sno')
      REFERENCES 'student' ('sno')
  ) COMMENT = '章节练习表';
```

"在线考试系统"的数据库是在 MySQL 8.0 环境中创建的 test_db 数据库,整个数据库的关系如图 8-13 所示。

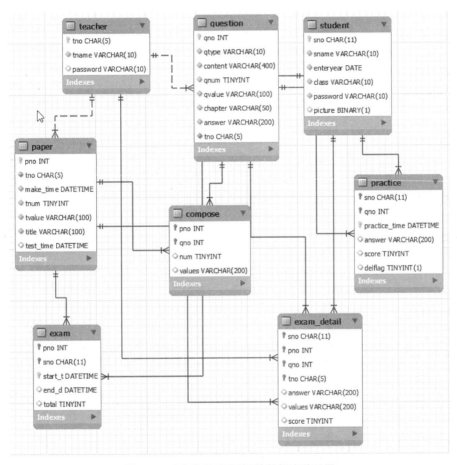

图 8-13 "在线考试系统"的数据库关系图

8.2.3 通过 JDBC 操作 MySQL 8.0 数据库

JDBC 全称 Java DataBase Connectivity(Java 数据库连接技术),是 Java 语言和 MySQL 数据库之间的一座桥梁,是 Java 语言中规范客户机程序访问数据库的应用程序的接口,该接口提供了数据库的连接及操作具体的方法。本节主要讲解在 Java 语言中,通过 JDBC 连接、操作 MySQL 8.0 数据库的内容。

1. 下载 JDBC 驱动

用户可以到 https://dev.mysql.com/downloads/connector/j/官方网址下载相应版本

JDBC 驱动程序,使用第 3 章所讲的 MySQL Install 程序安装 JDBC 的驱动,如图 8-14 所示。

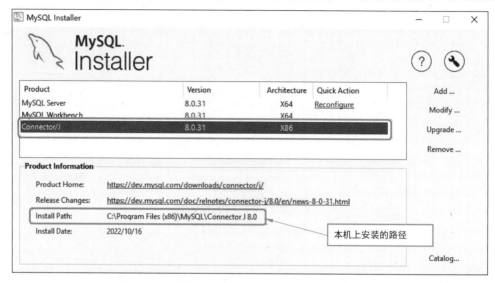

图 8-14　使用 MySQL Install 程序安装 JDBC 驱动

如果该驱动已经安装,则位于"C:\Program Files(x86)\MySQL\Connector J 8.0"默认文件目录下,如图 8-15 所示。

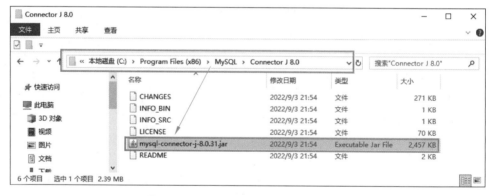

图 8-15　JDBC 下载后所在的默认目录

2. 在 Eclipse 中创建一个名称为 TestDbServer 的工程

在工程上右键弹出菜单中选择 Build Path→Configure Build Path,在如图 8-16 所示的窗口中进行设置,首先单击 Add External JARs 按钮,选择对应版本的 JDBC 驱动文件,然后单击 OK 按钮关闭该窗口,就可以在该工程下的 Referenced Libraries 下出现已成功添加的 jar 包,展开可以看到该包的所有类,用户可以调用该包的类资源。

3. 使用 Java 语言编写使用数据库的代码

在 Java 语言中,使用数据库有如下 6 个步骤。

(1) 加载驱动程序。

(2) 创建连接对象。

(3) 创建 SQL 语句执行对象。

(4) 执行 SQL 语句。

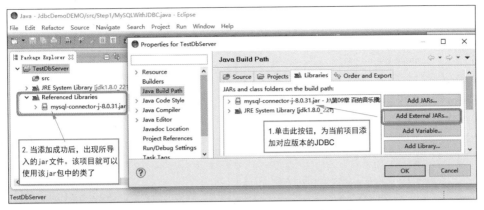

图 8-16 为当前工程中导入 JDBC 驱动 jar 包

（5）对执行结果进行处理。

（6）关闭相关的连接对象。

在 Eclipse 平台，为工程 TestDbServer 创建 TestJDBC 的包，如图 8-17 所示，在该包内创建一个名为 DbServer 的类，该类实现了与 MySQL 服务器的连接，调用 MySQL 系统数据库 Sys，并访问系统数据库的 Sys 中的表 sys_config 的数据。

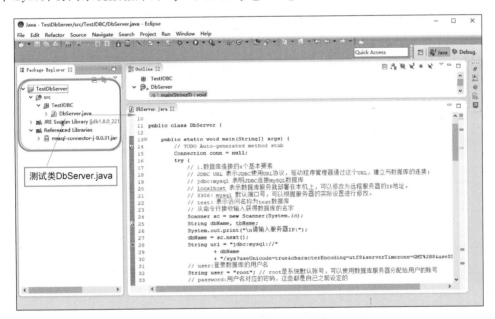

图 8-17 创建 MySQL 的测试类

DbServer.java 的代码如下。

```
package TestJDBC;                            //包名
import java.sql.Connection;                  //导入连接类
import java.sql.Driver;                       //导入驱动类
import java.sql.DriverManager;                //导入驱动管理类
import java.sql.PreparedStatement;           //导入预处理 SQL 语句类
import java.sql.ResultSet;                    //导入结果处理集类
import java.sql.SQLException;                 //导入异常处理类
```

```java
import java.util.Scanner;                              //导入控制台的输入类
public class DbServer {
    public static void main(String[] args) {           //主方法
        Connection conn = null;                         //定义连接实例 conn,并初始化为空
  try {
        Scanner sc = new Scanner(System.in);            //创建输入实例 sc
        String IpAdress;                                //定义服务器地址
        System.out.print("\n 请输入服务器 IP:");         //屏幕提示从键盘输入
        IpAdress = sc.next();                           //从键盘输入字符串到 IpAdress
        sc.close();                                     //释放输入实例 sc
//创建字符串 url,用于存储连接 MySQL 的各项参数,其中 IpAdress 是服务器地址
        String url = "jdbc:mysql://" + IpAdress
                + "/sys? useUnicode = true&characterEncoding = utf8&serverTimezone = GMT %
2B8&useSSL = false";
//参数 URL 表示 JDBC 使用 URL 协议,驱动程序管理器通过 URL 建立与数据库的连接
//参数 user 是登录数据库的用户名,用户可以使用数据库服务器上的账号
        String user = "root";                           //此处使用 root,是系统默认账号
//参数 password 是用户名对应的密码,这些都是用户自己提前设定的
        String password = "*****";                      //此处必须输入用户自己的密码
//参数 driverName 驱动类包名称, MySQL 8.0 的驱动类包名称为 com.mysql.cj.jdbc.Driver
        //①加载驱动程序
        String driverName = "com.mysql.cj.jdbc.Driver";
        Class clazz = Class.forName(driverName);//实例化 Driver
        Driver driver = (Driver) clazz.newInstance();
        DriverManager.registerDriver(driver);           //通过 DriverManager 注册驱动
        //②创建连接对象
        //通过 DriverManager 的 getConnection()方法,获取 Connection 类的对象
        conn = DriverManager.getConnection(url, user, password);
        System.out.println(conn);                       //打印连接 conn 对象
        //③创建 SQL 语句执行对象
        String sql = "select * from sys.sys_config;"; //获取 statement 对象
        PreparedStatement preparedStatement = conn.prepareStatement(sql);
        //④执行 SQL 语句,返回的数据存储在 resultSet 中
        ResultSet resultSet = preparedStatement.executeQuery(sql);
        //⑤对执行结果进行处理
        int i = 0;                                      //记录数
        while (resultSet.next()) {
            i = i + 1; //
            System.out.println("第" + i + "条记录: ");
            String id = resultSet.getString("variable");    //获得字段对应 id
            System.out.println("variable:" + id);           //打印 variable 字段值
            id = resultSet.getString("value");               //获得字段对应 id
            System.out.println("value:" + id);              //打印 value 字段值
            id = resultSet.getString("set_by");              //获得字段对应 id
            System.out.println("set_by:" + id);            //打印 set_by 字段值
        }
        if (resultSet != null) {
            resultSet.close();
        }
        if (preparedStatement != null) {
            preparedStatement.close();
        }
    } catch (Exception e) {
```

```
                e.printStackTrace();
            }
    //⑥关闭相关的连接对象
    finally {
        try {   if (conn != null)           //当 conn 不为空时
                    conn.close();            //释放 conn 资源
            } catch (SQLException e) {
                e.printStackTrace();
            }
        }
    }
}
```

小结

本章首先论述了在线考试应用的数据库设计,按照第 7 章论述的设计原则进行了在线考试系统的需求分析、数据字典的开发、概念模型的设计、将概念模型转换为关系数据库逻辑结构,完成了表结构的设计。

然后在 MySQL 8.0 中实现所设计的关系数据库,在 Workbench 中以图形化操作和 SQL 指令两种方式完成了数据库及表的创建及维护。

最后以 Java 语言为例,介绍了通过 JDBC 访问 MySQL 数据库资源的步骤,并对代码进行了分析讲解。

习题

一、单选题

1. 局部 E-R 图合并成全局 E-R 图时可能出现冲突,不属于合并冲突的是(　　　)。

    A. 属性冲突　　　　　B. 语法冲突　　　　　C. 结构冲突　　　　　D. 命名冲突

2. E-R 图中的主要元素是(　　)、(　　)和属性。

    A. 记录型　　　　　　B. 结点　　　　　　　C. 实体型　　　　　　D. 表

    E. 文件　　　　　　　F. 联系　　　　　　　G. 有向边

3. 数据库逻辑设计的主要任务是(　　　)。

    A. 建立 E-R 图和说明书　　　　　　　　B. 创建数据库说明

    C. 建立数据流图　　　　　　　　　　　D. 把数据送入数据库

4. E-R 图中的(　　　)联系可以与实体有关。

    A. 0 个　　　　　　　B. 1 个　　　　　　　C. 1 个或多个　　　D. 多个

5. 概念模型独立于(　　　)。

    A. E-R 模型　　　　　　　　　　　　　B. 硬件设备和 DBMS

    C. 操作系统和 DBMS　　　　　　　　　D. DBMS

6. 如果两个实体之间的联系是 $m:n$,则(　　　)引入第三个交叉关系。

    A. 需要　　　　　　　B. 不需要　　　　　　C. 可有可无　　　　D. 合并两个实体

7. 数据流程图(DFD)是用于描述结构化方法中( )阶段的工具。

    A. 可行性分析　　　　B. 详细设计　　　　C. 需求分析　　　　D. 程序编码

8. E-R图是表示概念模型的有效工具之一,E-R图中的菱形框"表示"的是( )。

    A. 联系　　　　B. 实体　　　　C. 实体的属性　　　　D. 联系的属性

9. 把如图8-18所示的E-R图转换成关系模型,可以转换为( )关系模式。

图8-18　厂商供应零件的E-R图

    A. 1个　　　　B. 2个　　　　C. 3个　　　　D. 4个

10. 在关系数据库设计中,设计关系模式是数据库设计中( )的任务。

    A. 逻辑设计阶段　　　　　　　　B. 概念设计阶段

    C. 物理设计阶段　　　　　　　　D. 需求分析阶段

二、填空题

1. 数据库应用系统的设计应该具有对于数据进行收集、存储、加工、抽取和传播等功能,即包括数据设计和处理设计,而_____是系统设计的基础和核心。

2. 数据库实施阶段包括两个重要的工作,一个是数据的_____,另一个是应用程序的编码和调试。

3. 在设计分E-R图时,由于各个子系统分别有不同的应用,而且往往是由不同的设计人员设计的,所以各个分E-R图之间难免有不一致的地方,这些冲突主要有_____、_____和_____三类。

4. E-R图向关系模型转换要解决的问题是如何将实体和实体之间的联系转换成关系模式,如何确定这些关系模式的_____。

5. 在数据库领域里,统称使用数据库的各类系统为_____系统。

6. 数据库逻辑设计中进行模型转换时,首先将概念模型转换为_____,然后将_____转换为_____。

三、设计题

1. 设有如下实体:

学生(学号,单位,姓名,性别,年龄,选修课程名)

课程(编号,课程名,开课单位,任课教师号)

教师(教师号,姓名,性别,职称,讲授课程编号)

单位(单位名称,电话,教师号,教师名)

上述实体中存在如下联系:

(1) 一个学生可选修多门课程,一门课程可为多个学生选修。

(2) 一个教师可讲授多门课程,一门课程可为多个教师讲授。

(3) 一个单位可有多个教师,一个教师只能属于一个单位。

完成如下工作:

(1) 分别设计学生选课和教师任课两个局部信息的结构E-R图。

(2) 将上述设计完成的E-R图合并成一个全局E-R图。

（3）将该全局 E-R 图转换为等价的关系模型表示的数据库逻辑结构。

2．如图 8-19 给出的三个不同的局部模型，将其合并成一个全局信息结构，并设置联系实体中的属性（允许增加认为必要的属性，也可将有关基本实体的属性作为联系实体的属性）。各实体构成如下：

部门：部门号，部门名，电话，地址。

职员：职员号，职员名，职务（干部/工人），年龄，性别。

设备处：单位号，电话，地址。

工人：工人编号，姓名，年龄，性别。

设备：设备号，名称，位置，价格。

零件：零件号，名称，规格，价格。

厂商：单位号，名称，电话，地址位号，名称，电话，地址。

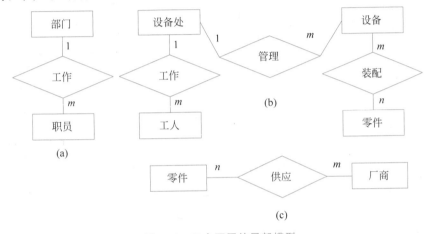

图 8-19 三个不同的局部模型

参 考 文 献

［1］ 王珊,萨师煊.数据库系统概论[M].5版.北京:高等教育出版社,2014.

［2］ 陈志泊,许福,韩慧,等.数据库原理及应用教程[M].北京:人民邮电出版社,2017.

［3］ 俞海,顾金媛.数据库基本原理及应用开发教程[M].南京:南京大学出版社,2017.

［4］ 何友鸣,金大卫,宋洁.数据库原理及应用实践教程[M].北京:人民邮电出版社,2014.

［5］ 朱辉生.数据库原理及应用实验教程[M].南京:南京大学出版社,2021.

［6］ 张龙祥,黄正瑞,龙军.数据库原理与设计[M].北京:人民邮电出版社,2007.

［7］ 邹卫琴,毛宇光.线上线下混合式数据库原理课程教学实践[J].计算机教育,2022(4):133-137.DOI: 10.3969/j.issn.1672-5913.2022.04.030.

［8］ 李鑫,李明,廖苞.《数据库原理及应用》课程思政教学改革探索[J].佳木斯职业学院学报,2023, 39(3):116-118.

［9］ 胡成华,陆鑫,张凤荔,等.数据库原理及应用课程思政元素融合方法[J].软件导刊,2023,22(6): 240-243.DOI:10.11907/rjdk.222413.

［10］ 张晓丽.面向新工科人才培养的数据库原理及应用课程改革研究[J].电脑知识与技术,2023,19 (14):168-170.

［11］ 刘爱华,温志萍,程初,等.数据库原理及应用课程思政典型案例教学设计[J].计算机教育,2023 (03):169-172.DOI:10.16512/j.cnki.jsjjy.2023.03.004.

［12］ 胡成华,陆鑫,张凤荔,等.数据库原理及应用课程思政元素融合方法[J].软件导刊,2023,22(06): 240-243.

［13］ 赵淑君,郭东恩,宋薇.基于对分课堂教学模式的软件类课程考核的探索与实践[J].高教学刊, 2021,(04):113-116.DOI:10.19980/j.cn23-1593/g4.2021.04.028.

［14］ 徐静,姚志垒."金课"建设下的数据库原理及应用教学模式研究[J].电脑知识与技术,2023,19(09): 165-167.DOI:10.14004/j.cnki.ckt.2023.0386.

［15］ 肖海蓉.数据库原理混合式教学过程数据分析与教学启示[J].计算机教育,2023,(1):184-189, 194.DOI:10.3969/j.issn.1672-5913.2023.01.040.

［16］ 徐颖慧.基于B/S架构的数据库原理及应用课程线上教学辅助系统设计[J].信息与电脑(理论版), 2023,35(11):29-31.